电子工艺与电子产品制作

主　编　舒英利　温长泽
副主编　王秀艳　苑全德
主　审　林海波

中国水利水电出版社
www.waterpub.com.cn

内 容 提 要

本书是根据电气信息类各专业对电子工艺实习的具体要求，结合多年来的教学实践和电子技术的发展趋势，并针对学生工程实践能力和创新精神的培养而编写的一本实践性较强的教材。

全书共八章，以电子工艺基本知识和电子产品制作、安装与调试技术为主，全面介绍了安全用电知识、常用电子元器件、焊接技术基础、印制电路板设计与制作工艺基础、表面安装技术基础、常用仪器仪表的使用、电子产品的安装与调试技术等内容，在此基础上，推荐了几个典型的电子产品设计与制作实例，强化知识理解和提高工程应用能力，是一本有实用价值的实践教材。

本书既可作为电气信息类相关专业电子工艺实习教材，也可作为高职高专院校电子信息类等相关专业电子工艺实习教材，同时还可供从事电子产品生产工艺操作的技术人员参考。

图书在版编目（CIP）数据

电子工艺与电子产品制作 / 舒英利，温长泽主编
. -- 北京：中国水利水电出版社，2015.5(2021.7重印)
ISBN 978-7-5170-3161-1

Ⅰ．①电… Ⅱ．①舒… ②温… Ⅲ．①电子技术－技术培训－教材②电子产品－制作－技术培训－教材 Ⅳ.
①TN

中国版本图书馆CIP数据核字(2015)第088429号

书　　名	**电子工艺与电子产品制作**
作　　者	主编　舒英利　温长泽　副主编　王秀艳　苑全德　主审　林海波
出版发行	中国水利水电出版社
	（北京市海淀区玉渊潭南路1号D座　100038）
	网址：www.waterpub.com.cn
	E-mail：sales@waterpub.com.cn
	电话：(010) 68367658（营销中心）
经　　售	北京科水图书销售中心（零售）
	电话：(010) 88383994、63202643、68545874
	全国各地新华书店和相关出版物销售网点
排　　版	中国水利水电出版社微机排版中心
印　　刷	天津嘉恒印务有限公司
规　　格	184mm×260mm　16开本　18.5印张　439千字
版　　次	2015年5月第1版　2021年7月第4次印刷
印　　数	7001—10000册
定　　价	**48.00元**

前言

为满足应用型本科人才培养的要求，加强实践教学和培养学生的创新精神，提高学生的工程应用能力，结合多年对学生电子工艺实习的指导经验，我们编写了《电子工艺与电子产品制作》这本教材，它可以作为电气信息类相关专业学生参加电子工艺实习的教材，也可作为其他专业电子技能实践或有关部门进行技术培训的参考教材。

电子工艺实习是基本技能和工艺知识的入门向导，又是创新实践的开始和创新精神的启蒙。要构筑这样一个基础扎实、充满活力的实践平台，仅靠课堂讲授和动手训练是不够的，需要一本既能指导学生实习，又能开阔眼界；既是教学的参考书，又是指导实践的适用教材。本书就是立足于这个目标，并做了切实的努力。

通过本书的学习和实践，使学生接触电子产品的设计制作与生产实际，熟悉电子工艺的一般知识，掌握电子工艺的基本技能。实践证明，这个环节能使学生综合运用所学理论知识，拓宽知识面，接受系统的电子工艺技术的工程实际训练，提高工程实践能力，为后续课程的学习和相关专业综合实践乃至毕业后的继续学习与工作打下一个良好的基础。

本书在内容编排上打破传统学科体系，主要是考虑教学实际的需求，把"安全用电知识"安排在第一章，强调安全用电的重要性。把先进的SMT技术和计算机制作印制电路板等工艺作为实习内容，使教材在内容上能跟上技术进步的步伐。实习内容以单项技能训练为主，最后再进行电子技术综合训练。在内容选取上充分考虑到电子技术新知识、新技术和新工艺的应用，将能力培养和应用能力提高贯穿于始终。

本书从实用和实际角度出发，全面介绍了常用电子元器件分类、命名及标称方法，介绍了焊接技术，印制电路板设计与制作工艺，表面安装技术，常用仪器仪表的使用和电子产品的制作、安装与调试技术；在此基础上，为了强化知识理解和提高动手操作能力和工程应用能力，本书以长春工程学院电子工艺实习主要内容为依托，介绍了几个典型的电子电路设计与制作内容，供读者借鉴参考。

本书共八章，第一章、第六章和附录由舒英利编写，第二章由苑全德编写，第三章和第五章由温长泽编写，第四章、第七章和第八章由王秀艳编写，全书由舒英利负责统稿。

本书由林海波教授主审，在审稿中提出了许多宝贵的修改意见，编者对此表示衷心的感谢。

由于编者水平所限，在内容编排与佐证资料方面难免有不足之处，敬请读者批评指正。

编者

2015 年 4 月

目录

前言

第一章 安 全 用 电 知 识

主要内容：

本章主要介绍了安全用电基础知识，阐述了人体触电原因及预防措施；介绍了电气设备的安全使用问题以及采取何种有效措施保护电气设备及人身安全问题；阐述了电子装接操作的安全问题。

基本要求：

1. 掌握防止人身触电、保障人身安全的用电知识。

2. 掌握对用电设备的安全操作。

3. 了解电子技术操作中的不安全因素及其预防措施。

电是推动国民经济发展的重要能源，是工农业生产的原动力。随着我国全面建设小康社会步伐的加快，电的使用范围越来越广泛，日益影响着工业的自动化和社会的现代化。然而，当电能失去控制时，就会引发各类电气事故，其中对人体的伤害即触电事故是各类电气事故中最常见的事故。所以掌握必要的安全用电知识、预防电气事故、保障人身安全是十分重要的。

第一节 人 身 安 全

人类无论从事哪些活动，人身安全是首要保障。

一、触电危害

由于人体可以导电，当有足够大的电流（大于 3mA）流经人体时，就会对人造成伤害，这就是人们所说的触电。

（一）触电分类

通常情况下，触电对人体的伤害分为电击、电伤和电磁场伤害三种情况。

1. 电击

电击是指电流通过人体，严重干扰人体正常生物电流，破坏人体心脏、肺及神经系统的正常功能，造成肌肉痉挛、神经紊乱、人体内部组织损伤乃至死亡的触电事故。由于人体触及带电导体、漏电设备的外壳，以及因雷击或电容放电等都可能导致电击，故大部分的触电死亡事故是由电击造成的。

2. 电伤

电伤是指电流的热效应、化学效应和机械效应对人体外表造成的伤害。主要是指电弧烧伤、电烙印、皮肤金属化等。

（1）电弧烧伤。由于电的热效应烧伤人体皮肤、皮下组织、肌肉以及神经等部位而引起皮肤发红、气泡、烧焦、坏死的现象，被称为电弧烧伤（或称电烧伤）。

（2）电烙印。电烙印是指由电流的机械和化学效应造成的人体触电部位的外部伤痕，通常是表面的肿块。

（3）皮肤金属化。这种化学效应是指带电体金属通过触电点蒸发进入人体造成的局部皮肤呈相应金属的特殊颜色的情况。

综上所述，电伤通常是发生触电而导致的人体外表创伤，一般是非致命的。

3. 电磁场伤害

电磁场伤害通常表现为生理伤害，是指在高频磁场的作用下，人会出现头晕、乏力、记忆力减退、失眠、多梦等神经系统紊乱的症状。

（二）触电对人体伤害程度的影响因素

以上三种触电情况对人体的危害程度与通过人体的电流强度、电压高低、人体电阻的大小、电流持续时间、电流途径、人的体质状况等有直接关系。

1. 电流强度

当通过人体的电流为 1mA 时，人有针刺感觉；10mA 时，人感到不能忍受；20mA 时，引起肌肉痉挛，长时间通电会引起死亡；50mA 以上的电流，即使通电时间很短，也有生命危险。电流对人体的作用见表 1-1。

表 1-1　　　　　　　　　　　　电流对人体的作用

电流/mA	对人体的作用
<0.7	无感觉
1	有轻微感觉
1~3	有刺激感，一般电疗仪器取此电流
3~10	感到痛苦，但可自行摆脱
10~30	引起肌肉痉挛，短时间无危险，长时间有危险
30~50	强烈痉挛，时间超过 60s，有生命危险
50~150	产生心脏性纤颤，丧失知觉，严重危害生命
>250	短时间内（1s 以上）造成心脏骤停，体内造成电烧伤

2. 电压高低

电压越高越危险。我国规定 36V 及以下为安全电压，超过 36V，就有触电死亡的危险。

3. 人体电阻的大小

电阻越大，电流越难以通过。人体是一个不确定的电阻，皮肤干燥时，电阻在 $100k\Omega$ 以上，但如果在出汗或手脚潮湿时，人体电阻可能降到 400Ω 左右，此时触电就很危险。如果赤脚站在稻田或水中，电阻就很小，一旦触电，便会死亡。

人体是一个非线性电阻，随着电压升高，电阻值减小。表 1-2 给出了人体电阻值随电压的变化情况。

表 1-2		人体电阻值随电压的变化情况						
电压/V	1.5	12	31	62	125	220	380	1000
电阻/kΩ	>100	16.5	11	6.24	3.5	2.2	1.47	0.64
电流/mA	忽略	0.8	2.8	10	35	100	268	1560

4. 电流持续时间

电流对人体的伤害与作用时间密切相关，触电时间越长，危险性越大。可以用电流与时间的乘积（也称电击强度）来表示电流对人体的危害。经验证明，对一般低压触电者的抢救工作，如果耽误的时间超过 15min，便很难救活。

5. 电流途径

一般认为：电流通过人体的心脏、肺部和中枢神经系统的危险性比较大，特别是电流通过心脏时，危险性最大。所以从手到脚的电流途径最为危险。

触电还容易因剧烈痉挛而摔倒，导致电流通过全身并造成摔伤、坠落等二次事故。

二、触电原因

人体触电的主要原因有两种：直接或间接接触带电体以及跨步电压。前者又分为单极接触、双极接触和跨步电压触电。

（一）直接接触带电体的触电

1. 单极接触

一般工作和生活场所供电为 380V/220V 中性点接地系统，当处于低电位的人体接触带电体时，人体承受相电压，如图 1-1 所示。这种接触往往是人们粗心大意、忽视安全造成的。图 1-2 所示为多个发生触电事故的示例。

图 1-3 所示为使用调压器取得低电压做实验时发生触电。

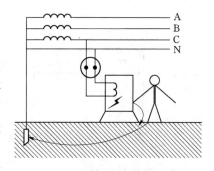

图 1-1 单极接触触电示意图

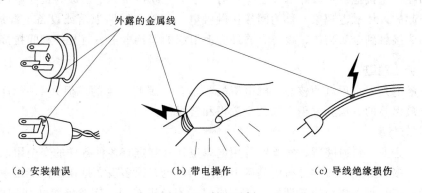

（a）安装错误　　　（b）带电操作　　　（c）导线绝缘损伤

图 1-2 触电示例

如果碰巧电源插座的零线接到自耦调压器 2 端，则不会触电，当然这种情况是侥幸的。

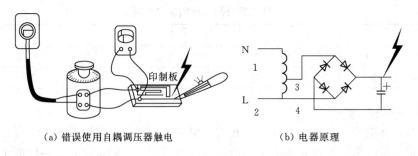

（a）错误使用自耦调压器触电　　　　（b）电器原理

图 1-3　错误使用自耦调压器

2. 双极接触

人体同时接触电网的两根相线发生触电称为双极接触，如图 1-4 所示。这种接触电压高，大都是在带电工作时发生的，而且一般保护措施都不起作用，因而危险性极大。

3. 跨步电压触电

在故障设备附近，例如，电线断落在地上，在接地点周围存在电场，当人走进这一区域时，将因跨步电压而使人触电，如图 1-5 所示。两脚之间距离越大，形成的压差越高，越危险。

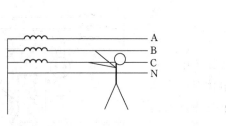

图 1-4　双极接触触电示意图

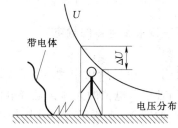

图 1-5　跨步电压触电

（二）间接接触触电

人站在发生接地短路故障的设备旁边时，手脚之间产生的电压成为接触电压。由接触电压而引起的人体触电现象，称为间接接触触电。如架空线路断落或设备电源线破损后，电线搭到或接触到金属物体、设备金属外壳上引起的间接电击，就是一种间接接触触电。

三、防止触电

防止触电是安全用电的核心。触电事故都是在一瞬间发生的，但并不是不可预防的，预防触电最保险的方法莫过于提高安全意识和警惕性。

1. 安全制度

在工厂企业、科研院所、实验室等用电单位，都制定有各种各样的安全用电制度。这些制度绝大多数都是在科学分析的基础上制定的，也有很多条文是在工作实践中不断总结出的经验，甚至是以惨痛的教训换来的。所以，当走进车间、实验室等一切用电场所时，切记不要忽视安全用电制度，不管这些制度初看起来如何"不合理"，如何"妨碍"工作。

2. 安全措施

预防触电的措施有很多种，有关安全技术将在后面的内容中进行讨论，下面列出的几条措施都是最基本的安全保障：

（1）在所有使用市电场所装设漏电保护器。

（2）所有带金属外壳的电器及配电装置都应该装设接地保护或接零保护。目前大多数工作生活用电系统采用接零保护。

（3）对正常情况下的带电部分，一定要加绝缘防护，置于人不容易碰到的地方，悬挂安全警示牌，如输电线、配电盘、电源板等。

（4）随时检查所用电器接头、插头、电线有无接触不良和破损老化，并及时更换。

（5）手持电动工具应尽量使用安全电压工作。常用安全电压为 36V 或 24V，特别危险的场所应使用 12V。

3．安全操作

（1）在任何情况下检修电路和电器都要确保断开电源，且与电源形成明显的断开点，仅仅断开设备上的开关是不够的，如应拔下电源插头等。

（2）遇到不明情况的电线，应认为它是带电的。

（3）不要用湿手开、关、插、拔电器。

（4）尽量养成单手操作电器及电工作业的习惯。

（5）遇到较大容量的电容器要先进行充分放电，再进行检修。

（6）身体不适或疲倦的状态下绝不从事电工作业。

第二节 设 备 安 全

设备安全是个庞大的题目。各行各业、各种不同的设备都有其安全使用的问题。本书仅限于讨论一般范围的工作、学习、生活场所的用电仪器、设备及家用电器的安全使用和最基本的安全常识。

一、设备通电前检查

将用电设备接入电源，这似乎是个再简单不过的问题了，其实不然。有的数十万元的昂贵设备，接上电源一瞬间可能变成废品；有的设备本身故障可能引起整个供电网工作异常，造成难以挽回的损失。这是什么原因呢？

首先，确定用电设备使用交流电还是直流电，额定工作电压、频率。用电设备不一定都接 AC 220V/50Hz 电源。我国市电标准为 AC 220V/50Hz，但是世界上不同国家的标准是不一样的，有 AC 110V、AC 120V、AC 115V、AC 127V、AC 225V、AC 230V、AC 240V 等电压，电源频率有 50/60Hz 两种。有些小型设备要求低压直流，如 5V、9V、17V 等。

其次，环境电源不一定都是 220V，特别是在工厂企业、科研院所，有些地方需要 AC 380V/50Hz，有些地方需要 AC 36V/50Hz，有的地方可能需要 DC 12V 等。

另外，新的设备不等于是没有问题的设备。且不说假冒伪劣，即使一台合格产品，在运输、搬动的过程中也可能会出现问题。

因此，建议任何新的或搬运过的以及自己不了解的用电设备，不要轻易连接到电源上，一定要做好"三查而后接"。

（1）查设备铭牌：按国家标准，设备都应在醒目处标有该设备要求的电源电压、频率、电源容量；小型设备的说明一般附在说明书中。

（2）查环境电源：电压、容量是否满足设备要求。

（3）查设备本身：电源线有无破损；插头等有无外露金属或内部松动；电源线插头两极有无短路，同时外壳有无通路等。一般用万用表进行如图 1-6 所示方法对用电设备进行简单的检测。

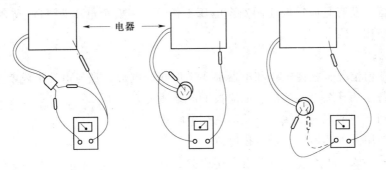

图 1-6　用万用表检查用电设备

二、电器设备基本安全防护

所有使用交流电源的电器设备（包括家用电器、工业电气设备、仪器仪表等）均存在因绝缘损坏而漏电的问题，按电工安全防护标准，将电器设备分为四类，各类电器设备特征及安全防护见表 1-3。

表 1-3　　　　　　　　　　　　电器设备分类及基本安全防护

类型	主 要 特 性	基本安全防护	使用范围及说明
O 型	一层绝缘，二线插头，金属外壳，且没有接地（零）线	用电环境为电气绝缘（绝缘电阻大于 50kΩ）或采用隔离变压器	O 型为淘汰电器类型，但一部分旧电器仍在使用
Ⅰ型	金属外壳接出一根线，采用三线插头	接零（地）保护三孔插座，保护零线可靠接地	较大型电器设备多为此类
Ⅱ型	绝缘外壳形成双重绝缘，采用二线插头	防止电线破损	小型电器设备
Ⅲ型	采用 48V/36V、24V/12V 低压电源的电器	使用符合电气绝缘要求的变压器	在恶劣环境中使用的电器及某些工具

三、设备使用异常的处理

1. 用电设备在使用中可能发生的异常情况

（1）接触设备外壳或手持部位有麻电感觉。

（2）开机或使用中熔断丝熔断。

（3）出现异常声音，如噪声加大、内部有放电声、电机转动声音异常等。

（4）异味，最常见为塑料味、绝缘漆挥发的气味，甚至烧焦的气味。

（5）设备内打火，出现烟雾。

（6）仪表数值突变，超出正常范围。

2. 异常情况的处理办法

（1）凡出现上述异常情况之一，应尽快断开电源，拔下电源插头，对设备进行检查。

（2）对保险丝烧断、熔断器熔断的情况，绝不允许换上大容量保险丝或熔断器再工作。一定要查清原因再换上同一规格保险丝、熔断器。

（3）及时记录异常现象及部位，避免检修时再通电。

（4）对有麻电感觉但未造成触电的现象不可忽视。这种情况往往是绝缘受损但未完全损坏，如图1-7所示。此时，相当于电路中串联一个大电阻，暂时未造成严重后果，当绝缘逐渐完全破坏时，电阻 R_0 急剧减小，危险增大，因此必须及时检修。

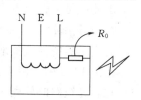

图1-7 设备绝缘受损漏电示意图

第三节 用电安全技术简介

实践证明，采用用电安全技术可以有效预防电气事故。已有的技术措施不断完善，新的技术不断涌现，需要了解并正确运用这些技术，不断提高安全用电水平。

一、接地保护与接零保护

接地指与大地的直接连接，电气装置或电气线路带电部分的某点与大地连接、电气装置或其他装置正常时不带电部分某点与大地的人为连接称为接地。在低压配电系统中，有变压器中性点接地和不接地两种系统，相应的安全措施有接地保护和接零保护两种方式。

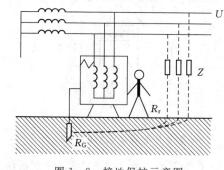

图1-8 接地保护示意图

1. 接地保护

为了防止电气设备外露的不带电导体意外带电出现危险，将该电气设备经保护接地线与深埋在地下的接地体紧密连接起来的做法称接地保护。

由于绝缘损坏或其他原因而可能出现危险电压的金属部分，都应采取保护接地措施。如电机、变压器、开关设备及其他电气设备的金属外壳都应予以接地。一般低压系统中，保护接地电阻值应小于4Ω。接地保护原理图如图1-8所示。

若没有接地保护，则流过人体电流为

$$I_r = \frac{U}{R_r + Z/3}$$

式中　I_r——流过人体电流；

　　　U——相电压；

　　　R_r——人体电阻；

　　　Z——相线对地阻抗。

当接上保护地线时，相当于给人体电阻并上一个接地电阻 R_G，此时流过人体电流为

7

$$I'_r = \frac{R_G}{R_G + R_r} I_r$$

由于 $R_G \ll R_r$，故可有效保护人身安全。

由此可见，接地电阻越小，保护越好。

2. 接零保护

对变压器中性点接地系统来说，采用外壳接地不能完全保证安全。

在图 1-8 中，由于人体电阻 R_r 远大于设备接地电阻 R_b，所以人体承受的电压，即相线与外壳短路时外壳对地电压 U_a，而 U_a 取决于下式

$$U_a \approx \frac{R_b}{R_0 + R_b} U$$

式中 R_0——工作接地的接地电阻；

　　　R_b——保护接地的接地电阻；

　　　U——相电压。

设 $R_0 = 4\Omega$，$R_b = 4\Omega$，$U = 220V$，代入上式，则 $U_a \approx 110V$。这对人来说是不安全的。

因此，在这种系统中，应采用保护接零，即将金属外壳与电网零线相接。如图 1-9 所示，一旦相线接触到外壳即可形成与零线之间的短路，产生很大的电流，使熔断器或过流开关断开，切断电流，因而可防止电击危险。这种采用保护接零的供电系统，除工作接地外，还必须有重复接地保护，如图 1-10 所示。

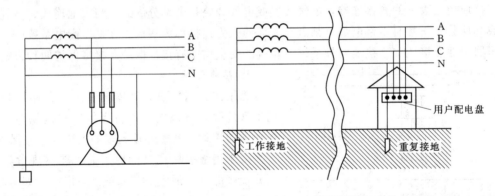

图 1-9　接零保护示意图　　　　　　图 1-10　重复接地保护示意图

图 1-11 所示为民用 220V 供电系统的保护零线和工作零线。在一定距离和分支系统中，必须采用重复接地，这些属于电气安装中的安全规则，电源线必须严格按有关规定制作。

需要注意的是：在这种系统中的保护接零必须接到保护零线上，而不能接到工作零线上。保护零线同工作零线相比较，虽然它们对地的电压都是 0，但保护零线上不允许装设熔断器和开关，而工作零线上则根据需要可接熔断器及开关。这对于有爆炸、火灾危险的工作场所为减轻过负荷的危险是必要的。图 1-12 所示为室内有保护零线时，用电器外壳采用保护接零的接法。

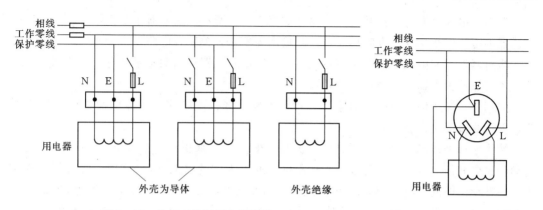

图 1-11 单相三线制用电器接线　　　　图 1-12 三线插座接线

二、漏电保护开关

无论保护接零还是保护接地措施，其保护范围都是有限的。例如，设备受潮、负荷过大、线路过长、绝缘老化等造成漏电时，由于漏电电流值较小，不能迅速切断保险。因此，故障不会自动消除而长时间存在。而这种漏电电流对人身安全已构成严重的威胁，所以，还需要加装灵敏度更高的漏电保护开关进行补充保护。

漏电保护开关又称触电保护开关，将漏电保护开关安装在电路中，一旦发生漏电和触电，且达到保护开关所限定的动作电流值时，漏电保护开关就立即在限定的时间内动作，自动断开电源进行保护，它利用的是一种保护切断型的安全技术，它比保护接地或保护接零更灵敏、更有效。据统计，某城市普遍安装漏电保护开关后，同一时间内触电伤亡人数减少了2/3，可见，漏电保护措施的作用不可忽视。

漏电保护开关有电压型和电流型两种，其工作原理有共性，即都可看作是一种灵敏继电器。如图 1-13 所示，检测器 JC 控制开关 S 的通断。对电压型而言，JC 检测用电器对地电压；对电流型则检测漏电流，超过安全值即控制 S 动作切断电源。

由于电压型漏电保护开关的安装比较复杂，目前发展较快、使用广泛的是电流型保护开关。它不仅能防止人触电，而且能防止漏电造成的火灾，既可用于中性点接地系统也可用于中性点不接地系统，既可单独使用也可保护接地、保护接零共同使用，而且安装方便，值得大力推广。

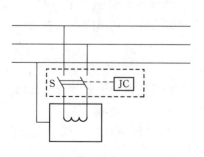

图 1-13 漏电保护开关示意图

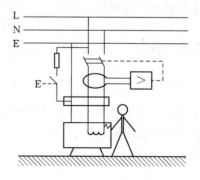

图 1-14 电流型漏电保护开关

9

典型的电流型漏电保护开关工作原理如图 1-14 所示。当电器正常工作时，流经零序互感器的电流大小相等、方向相反，检测输出为零，开关闭合电路正常工作。

当电器发生漏电时，漏电流不通过零线，零序互感器检测到不平衡电流并达到一定数值时，通过放大器输出信号将开关切断。

如图 1-14 所示，按钮与电阻构成检测电路，选择电阻使此支路电流为最小动作电流，即可测试开关是否正常。

按国家标准规定，电流型漏电流保护开关电流时间乘积不大于 30mA·s。通过大量的动物试验和研究表明，引起心室颤动不仅与通过人体的电流（I）有关，而且与电流在人体中持续的时间（t）有关，即由通过人体的安全电量 $Q=It$ 来确定，一般为 50mA·s。就是说当电流不大于 50mA，电流持续时间在 1s 以内时，一般不会发生心室颤动。但是，如果按照 50mA·s 控制，当通电时间很短而通过电流较大时（如 500mA×0.1s），仍然会有引发心室颤动的危险。虽然低于 50mA·s 不会发生触电致死的后果，但也会导致触电者失去知觉或发生二次伤害事故。实践证明，用 30mA·s 作为电击保护装置的动作特性，无论从使用的安全性还是制造方面来说都比较合适，与 50mA·s 相比较有 1.67 倍的安全率（$K=50/30=1.67$）。从 "30mA·s" 这个安全限值可以看出，即使电流达到 100mA，只要漏电保护器在 0.3s 之内动作并切断电源，人体尚不会引起致命的危险。故 30mA·s 这个限值也成为漏电保护器产品的选用依据。实际产品一般额定动作电流 30mA，动作时间为 0.1s。如果在潮湿等恶劣环境，可选取动作电流更小的规格。另外还有一个额定不动作电流，一般应选漏电动作电流值的 1/2。例如，漏电动作电流 30mA 的漏电保护开关，在电流值达到 15mA 以下时，保护开关不应动作，否则因灵敏度太高容易误动作，影响用电设备的正常运行。这是因为用电线路和电器都不可避免存在微量漏电。选择漏电保护开关更要注重产品质量。一般来说，经国家电工产品认证委员会认证，带有长城安全标志的产品是可信的。

为了保证在故障情况下人身和设备的安全，应尽量装设漏电流动作保护开关。它可以在设备及线路漏电时通过保护装置的检测机构转换取得异常信号，经中间机构转换和传递，然后促使执行机构动作，自动切断电源，起到保护作用。

三、过限保护

接地保护和接零保护只是解决了电器外壳漏电及意外触电问题，而另一种故障表现为电器并不漏电，由于电器内部元器件故障或由于电网电压升高引起电流增大、温度升高，超过一定限度导致电器损坏甚至引起火灾。对于这类故障，常用以下几种自动保护元件和装置。

1. 过流保护

用于过流保护的装置和元件主要有熔断丝、电子继电器及聚合开关，它们串接在电源回路中防止意外电流超限。

（1）熔断丝用途最广，主要特点是使用简单、价格低廉，但反应速度慢且不能自动恢复。

（2）电子继电器过流开关，也称电子熔断丝，主要特点是速度快、可自动恢复，但结构较复杂、成本高。

（3）聚合开关实际是一种阻值可以突变的正温度系数电阻器，电流在正常范围呈低阻状态（一般 $0.05\sim0.5\Omega$），当电流超过阈值后阻值很快增加几个数量级，使电路电流降至数毫安。一旦温度恢复正常，电阻又降至低阻，故有自锁及恢复特性。由于体积小，结构简单，工作可靠且价格低，广泛用于各种电气设备及家用电器。

2. 过压保护

过压保护装置有集成过压保护器和瞬变电压抑制器两种设备。

（1）过压保护器是一种安全限压自控部件，其工作原理如图 1-15 所示，使用时并联于电源电路中。当电源正常工作时，功率开关断开，一旦设备电源失常或失效超过保护阈值，采样放大电路将使功率开关闭合，将电源短路，使熔断器断开，保护设备免受损失。

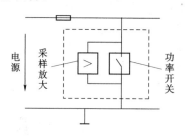

图 1-15 过压保护器示意图

（2）瞬变电压抑制器（TVP）是一种类似稳压管特性的二端器件，但比稳压管响应快，功率大，能"吸收"高达数千瓦的浪涌功率。

TVP 的特性曲线如图 1-16 （a）所示，正向特性类似二极管，反向特性在 U_B 处发生"雪崩"效应，其响应时间可达 10^{-12} s。将两只 TVP 管反向串接即可具有"双极"特性，可用于交流电路，如图 1-16 （b）所示。选择合适的 TVP 就可保护设备不受电网或意外事故而产生的高压危害。

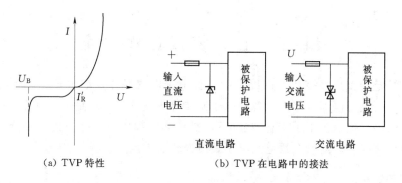

(a) TVP 特性　　　　（b) TVP 在电路中的接法

图 1-16 TVP 特性及电路接法

3. 温度保护

电器工作时温度超过设计标准将造成绝缘失效从而引发安全事故。温度保护除传统的温度继电器外，热熔断器也是一种新型有效而且经济适用的温度保护器。其外形如同一只电阻器，可以串接在电路中，置于任何需要控制温度的部位，正常工作时相当于一只阻值很小的电阻，一旦电器温度超过阈值，立即熔断从而切断电源回路。

四、智能保护

随着现代化电力技术的发展，配电、输电及用电系统越来越庞大，越来越复杂，即使采取上述多种保护方法，也总有一定的局限性。当代信息技术的飞速发展，传感器技术、计算机技术及自动化技术的日趋完善，使得采用综合性智能保护成为可能。

　　图 1-17 所示为计算机智能保护系统示意图。各种监测装置和传感器（声、光、烟雾、位置、红外线等）将采集到的信息经过接口电路输入计算机，进行智能处理，一旦发生事故或事故预兆，通过计算机判断及时发出处理指令，如切断事故发生地点的电源或者总电源、启动自动防灭火系统、发出事故报警等，并根据事故情况自动通知消防或急救部门。保护系统可将事故消灭在萌芽状态或使损失减至最小，同时记录事故详细资料。这是一个系统工程，是安全技术发展的方向。

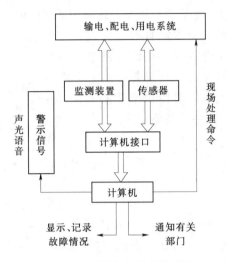

图 1-17　计算机智能保护系统

第四节　电子装接操作安全

　　电子装接泛指工厂规模化生产以外的各种电子电气操作，如电子工艺实习、电子实验、电子产品研制、电器维修以及各种电子制作等。其基本特点是个人制作，整个制作过程"弱电"较多，但是少不了带有"强电"，操作环境和条件千差万别，安全隐患复杂而且没有明显的规律，因此安全用电是电子装接操作的重点。

一、用电安全
　　进行电子装接操作时，要注意以下几点。
　　1. 安全用电观念
　　将安全用电的观念贯穿在工作的全过程，是安全的根本保证。任何制度、任何措施都是由人来贯彻执行的，忽视安全是最危险的隐患。
　　用电安全格言：只要用电就存在危险；侥幸心理是事故的催化剂；投向安全的每一分精力和物质永远保值。
　　2. 基本安全措施
　　工作场所的基本安全措施是保证安全的物质基础。基本安全措施包括以下几条：
　　（1）工作室内的电源应符合国家电气安全标准。
　　（2）工作室内的总电源应装有漏电保护开关。

（3）工作室或工作台上应有便于操作的电源开关。

（4）从事电力电子技术工作时，应设置隔离变压器。

（5）调试、检测较大功率电子装置时，工作人员不应少于两人。

（6）使用符合安全要求的低压电器（包括电线、电源插座、开关、电动工具、仪器仪表等）。

3. 养成安全操作习惯

习惯是一种下意识、不经思索的行为方式，安全操作习惯可以经过培养逐步形成，并使操作者终身受益。主要安全操作习惯如下：

（1）人体触及任何电器装置和设备时先断开电源。断开电源一般指真正脱离电源系统（如拔下电源插头，断开刀闸开关或断开电源连接），而不仅是断开设备电源开关。

（2）测试、装接电力线路采用单手操作。

（3）触及电路的任何金属部分之前都应进行安全测试。

二、机械损伤

机械损伤在电子装配操作中较为少见，但违反安全操作规定仍会造成严重伤害的事故。如在钻床上给印制板钻孔，留长发或戴手套操作是严重违反钻床操作规程的；使用螺丝刀紧固螺钉时，打滑伤及手臂；剪断印制板上元器件引线时，被剪断的线段飞射损伤眼睛等。而这些事故只要严格遵守安全制度和操作规程，树立牢固的安全防护意识，是完全可以避免的。

三、防止烫伤

烫伤在电子装配操作中发生较为频繁，这种烫伤一般不会造成严重后果，但会给操作者带来痛苦和伤害。只要注意操作安全，烫伤完全可以避免。

造成烫伤原因及防止措施如下：

（1）接触过热固体。常见有下列两类造成烫伤的固体：

1）电烙铁和电热风枪。特别是电烙铁，它是电子装接的必备工具，通常烙铁头表面温度可达300～400℃，而人体所能耐受的温度一般不超过50℃，直接触及电烙铁头肯定会造成烫伤。

工作中电烙铁应放置在烙铁架上，并置于工作台右前方。观测电烙铁温度时，可以用烙铁熔化松香，而不要直接用手触摸烙铁头。

2）电路中发热的电子元器件，如变压器、功率器件、电阻、散热片等。特别是电路发生故障时有些发热器件可达几百摄氏度高温，如果在通电状态下触及这些元器件不仅可能造成烫伤，还可能有触电危险。

（2）过热液体烫伤。电子装接工作中接触到的主要有熔化状态的焊锡及加热的溶液（如腐蚀印制板时加热腐蚀液）。

（3）电弧烧伤。又称"电弧烫伤"，因为电弧温度可达数千摄氏度，对人体损伤极为严重。电弧烧伤常发生在操作电气设备的过程中，例如，如图1-18所示，较大功率电器不通过启动装置而直接接到刀闸开关上，当操作者用手去断开刀闸时，由于电路感应电动势（特别是电感性负载，如电机、变压器等），刀闸开关之间可产生数千甚至上万伏电压，足以击穿空气而产生强烈电弧。

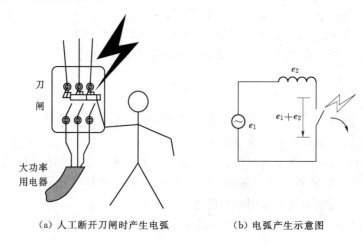

（a）人工断开刀闸时产生电弧　　　　（b）电弧产生示意图

图 1-18　电弧烧伤发生原理

习　题

1. 在用电场所必须注意哪些安全措施？
2. 安全操作应遵守哪些规章制度？具体是哪些？
3. 安全用电的基本措施有哪些？
4. 电子装配操作中，如何预防烫伤？
5. 电子装配操作中，如何预防机械损伤？
6. 什么是接地保护和接零保护？
7. 为什么进行了接零（接地）保护后，还要加装漏电保护？
8. 人体触电时的危险是什么？
9. 为什么将"30mA·s"作为漏电保护装置的安全限值？

第二章 常用电子元器件

主要内容：

本章主要介绍了常用电子元器件的类别、性能、用途、技术指标、命名、标识和选用等基础知识，主要包括电阻器、电位器、电容器、电感器、变压器、开关及接插件、继电器、半导体分立元件、半导体集成电路等。

基本要求：

1. 了解常用电子元器件的分类、主要技术指标和性能。
2. 掌握常用电子元器件的用途、选用方法、命名规则和质量判别方法。
3. 能够正确使用电子元器件进行电子电路的设计和调试。
4. 能够了解电子元器件的发展趋势和最新电子元器件的应用。

电子元器件是构成电子电路的基础，学习和掌握常用电子元器件的性能、用途、特点和质量判别方法，对设计和安装调试电子线路是十分重要的。本章主要介绍常用电子元器件的类别、性能、技术指标、命名、标识和选用等基础知识，目的是使读者能够识别各类常用电子元器件，对其性能有初步的了解，能够解决工作中常见的元器件方面的问题。但是，由于电子元器件种类繁多，新品种不断出现，产品的性能也不断提高，读者必须经常查阅有关期刊、手册，走访电子元器件商店，咨询有关生产厂家，才能及时了解最新的电子元器件，不断丰富自己的电子元器件知识。

第一节 电 阻 器

在电子线路中，具有电阻性能的实体元件称为电阻器，简称电阻。电阻是电子电路中应用最多的元器件之一，在电路中起着分流、分压、限流、偏置等作用。电阻的基本单位是欧姆，用希腊字母"Ω"表示，常用的单位还有千欧（$k\Omega$）、兆欧（$M\Omega$）等。

一、电阻器的分类

按结构形式分为：一般电阻器、可变电阻器（电位器）。本节只介绍一般电阻器。

按材料可分为：合金型、薄膜型。

按用途可分为：①普通型，允许误差为±5%、±10%、±20%等；②精密型，允许误差为±2%～±0.001%；③高频型，亦称无感电阻，功率可达100W；④高压型，额定电压可达35kV，阻值为10～100MΩ；⑤敏感型，阻值对温度、压力、气体等敏感；⑥熔断型，亦称保险丝电阻器。

二、电阻器的主要技术指标

1. 额定功率

电阻器在电路中长时间连续工作不损坏，或不显著改变其性能所允许消耗的最大功率称为电阻器的额电功率。电阻器的额定功率并不是电阻器在电路中工作时一定要消耗的功率，而是电阻器在电路中工作允许消耗功率的限额。不同类型的电阻有不同系列的额定功率，见表 2-1。

表 2-1　　　　　　　　　　　　电 阻 功 率 等 级

名　称	额定功率/W					
实芯电阻器	0.25	0.5	1	2	3	
线绕电阻器	0.5 25	1 35	2 50	6 75	10 100	15 150
薄膜电阻器	0.025 2	0.05 5	0.125 10	0.25 25	0.5 50	1 100

2. 标称阻值

阻值是电阻的主要参数之一，不同类型的电阻，阻值范围不同，不同精度的电阻其阻值系列不同。常用的标称电阻值系列见表 2-2。E24、E12 和 E26 系列也适用于电位器和电阻器。

表 2-2　　　　　　　　　　　　标 称 电 阻 值 系 列

标称值系列	精度/%	电阻器、电位器、电容器标称值[①]							
E24	±5	1.0 2.2 4.7	1.1 2.4 5.1	1.2 2.7 5.6	1.3 3.0 6.2	1.5 3.3 6.8	1.6 3.6 7.5	1.8 3.9 8.2	2.0 4.3 9.1
E12	±10	1.0 3.3	1.2 3.9	1.5 4.7	1.8 5.6	2.2 6.8	2.7 8.2	—	—
E26	±20	1.0	1.5	2.2	3.3	4.7	6.8	8.2	—

① 表中数值再乘以 10^n，其中 n 为正整数或负整数。

3. 精度

实际阻值与标称阻值的相对误差为电阻的精度，也称允差。普通电阻的精度可分为 ±5%、±10%、±20% 等；精密电阻的精度可分为 ±2%、±1%、±0.5%、…、±0.001% 等 10 多种系列。在电子产品设计中，可根据电路的不同要求选用不同精度的电阻。

4. 温度系数

所有材料的电阻率，都随温度变化而变化，电阻的阻值同样如此。在衡量电阻温度稳定性时，使用温度系数为

$$\alpha_r = \frac{R_2 - R_1}{R_1(t_2 - t_1)} \quad (1/℃)$$

式中　R_1——温度为 t_1 时的阻值；

　　　R_2——温度为 t_2 时的阻值。

金属膜、合成膜等电阻具有较小的正温度系数，碳膜电阻具有负温度系数。适当地控制材料及加工工艺，可以制成温度稳定性高的电阻。

5. 非线性

流过电阻中的电流与加在两端的电压不成正比变化时，称为非线性。

一般金属型电阻线性度很好，非金属型电阻线性度差。

6. 噪声

噪声是产生在电阻中的一种不规则电压起伏。它包括热噪声和电流噪声两种。任何电阻都有热噪声，降低电阻的工作温度，可以减少热噪声；电流噪声与电阻内的微观结构有关，合金型无电流噪声，薄膜型较小，合成型最大。

7. 极限电压

电阻两端的电压增加到一定值时，会发生烧毁现象，使电阻损坏，根据电阻的额定功率可计算电阻的额定电压。所加的电压升高到一定值不允许再增加时的电压，称为极限电压。极限电压受电阻尺寸及结构的限制。

三、电阻器的标志内容及方法

电阻器有多项技术指标，但由于表面积有限和对参数的关心程度不同，一般只标阻值、精度、材料、功率等项。对于 1/8～1/2W 之间的小电阻，通常只标注阻值和精度、材料及功率，通常由外形尺寸及颜色判断。电阻参数的标志方法通常用文字、符号直标或色带标出。

1. 文字符号直标

（1）标称阻值。阻值单位：Ω（欧）、kΩ（千欧）、MΩ（兆欧）、GΩ（吉欧）、TΩ（太欧），其值 $k=10^3$，$M=10^6$，$G=10^9$，$T=10^{12}$。

遇有小数时，常以 Ω、k、M 取代小数点，如：0.1Ω 标为 Ω1，3.6Ω 标为 3Ω6，3.3kΩ 标为 3k3，2.7MΩ 标为 2M7。

（2）精度。普通电阻精度分为 ±5%、±10%、±20% 三种，在电阻标称值后，标明 Ⅰ（J）、Ⅱ（K）、Ⅲ（M）符号。精密电阻的精密等级，可用不同符号标明，见表2-3。

表 2-3　　　　　　　　　　　精密电阻的精密等级

精度等级 /%	±0.001	±0.002	±0.005	±0.01	±0.02	±0.05	±0.1	±0.2	±0.5	±1	±2	±5	±10	±20
精度符号	E	X	Y	H	U	W	B	C	D	F	G	J	K	M

（3）功率。通常 2W 以下的电阻不标出功率，通过外形尺寸即可判定；2W 以上功率的电阻在电阻上以数值标出。

（4）材料。2W 以下的小功率电阻，电阻材料通常也不标出。对于普通碳膜和金属膜电阻，通过外表颜色也可以判定。通常碳膜电阻涂绿色或棕色，金属膜电阻涂红色或棕色。2W 以上功率的电阻大部分在电阻体上以符号标出，符号含义见表2-4。

表 2 – 4　　　　　　　　　　　　　　电 阻 材 料 及 符 号

符号	T	J	X	H	Y	C	S	I	N
材料	碳膜	金属膜	线绕	合成膜	氧化膜	沉积膜	有机实芯	玻璃釉膜	无机实芯

2. 色码标志法

小功率电阻较多情况使用色标法，特别是 0.5W 以下的碳膜和金属膜电阻更普遍。色标的基本色码及意义见表 2 – 5。

表 2 – 5　　　　　　　　　　　　　　色标的基本色码及意义

色 别	第一环 第一位数	第二环 第二位数	第三环 第三位数	第四环 应乘倍数	第五环 精度
棕	1	1	1	10	F±1%
红	2	2	2	10^2	G±2%
橙	3	3	3	10^3	
黄	4	4	4	10^4	
绿	5	5	5	10^5	D±5%
蓝	6	6	6	10^6	C±0.2%
紫	7	7	7	10^7	B±0.1%
灰	8	8	8	10^8	
白	9	9	9	10^9	
黑	0	0	0	10^0	K±10%
金	—	—	—	10^{-1}	J±5%
银	—	—	—	10^{-2}	K±10%

色标电阻（色环电阻）器可分三环、四环、五环三种标法，含义如图 2–1 所示。

图 2–1　电阻色环含义

三环色标电阻器：表示标称电阻值（精度均为±20%）。

四环色标电阻器：表示标称电阻值及精度。

五环色标电阻器：表示标称电阻值（三位有效数字）及精度。

为避免混淆，第五色环的宽度是其他色环的 1.5～2 倍。

四、几种常用电阻器的特点及应用

1. 薄膜类

（1）金属膜电阻（型号 RJ）。特点是工作环境温度范围广（−55～+125℃）、温度系数小、噪声低、体积小（与碳膜电阻相比，在相同体积下，额定功率高出其 1 倍左右）。

这类电阻在稳定性要求较高的电路中广泛应用。额定功率为 0.125W、0.25W、0.5W、1W、2W 等；标称电阻值在 10Ω～100MΩ 之间；精度等级为 ±5%、±10% 等。

（2）金属氧化膜电阻（型号 RY）。它有极好的脉冲、高频和过负荷性；机械性能好、坚硬、耐磨；在空气中不会再氧化，因而化学稳定性好。但阻值范围窄，温度系数比金属膜电阻大，外型和金属膜电阻相似。

（3）碳膜电阻（型号 RT）。这是一种应用最早、最广泛的薄膜型电阻。这种电阻值范围宽（10Ω～10MΩ）；额定功率为 0.125～10W；精度等级为 ±5%、±10%、±20%；体积比金属膜电阻大；温度系数为负值。此外，最大的特点是价格低廉，在各类电阻中是最廉价的一种，因此，在电子产品中被广泛使用。通常碳膜电阻的外表以绿漆为特征。

2. 合金类

（1）精密线绕电阻（型号 RX）。在量测仪表或要求高的电路中，可采用精密线绕电阻，这种电阻一般精度为 ±0.01%，最高达 ±0.005% 或更高，温度系数小于 10^{-6}/℃，长期工作稳定性高，阻值范围在 0.01Ω～10MΩ 之间。但这类电阻由于工艺为线绕，因而分布参数大，不适宜在高频电路中使用。

（2）功率型绕线电阻（型号 RX）。这种电阻额定功率在 2W 以上，阻值范围为 0.15kΩ 到数百千欧，精度等级为 ±5%～±20%，最大功率可达 200W。本类电阻又分为固定式和可调式两种，可调式即从电阻体上引出一滑动头可对阻值进行调整，便于整机调试中使用。

（3）精密合金箔电阻。这类电阻具有自动补偿电阻温度系数的功能，能在较宽的温度范围内保持极小的温度系数，因而具有高精度、高频特性好的特点，弥补了金属膜和线绕电阻的不足。这类电阻精度可达 ±0.001%，稳定性为 ±5×10^{-5}%/年，温度系数为 ±1×10^{-6}/℃。

目前，国内生产的金属箔电阻型号有 RJ711 型。

3. 合成类

合成类电阻最突出的优点是可靠性高，如优质实芯电阻的可靠性通常要比金属膜和碳膜电阻高出 5～10 倍。因此，尽管它的电性能较差（噪声大、线性度差、精度低、高频特性不好等），但因其具有高可靠性，仍在一些特殊领域广泛使用，如宇航工业、海底电缆等。

合成型电阻种类较多，按电阻体形可分为实芯电阻、漆膜电阻；按黏结剂种类可分为有机型（如酚醛树脂）和无机型（如玻璃、陶瓷等）；按用途可分为通用型、高阻型、高压型等。下面就几种常见的合成型电阻加以介绍。

（1）实芯电阻（型号 S）。常见型号是 RS11 型。阻值范围为 4.7Ω～22MΩ，精度为 ±5%、±10%、±20%，相同功率下体积与金属电阻相当。

（2）高压合成膜电阻。国内常见的型号有 RHY-10 型和 RHY-35 型。前者耐压 10kV，后者可达 35kV；阻值范围 0.5～1000MΩ；精度为 ±5% 和 ±10% 两种。

（3）真空兆欧合成膜电阻（高阻型，型号 RH）。高于 10MΩ 的电阻大部分为合成膜电阻，国内产品有 RHZ 型。阻值范围在 10～100MΩ 之间；允许误差 ±5%、±10%。

（4）金属玻璃釉电阻（型号 RI）。以无机材料做黏结剂，用印刷烧结工艺在陶瓷基体上形成电阻膜，这种电阻膜的厚度要比普通薄膜类电阻的膜厚得多。本类电阻具有较高的耐热性和耐潮性。常用它制成小型化片状电阻。

（5）随着电子技术的发展，电路中常需要一些电阻网络，如计算机中的 A/D、D/A 转换等，这些网络往往需要精度高，温度系数小等条件，用分立元件不仅工作量大，而且往往难以达到技术要求。采用掩膜技术、光刻技术、烧结技术等综合工艺，可在一块基片上制成电阻网络，即集成电阻，可以满足电路要求。

4. 敏感电阻

敏感电阻也称半导体电阻，这类电阻根据不同材料和制作工艺可以对温度、光通量、湿度、压力、磁通、气体浓度等物理量起敏感作用。通常有热敏、压敏、光敏、湿敏、磁敏、气敏、力敏等不同类型的电阻。利用这些敏感电阻，可以构成能检测相应物理量的探测器及无触点开关等。各类敏感电阻按其输入输出关系可分为"缓变形"和"突变性"两种。敏感电阻广泛应用于测试技术和自动化技术等各种领域，这类电阻发展较快，详细情况可参阅有关厂家的产品手册及相关书籍。

五、电阻器的合理选用及质量判别

1. 电阻器的选用

电阻种类很多，性能差异大，应用范围有很大区别，全面了解各类电阻性能，正确选用各类电阻，对整机设计的合理性起到一定作用，各类电阻性能比较见表 2-6，选用电阻时可参考查阅。

表 2-6　　　　　　　　　　　各种电阻的性能比较

性能 ＼ 品种	合成碳膜	合成碳实芯	碳膜	金属氧化膜	金属膜	金属玻璃釉	块金属膜	电阻合金线
阻值范围	中—很高	中—高	中—高	低—中	低—高	中—很高	低—中	低—高
电阻温度系数	尚可	尚可	中	良	优	良—优	极优	优—极优
非线性、噪声	尚可	尚可	良	良—优	优	中	极优	极优
高频、快速响应	良	尚可	优	优	极优	良	极优	差—尚可
脉冲负荷	良	优	良	优	中	良	良	良—优
储存稳定性	中	中	良	良	良—优	良—优	优	优
工作稳定性	中	良	良	良	优	良—优	极优	极优
耐潮性	中	中	良	良	良—优	良—优	良—优	良—优
可靠性	—	优	中	中	良—优	良—优	良—优	—

选用电阻时，应考虑以下因素：

（1）选用电阻的额定功率值，应高出在电路实际值 0.5～1 倍。

（2）考虑温度系数对电路工作的影响，同时要根据电路特点来选正、负温度系数的电阻。

（3）电阻的精度、非线性及噪声应符合电路要求。

（4）考虑电路工作环境与可靠性、经济性等。

2. 电阻的质量判别方法

（1）看电阻器引线有无折断及外壳烧焦现象。

（2）用万用表"Ω"挡测量阻值，合格的电阻值应稳定在允许的误差范围内，如超出误差范围内或电阻值不稳定，则不能选用。

（3）根据"电阻器质量越好，其噪声电压越小"的原理，使用"电阻噪声测量仪"测量电阻的噪声，判别电阻的好坏。

第二节 电 位 器

电位器是一种可调电阻，对外有 3 个引出端，其中两个为固定端，一个为滑动端（也称中心抽头），滑动端在两个固定端之间的电阻体上做机械运动，使其与固定端之间的电阻发生变化。

一、电位器的主要技术指标

衡量电位器质量的技术参数很多，但对一般电子产品来说，较为重要的是以下几项基本指标：标称阻值、额定功率、滑动噪声、极限电压、阻值变化规律、分辨力等，下面分别介绍。

（1）标称阻值。标在产品上的名义阻值，其系列于电阻的系列类似。实测阻值与标称阻值误差范围根据不同精度等级可允许±20%、±10%、±5%、±2%、±1%，精密电位器的精度可达±0.1%。

（2）额定功率。电位器上的两个固定端允许耗散的最大功率为电位器的额定功率。使用中应注意，额定功率不等于中心抽头与固定端的功率。额定功率系数为 0.063、0.125、0.25、0.5、0.75、1、2、3。线绕电位器功率系列有 0.5、0.75、1、1.6、3、5、10、16、25、40、63、100，单位为 W。

（3）滑动噪声。当电刷在电阻体上滑动时，电位器的滑动端与固定端的电压出现无规则的起伏现象，称为电位器的滑动噪声。它是由电阻率分布的不均性和电刷滑动时接触电阻的无规律变化引起的。

（4）分辨力。电位器对输出量可实现的最精细的调节能力，称为分辨力。线绕电位器不如非线绕电位器的分辨力高。

（5）阻值变化规律。常见电位器变化规律分线性变化、指数变化和对数变化，此外根据不同需要还可以制成其他函数（正弦、余弦）规律变化的电位器。

（6）电位器的轴长与轴承端结构。轴长：安装基准面到轴端尺寸，如图 2-2 所示。轴长尺寸 L 系列值有：6、10、12.5、16、25、30、40、50、63、80，单位为 mm；轴的直径系列有：2、3、4、6、8、10，单位为 mm。

轴端结构种类很多，常用的有 ZS-1 型、ZS-3 型、ZS-5 型、ZS-7 型等，如图 2-3 所示。

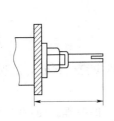

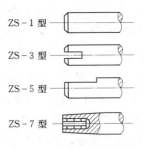

图 2-2　电位器的轴长　　　图 2-3　电位器轴端结构

二、电位器的类别与型号

电位器的种类繁多，用途各异。通常可按用途、材料、结构、阻值变化规律及驱动机构的运动方式等分类。常见电位器的种类见表 2-7。

表 2-7　　　　　　　　　　　　　接触式电位器分类

分类形式			举　例
材料	合金型	线绕	线绕电位器（WX）
		金属箔	金属箔电位器
	薄膜型		金属膜电位器（WJ）、金属氧化膜电位器（WY）、复合膜电位器（WH）、碳膜电位器（WT）
	合成型	有机	有机实芯电位器（WS）
		无机	无机实芯电位器、金属玻璃釉电位器（WI）
	导电塑料		直滑式（LP）、旋转式（CP）、（非部标）
用途			普通、精密、微调、功率、高频、高压、耐热
阻值表化规律	线性		线性电位器（X）
	非线性		对数式（D）、指数式（Z）、正余弦式
结构特点			单圈、多圈、单联、多联、有止挡、带推拉开关、带旋转开关、锁紧式
调节方式			旋转式、直滑式

电位器的一般标识方法为：

WT-2　　　3.3kΩ　　　±10%-碳膜电位器　　　2W　　　3.3kΩ　　　精度±10%

WX-1W　　510Ω　　　J-线绕电位器　　　　　1W　　　510Ω　　　精度±5%

型号中的 W 表示电位器，材料符号与电阻材料符号相同。

三、几种常见的电位器

1. 线绕电位器（型号 WX）

线绕电位器是利用电阻合金线在绝缘骨架上绕制而成，外形如图 2-4 所示。常用于精密电位器和大功率电位器。国内精密线绕电位器的线性精度可达 0.1%，大功率电位器的功率可达 100W 以上。

2. 合成碳膜电位器（型号 WH）

合成碳膜电位器如图 2-5 所示。这类电位器阻值分辨力高、变化均匀连续、范围宽

（100Ω～4.7MΩ），功率一般有 0.125W、0.5W、1W、2W 等，但精度较差，一般为±20％，且耐温及耐潮性差，使用寿命低。但由于它成本低，因而广泛用于家用电器产品中，如收音机、电视机等。阻值变化规律分线性和非线性两种，轴端形式分带锁紧和不带锁紧两种。

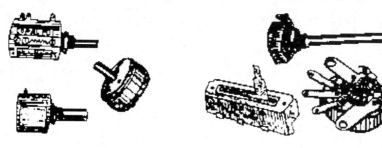

图 2-4　线绕电位器　　　　　　图 2-5　合成碳膜电位器

3. 有机实芯电位器（型号 WS）

有机实芯电位器阻值范围可在 100Ω～4.7MΩ 之间，功率多在 0.25～2W 之间，精度有±5％、±10％、±20％。这类电位器结构简单、体积小、寿命长、可靠性好。缺点是噪声大，启动力矩大，因此，这种电位器多用于对可靠性要求较高的电子仪器中。这种电位器有带锁紧和不带锁紧两种，轴端尺寸与形状有不同规格，如图 2-6 所示。

4. 多圈电位器

多圈电位器属于一种精密电位器，阻值调整精度高，调节范围最多可达 40 圈。多圈电位器种类也很多，图 2-7 所示为常见的几种。

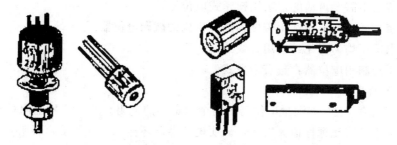

图 2-6　有机实芯电位器　　　　　　图 2-7　多圈电位器

在阻值需要大范围内进行微量调整时，可选用多圈电位器。多圈电位器有线绕型、块金属膜型及有机实芯等。调节方式可分螺旋式（指针）、螺杆式等不同形式。

5. 导电塑料电位器

这种电位器耐磨性好，接触可靠、分辨力高，其寿命可达线绕电位器的 100 倍，但耐潮性差。

除了上述各种接触式电位器外，还有非接触式电位器，如光敏、磁敏电位器。此类电位器没有与电阻体做机械接触的电刷，因此，克服了接触电阻不稳定、滑动噪声及断线等弊端。

四、电位器的合理选用及质量判别

1. 电位器的合理选用

电位器的规格品种很多，合理选用不仅可以满足电路要求，而且可以降低成本。表

2-8列出了各类电位器的性能比较，可供选用时参考。

表2-8　　　　　　　　　　各类电位器性能比较

性　能	线绕	块金属膜	合成实芯	合成碳膜	金属玻璃釉	导电塑料	金属膜
阻值范围	4.7Ω～56kΩ	2Ω～5kΩ	100Ω～4.7MΩ	470Ω～4.7MΩ	100Ω～100MΩ	50Ω～100MΩ	100Ω～100kΩ
线性精度/%	＜±0.1	—	—	＞±0.2	＜±10	＞±0.05	—
额定功率/W	0.5～100	0.5	0.25～2	0.25～2	0.25～2	0.5～2	—
分辨力	中—良	极优	良	优	优	极优	优
动噪声	—	—	中	低—中	中	低	中
零位电阻	低	低	中	中	中	中	中
耐潮性	良	良	差	差	优	差	优
耐磨寿命	良	良	优	良	良	优	优
负荷寿命	优良	优良	良	良	优良	良	优

针对不同用途，推荐选用类型如下：

（1）普通电子仪器：采用碳膜或合成实芯。

（2）大功率、高温情况：选用线绕、金属玻璃釉。

（3）高精度：选用线绕、导电塑料、精密合成碳膜。

（4）高分辨力：选用各类非线绕电位器，多圈式微调电位器。

（5）高频、高稳定：选用薄膜电位器。

（6）调节后不需要再动的：选用锁紧式电位器。

（7）精密、微量调节：选用带慢轴调节机构的微调电位器。

（8）要求电压均匀变化：选用直线式。

（9）音量控制用电位器：选有指数式。

2. 电位器的质量判断方法

（1）用万用表"Ω"挡测量电位器的两个固定端的电阻，并与标称电阻核对阻值。如果万用表指针不动或比标称值大得多，表明电位器已坏；如表针跳动，表明电位器内部接触不好。

（2）测滑动端与固定端的阻值变化情况。移动滑动端，如阻值从最小到最大之间连续变化，而且最小值越小越好，最大值接近标称值，说明电位器质量较好；如阻值间断或不连续，说明电位器滑动端接触不好，则不能选用。

（3）用"电位器动噪声测量仪"测量电位器的噪声，判别电位器的质量好坏。

第三节　电　容　器

电容器在电子仪器中是一种必不可少的基础元件。在电子电路中起到耦合、滤波、隔直流和调谐等作用。它的基本结构是在两个相互靠近的导体之间夹一层不导电的绝缘材料——介质，构成电容器。它是一种储能元件，可在介质两边储存一定的电荷，储存电荷的能力用电容量表示，基本单位是法拉，以F表示。由于法拉的单位太大，因而电容量

的常用单位 μF（微法）和 pF（皮法或微微法）。

一、电容器的主要技术参数

1. 标称容量及精度

容量是电容器的基本参数，数值标在电容体上，不同类型的电容有不同系列的标称值。常用的标称系列同电阻标称值。

应注意，某些电容的体积过小，常常在标称容量时不标电容符号，只标数值，这就需要根据电容器的材料、外形尺寸、耐压等因素加以判断，以读出真实容量值。

电容器的容量精度等级较低，一般允差在±5％以上，最大可达＋50％～−20％。

2. 额定电压

电容器两端加电压后，能保证长期工作而不被击穿的电压称为电容的额定电压。电压系列随电容器类别不同而有所区别。额定电压的数值通常都在电容器上标出。

3. 损耗角正切

电容介质的绝缘性能取决于材料及厚度，绝缘电阻越大漏电流越小。漏电流的存在，将使电容器消耗一定电能，这种损耗称为电容器的介质损耗（有功功率），如图 2−8 所示。图中 δ 角是由于电容损耗而引起的相移，此角即为电容器的损耗角。

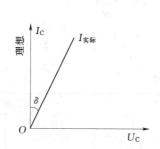

图 2−8　电容器的介质损耗

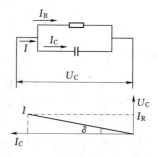

图 2−9　电容的等效电路

电容器的损耗：相当于理想电容上并联一个等效电阻，如图 2−9 所示。I_R 相当于漏电流，此时电容上储存的无功功率为

$$P_\delta = U_C I_C = U_C I \cos\delta$$

损耗的有功功率为

$$P = U_C I \sin\delta$$

由此可见，只用损耗的有功功率来衡量电容的优劣是不准确的，因为功率的损耗不仅与电容本身质量有关，而且与加在加容器上的电压和电流有关，同时只看损耗功率，而不看存储功率也不足以衡量电容器的质量。为确切反映电容器的损耗特征，则用损耗功率与存储功率之比来反映，即

$$\frac{P}{P_\delta} = \frac{U_C I \sin\delta}{U_C I \cos\delta} = \tan\delta$$

$\tan\delta$ 称为电容器损耗角的正切值，它真实地表明了电容器的质量优劣。不同类型的电容器其 $\tan\delta$ 的数值不同，数量级一般在 10^{-2}～10^{-4} 之间。

4. 电容温度系数

温度、湿度、气压对电容量都会有影响，通常用温度系数来表示，即

$$\alpha_C = \frac{1}{C}\frac{\Delta C}{\Delta t} \quad (1/℃)$$

云母电容及瓷介电容稳定性最好，温度系数数量级可达 $10^{-4}/℃$，铝电解电容其温度系数最大，数量级可达 $10^{-2}/℃$。多数电容的温度系数为正直，个别类型的电容其温度系数为负值，如瓷介电容器。

二、命名

1. 型号命名方法

根据国家标准，电容器型号命名由 4 部分内容组成，其中第三部分作为补充说明电容器的某些特征，如无说明，则只需 3 部分组成，即两个字母一个数字。大多数电容器由 3 部分内容组成。型号命名格式为：

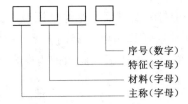

电容器的标识内容见表 2-9。

表 2-9　　　　　　　　　　电容器的标志内容

第一部分（主称）		第二部分（材料）		第三部分（特征）	
符号	含义	符号	含义	符号	含义
		C	瓷介		
		Y	云母		
		I	玻璃釉		
		O	玻璃（膜）	W	微调
		B	聚苯乙烯		
		F	聚四氟乙烯		
		L	涤纶		
C	电容器	S	聚碳酸酯		
		Q	漆膜		
		Z	纸介		
		H	混合介质	J	金属膜
		D	铝电解		
		A	钽		
		N	铌		
		T	钛		

例如：CY5101 表示云母电容，一级精度（±5%）510pF；CL1nK 表示涤纶电容，K级精度（±10%）1nF；CC223 表示瓷介电容器，Ⅲ级精度（±20%）0.22μF；CBB120.47Ⅱ表示聚丙烯，2级精度（±10%）0.47μF。

一般电容器主体上除标上符号外，还标有标称容量、额定电压、精度与技术条件等。

2. 容量的标志方法

（1）直标法。容量单位为 F（法拉）、mF（毫法）、μF（微法）、nF（纳法）、pF（皮法或微微法）。这里 m=10^{-3}，μ=10^{-6}，n=10^{-9}，p=10^{-12}。

例如：4n7 表示 4.7nF 或 4700pF；0.22 表示 0.22μF；510 表示 510pF。

没标单位的读法是：当容量在 1～(10^5-1)pF 之间时，读为 pF，如 510pF；当容量大于 10^5pF 时，读为 μF，如 0.22μF。

有时可以认为，用大于 1 的 3 位以上数字表示，容量单位为 pF；用小于 1 的数字表示，单位为 μF。

（2）数码表示法。一般用三位整数来表示电容量的大小，单位为 pF。前面的两位数为有效数字，第三位数为零的个数（或倍率 10^n），即乘以 10^n，n 为第三位数字。

例如：224 表示 22×10^4pF=220000pF=0.22μF；103 表示 10×10^3pF=10000pF=0.01μF；334 表示 33×10^4pF=330000pF=0.33μF。

这种表示方法中有一处特殊，即当第三位数字为"9"时，表示用有效数字乘以 10^{-1} 来表示电容量，单位也是 pF。例如：339 表示 33×10^{-1}pF=3.3pF；479 表示 47×10^{-1}pF=4.7pF。

（3）色码表示方法。这种表示方法与电阻器的色环表示方法类似，颜色涂于电容器的一端或从顶端向引线排列。色码一般只有 3 种颜色，前两环为有效数字，第三环为位率，单位为 pF。有时色环较宽，如红红橙，两个红色环涂成一个宽的，表示 22000pF。

三、几种常见的电容器

1. 有机介质电容器

常见有机介质电容器除传统的纸介、金属化纸介质电容器外，涤纶、聚苯乙烯等均属此类。

（1）纸介电容（型号 CZ）。这种电容器的容量范围宽，耐压范围宽（可从 36V～30kV），成本低、但体积大，tanδ 大，因而只适用于直流或低频电路中。

（2）金属化纸介电容器（型号 GJ）。这种电容器在电参数上（如 tanδ 值、绝缘电阻等）与纸介电容器基本一致，但体积小，在相同耐压和容量条件下，两种电容器的体积相差 3～5 倍之多。

（3）有机薄膜电容器。有机薄膜在此处只是一个统称，具体又有涤纶、聚丙烯等七八种之多。这种电容不仅在体积重量上，还是在电参数上，都要比纸介质电容器优越得多。各种有机薄膜电容器的性能比较见表 2-10。

2. 无机介质电容器

无机介质电容器可分为瓷介、云母、玻璃等。

表 2 - 10　　　　　　　　　　　　各种有机薄膜电容器性能比较

种类	型号	容量范围	额定电压/V	$\tan\delta$/%	工作温度/℃	温度系数 /$(10^{-6}\cdot℃^{-1})$	应用
涤纶	CL	510pF～5μF	35～1000	0.3～0.7	−55～+125	+200～−600	低频直流
聚碳酸酯	CS	510pF～5μF	50～250	0.08～0.15	−55～+125	±200	低压交直流
金属化聚碳酸酯	CSJ	0.01pF～10μF	50～500	0.1～0.2	−55～+125	±200	低压交直流
聚丙烯	CBB①	1nF～1μF	50～1000	0.01～0.1	−55～+85	−100～−300	高压电路
聚苯乙烯	CB	10pF～1μF	58～1000	0.01～0.05	−10～+85	−100～−200	高精度电路
聚四氟乙烯	CF	510pF～0.1μF	250～1000	0.002～0.005	−55～+200	−100～−200	高温环境

① 非部标。

（1）瓷介电容器（型号 CC）。瓷介电容也是一种生产历史悠久的电容，一般按其性能可分为低压小功率和高压大功率两种，通常把直流额定电压低于 1kV 的算前者，高于 1kV 的算后者。低压小功率电容常见的有瓷片、瓷管、瓷介独石等类型。

这种电容体积小，重量轻、价格低廉，在普通电子产品中使用广泛。瓷片电容的容量范围较窄，一般从几皮法到 0.1μF 之间。

（2）云母电容（型号 CY）。以云母为介质的电容称为云母电容。由于云母材料的优良电性能和机械性能，使得母电容具有损耗小、可靠性高、性能稳定、容量精度高等优良电参数，被广泛用于高频电路和要求高稳定度的电路中。

目前应用较广的云母电容容量范围一般在 4.7～47000pF，最高精度可达±0.01%～±0.03%，这是其他类型的电容所做不到的。

直流耐压通常为 100～5000V 之间，最高可达 40kV。

这种电容稳定性好、温度系数小，一般可达 10^{-6}/℃以内，长期存放后容量变化小于 0.01%～0.02%。可用于高温条件下，最高环境温度可达 460℃。

由于以上优良参数，使得云母电容广泛用于一些具有特殊要求的电路中，如高频、高温、高稳定电路等。云母电容生产工艺复杂、成本高、体积大，因此，它的使用受到一定限制。

（3）玻璃电容器。以玻璃为介质的电容器称为玻璃电容器，目前玻璃独石和玻璃釉独石两种较为常见。

与云母和瓷介电容相比，它的生产工艺简单，因而成本低。这种电容具有良好的防潮性和抗振性，能在 200℃高温下长期稳定工作，是一种高温稳定性电容器；其稳定性介于云母和瓷介之间；其体积却小于云母电容，一般只在云母电容的几十分之一。因而在印刷电路中使用十分广泛。

3. 电解电容器

电解电容器以金属氧化膜作为介质，以金属或电解质作为电容的两级。金属为正极，电解质为负极。使用电解电容器应注意极性，不能用于交流电路。由于电解电容的介质是一层极薄的氧化膜（厚度只有 10^{-3}～$10^{-2}\mu m$），在相同容量和耐压下，其体积比其他电容要小上几个或十几个数量级，特别是低压电容更为突出，这是任何电容都不能与之相比的特点，在要求大容量的场合，如滤波等，均选用电解电容。电解电容损耗大，温度频率特性差，绝缘性能差，漏电流大（可达毫安级），长期存放可能干涸、老化等，因而除体积小以外，其余性能远不如其他类型的电容。常见电解电容有铝电解、钽电解、铌电解电容等。

（1）铝电解电容（型号 CD）。铝电解是使用最多的一种通用型电解电容，额定电压一般在 $6.3\sim500\mathrm{V}$ 之间，容量为 $0.33\sim4700\mu\mathrm{F}$。

除普通电解电容外，也有一些特殊性能的电解电容，如激光储能电解电容、闪光灯电解电容、高频无感电解电容等，可满足不同电路的要求。

（2）钽电解电容（型号 CA）。钽电解电容大约发展了近 30 年，由于钽及氧化膜的物理性能稳定，因而它们比铝电解电容的漏电小、寿命长，长期存放性能稳定，温度、频率等特性好。但它比铝电解成本高、额定电压低（最高只有 160V）。这种电容主要用于一些电性能要求较高的电路，如积分电路、计时电路、延时开关电路等。钽电容分有极性和无极性两种。

除液体钽电容外，近几年又发展了超小型固体钽电容。最小体积可达 $\phi1\times2\mathrm{mm}$，用于混合集成电路中。

为适合高频电路的需要，高频贴片钽电容器国内外已有产品。为适应混合集成电路的需要，微型薄膜电容器也已在微型电子产品中应用。

4．可变电容器

（1）微调电容器。这种电容器的特点是用螺钉调节两级金属片的距离以改变电容量，适用于收音机的振荡或补偿电路中。

（2）可变电容器。其特点是定片组与支架一起固定，动片组连接旋柄能自由旋转通过面积的改变来调节电容量。聚苯乙烯薄膜密封可变电容器多用于晶体管收音机，空气可变电容器多用于电子管收音机中。

四、电容器的合理选用及质量判别

1．电容器的合理选用

电容器种类繁多，性能指标各异，选用时应考虑如下因素：

（1）电容器额定电压。不同类型的电容有其不同的电压系列，所选电容必须在其系列之内，此外所选取电容的电压一般应使其额定值高于线路施加在电容两端电压的 $1\sim2$ 倍。选用电解电容应作为例外，特别是液体电解质电容，限于自身结构特点，对其额定电压的确定一般要高于实际电压的 1 倍以上。一般应使线路中的实际电压相当被选电容耐压的 $50\%\sim70\%$，这样才能充分发挥电解电容的作用。不论选用何种电容，都不得使电容耐压低于线路中的实际电压，否则电容将会被击穿。同时也不必过分提高额定电压，否则不仅提高了成本，而且增大了体积。

（2）标称容量及精度等级。各类电容均有其标值系列及精度等级。电容在电路中作用不同，某些场合要求一定精度，而在较多场合容量范围可以相差很大。因而在确定容量精度时，应首先考虑电路对容量精度的要求，而不要盲目追求电容的精度等级，因为电容在制造中容量控制较难，不同精度的电容价格相差很大。

（3）对 $\tan\delta$ 的选择。电容器的 $\tan\delta$ 值依据介质材料的不同相差很大。$\tan\delta$ 值对电路的性能（特别是在高频电路中）影响很大，直接影响整机的技术指标，因此，在高频电路中或对信号相位要求严格的电路中应考虑 $\tan\delta$ 值的大小。

（4）体积。相同耐压及容量的电容可以因介质材料不同，使其体积相差几倍或几十倍。在产品设计中都希望体积小、重量轻，特别是在印制电路中，更希望选用小型电容器。单位体积的电容量称为电容的比率电容。比率电容越大，电容体积越小。

（5）成本。由于各种电容的生产工艺相差较大，因而价格也相差很大，在满足产品技术条件下，尽量使用价格低的电容，以降低产品成本。

表 2-11 所列的电容参数，可供选用时参考。

表 2-11 　　　　　　　　根据用途来选择固定电容器参考表

用　　途	电容器种类	电容量/pF	工作电压/V	损耗角正切值 $\tan\delta$
高频旁路	陶瓷（Ⅰ型）	8.2～1000	500	15×10^{-4}
	云母	51～4700	500	15×10^{-4}
	玻璃釉	100～3300	500	12×10^{-4}
	涤纶	100～3300	400	0.015
	玻璃釉	10～3300	100	15
低频旁路	纸介	0.001～0.5	500	—
	陶瓷（Ⅱ型）	0.001～0.047	<500	0.04
	铝电解	10～1000	25～450	0.2
	涤纶	0.001～0.047	400	0.015
滤波	铝电解	10～3300	25～450	<0.2
	纸介	0.001～10	1000	0.015
	复合纸介	0.01～10	2000	0.015
	液体钽	220～3300	16～125	0.2～0.5
滤波器	陶瓷	100～4700		—
	聚苯乙烯	100～4700	500	15×10^{-4}
	云母	51～4700		15×10^{-4}
调谐	陶瓷（Ⅰ型）	1～1000	500	15×10^{-4}
	云母	51～1000	500	13×10^{-4}
	玻璃膜	51～1000	500	12×10^{-4}
	聚苯乙烯	51～1000	<1600	0.001
高频耦合	云母	470～6800	500	0.001
	聚苯乙烯	470～6800	400	0.001
	陶瓷（Ⅰ型）	10～6800	500	15×10^{-4}
低频耦合	纸介	0.001～0.1	<630	0.015
	铝电解	1～47	450	0.15
	陶瓷（Ⅱ型）	0.001～0.047	<500	0.04
	涤纶	0.001～0.1	<400	<0.015
	固体钽电容	0.33～470	<62	<0.15

续表

用　　途	电容器种类	电容量/pF	工作电压/V	损耗角正切值 $\tan\delta$
电源输入Z抗 高频干扰	纸介	0.001～0.22	<1000	0.015
	陶瓷（Ⅱ型）	0.001～0.47	<500	0.04
	云母	0.001～0.47	<500	0.001
	涤纶	0.001～0.1	<1000	<0.015
储能	纸介	10～50	1k～30k	0.015
	复合纸介	10～50	1k～30k	0.015
	铝电解	100～3300	1k～5k	0.15
计算机电源	铝电解	1000～100000	25～100	>0.3
高频电压	陶瓷（Ⅰ型）	470～6800	<12k	10×10^{-4}
	聚苯乙烯	180～4000	<30k	10×10^{-4}
	云母	330～2000	<10k	10×10^{-4}
晶体管电路小型电容 器金属化纸介	陶瓷（Ⅰ型）	0.001～10	<160	<0.01
	陶瓷（Ⅱ型）	1～500	<160	15×10^{-4}
	云母	0.047～680	63	<0.04
	铝电解	4.7～1000	100	<0.001
	钽电解	1～3300	6.3～50	<0.2
	聚苯乙烯	1～3300	6.3～50	<0.15
	玻璃釉	0.0047～0.47	<50～100	<0.001
	金属化涤纶	10～3300	<63	15×10^{-4}
	聚丙烯	0.1～1	63	15×10^{-4}

2. 电容器的质量判别

（1）对于容量大于 5100pF 的电容器，可用万用表"Ω×10k""Ω×1k"挡测量电容器的两引线。正常情况下，表针先向 R 为零的方向摆去，然后向 $R\to\infty$ 方向退回（充电）。如果退不到∞，而停在某一数值上，指针稳定后的阻值就是电容器的绝缘电阻（也称漏电电阻）。一般的电容器绝缘电阻在几十兆欧以上，电解电容在兆欧以上。若所测电容器的绝缘电阻小于上述值，则表示电容器漏电。绝缘电阻越小，漏电越严重，若绝缘电阻为零，则表明电容器已经击穿短路；若表针不动，则表明电容器内部开路。

（2）对于容量小于 5100pF 的电容，由于充电时间很快，充电电流很小，即使用万用表的高阻值挡也看不到表针摆动。所以，可以借助一个 NPN 型的三极管（$\beta\geqslant100$，I_{CEO} 越小越好）的放大作用来测量。测量方法如图 2-10 所示。电容器接到 A、B 两端，由于晶体管的放大作用就可以看到表针摆动。判断好坏同上述。

（3）测电解电容时应注意电容器的极性，一

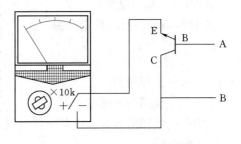

图 2-10　小容量电容的测量方法

般正极引线长。注意测量时电源的正极（黑表笔）与电容器的正极相接，电源的负极（红表笔）与电容器的负极相接，称为电容器正接。因为电容器的正接比反接时的漏电电阻大。

（4）可变电容的漏电、碰片，可用万用表"Ω"挡来检查。将万用表的两只表笔分别与可变电容器的定片和动片引出端相连，同时将电容器来回旋转几下，表针均应在"∞"位置不动。如果表针指向零或某一较小的数值，说明可变电容器已发生碰片或漏电严重。

（5）用万用表只能判断电容器的质量好坏，不能测量其容值是多少，若需精确的测量，则需用"电容测量仪"进行测量。

第四节 电 感 器

电感器和电容一样，也是一种储能元件，它能把电能转化为磁场能，并在磁场中储存能量。它在调谐、振荡、耦合、匹配、滤波、陷波、延迟、补偿及偏转聚焦等电路中，都是必不可少的。由于其用途、工作频率、功率、工作环境不同，对电感器的基本参数和结构形式就有不同的要求，从而导致电感器的类型和结构多样化。

一、电感器的基本参数

1. 电感量

在没有非线性导磁物质存在的条件下，一个载流线圈的磁通与线圈中电流成正比。其比例常数称为电感系数，用 L 表示，简称电感，即

$$L=\frac{\Phi}{I}$$

电感的实用单位是亨利（H），常用的有毫亨（mH）、微亨（μH）、纳亨（nH）。

2. 固有电容

线圈匝之间的导线通过空气，绝缘层和骨架之间存在着分布电容。此外屏蔽罩之间，多层绕组的层与层之间，绕组与底板之间也都存在着分布电容，这样电感实际可等效成如图 2-11 所示的电路。

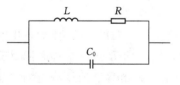

图 2-11 等效电路

等效电容 C_0 就是固有电容，由于固有电容的存在，会使线圈的等效总损耗电阻增大，品质降低。

3. 品质因数（Q 值）

电感线圈的品质因数定义为

$$Q=\frac{\omega L}{R}$$

式中 ω——工作角频率；

L——线圈的电感量；

R——线圈的等效总损耗电阻（包括直流电阻、高频电阻及介质损耗电阻）。

4. 额定电流

线圈中允许通过的最大电流称为额定电流。

5. 稳定性

使线圈产生某种变形、温度变化所引起的固有电容和漏电损耗增加,这都影响电感的稳定性。

电感线圈的稳定性通常用电感受温度系数和不稳定系数两个量来衡量,其值越大,表示稳定性越差。

电感器的参数测量较复杂,一般都是通过专用仪器进行测量,如电感测量仪和电桥等。

二、两种常用的固定电感器

1. 小型固定电感器

小型固定电感器有卧式（LG$_2$ 型）和立式（LG$_2$ 型）两种。其外型结构如图 2 - 12 所示。

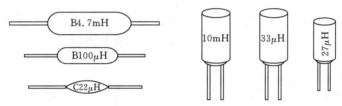

图 2 - 12　小型固定电感器

小型固定电感器是将漆包线或丝包线直接绕在棒形、工字形、王字形等磁芯上,外表裹覆环氧树脂或填充装在塑料壳中。它具有体积小、重量轻、结构牢固（耐振、耐冲击）、防潮性能好、安装方便等优点。一般常用在滤波、扼流、延迟、陷波等电子线路中。

2. 平面电感器

平面电感器是在陶瓷或微晶玻璃基片上沉积金属导线而成。平面电感器在稳定性、精度及可靠性方面较好。平面电感器应用的频率范围在几十兆赫兹到几百兆赫兹的电路中。平面电感器如图 2 - 13 所示。

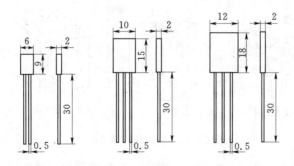

图 2 - 13　平面电感器（单位：mm）

第五节　变　压　器

在电子电路中,根据工作频率不同可将变压器分为高频电压器、中频变压器、低频变压器、脉冲变压器，图2-14所示为几种变压器的外形图。

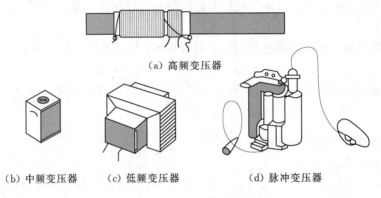

(a) 高频变压器

(b) 中频变压器　　(c) 低频变压器　　(d) 脉冲变压器

图2-14　几种常见变压器外形

变压器由初级线圈、次级线圈、铁芯和磁芯组成，一般铁芯用于低频变压器，磁芯用于高频变压器。变压器的作用是变压、阻抗变换和耦合交流信号等。

一、中频变压器

中频变压器又称中周变压器简称中周，用在收音机、电视机的中频放大级。中频变压器的型号由三部分组成，即主称（用几个字母表示名称、特征和用途）、尺寸（用数字表示）、序号（用数字表示）。其主称中的字母 T、L 或 F、S 分别表示中频变压器、线圈或振荡线圈、调幅收音机用短波段。尺寸中的1、2、3、4分别表示 7mm×7mm×12mm、10mm×10mm×14mm、12mm×12mm×16mm、20mm×25mm×36.5mm。序号中的1、2、3分别表示第一、第二、第三级。例如，TTF-2-1表示调幅收音机用第一级中周线圈，外形尺寸为 10mm×10mm×14mm。

中频变压器由磁芯、尼龙骨架、磁帽、胶木底座、金属屏蔽外罩及绕在磁芯上的线圈构成，如图2-15所示。

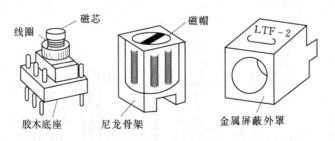

图2-15　中频变压器结构图

磁帽可以上下调节，以改变电感量，磁芯、磁帽通常由铁氧体磁性材料构成。低频用于调幅收音机，高频用于调频收音机或电视机。

常用的中频变压器 TTF-1、TTF-2、TTF-3 等为收音机用，10TV21、10LV23、10TS22 等为电视机用。目前厂家一般将中频变压器所用的电容器和中频变压器制作在一起，而构成谐振回路，这既减小了体积，又减少了焊接点。

二、高频变压器

图 2-14 (a) 所示为收音机的磁性天线,它是一种高频变压器,匝数多的为一次线圈,匝数少的为二次线圈。其作用是完成阻抗变换,以获得尽可能高的灵敏度和足够的选择性。一般一次线圈在 60~80 圈,二次线圈为一次的 1/10 左右。

三、脉冲变压器

电视机中行输出变压器是一种脉冲变压器,又称行逆程变压器。它接在电视机的行扫描输出级,将行逆程反峰电压升压,然后经整流、滤波,为显像管提供各种直流电压。

如图 2-14 (d) 所示为脉冲变压器。行输出变压器由高压线圈、低压线圈、U 形磁芯、尼龙骨架构成。目前一般将高、低压线圈、高压整流管等全部封装在一起而构成一体化结构。

四、低频变压器

在电子技术中低频变压器一般包括收音机的输入、输出变压器和 1kVA 以下的电源变压器。图 2-14 (c) 所示为一种低频变压器。

1. 输入、输出变压器

输入、输出变压器的作用是阻抗匹配、耦合、倒相等。它们由磁芯、尼龙骨架、线圈构成。铁芯通常采用 E 字形硅钢片,骨架由尼龙或塑料压制而成,在骨架上绕制漆包线。输入变压器的初次级线圈匝数比为 3:1~1:1(乙类推挽),输出变压器初次级线圈的匝数比为 10:1~7:1。

输入、输出变压器的大小、外形相似,应用中难以区分。但输入变压器的初级和输出变压器的次级皆为两根引线,前者导线细、匝数多、阻值为几十欧至几百欧左右,后者导线粗,匝数少,阻值为 1Ω 左右,由此便可区别。

2. 电源变压器

在交流供电系统中的电子设备都离不开电源变压器。上面介绍的几种变压器,市场上皆有系列产品可供选用,而电源变压器必须要根据设备的容量和环境来确定,大多数情况下难以选择到合适的产品,为此必须自己设计,在外协助加工或自己绕制。在此有必要对电源变压器的结构、设计方法及制作工艺进行一定的介绍。

(1) 电源变压器的结构。图 2-16 所示为电子设备中常用的小型变压器的外形。它由铁芯、骨架、线圈和绝缘物等构成。

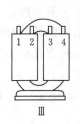

I　　　　　　　　II　　　　　　　III

(a) 外形图　　　　　　　　　　　　(b) 实物图

图 2-16　小型变压器外形与实物图

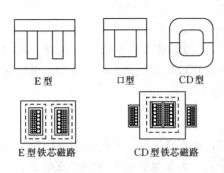

E 型　　口型　　CD 型

E 型铁芯磁路　　CD 型铁芯磁路

图 2-17　铁芯外形

常用的电源变压器按铁芯的形状可以分为口型、E 型和 C 型，如图 2-17 所示。

口型铁芯一般用在大容量变压器，特点是体积大，散热好。

由 E 型铁芯构成的变压器称为壳式变压器，这是用的最多的一种，特别是自制变压器一般都采用这种结构。其特点是铁芯对绕组有一定的保护作用，散热较好，容易制作。它使用 E 形和 I 形铁芯结合而构成磁路。E 形铁芯一般采用 D41、D42、D43 号热轧硅钢片（第一位字母 D，表示电工钢，第二位数字代表含硅量，第三位数字表示电磁性能，第四位有 0 则代表冷轧钢）。其厚度自 0.28～0.5mm 不等，一般有 0.35mm 和 0.5mm 两种。

由 C 型铁芯构成的变压器，常用的有 CD 和 ED 两种型式。CD 型应用得较多，图 2-17 给出了这种变压器的外形和磁路构成。C 型铁芯采用冷轧钢 D310、D320、D330 等牌号，片厚和 E 型相同，C 型铁芯耦合效率比 E 型高，所以，在同样容量下，体积比壳式小 1/3。

为了防止静电干扰，在电源变压器的初次级之间，一般都加入一层静电屏蔽层。屏蔽层一般都采用很薄的铜皮制成，屏蔽层要和初次级线圈绝缘，屏蔽层一端接地，另一端悬空，其首尾绝对不能短接。

值得提出的是，对于计算机等高精度的电子设备，电源变压器要多层屏蔽（或全屏蔽），屏蔽的引线按不同的工艺要求，连接方法也不同。

如图 2-18 所示为一种全屏蔽变压器，它能更有效地减小分布电容的影响。这种变压器除在初次级分别加屏蔽层外，还要使初级屏蔽接设备的金属外壳，初级屏蔽层和次级屏蔽层皆接到直流工作地上（即直流电源地）。

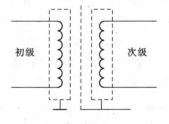

初级　　次级

图 2-18　全屏蔽变压器

（2）小功率电源变压器的设计。在电子设备中小功率电源变压器的设计是经常遇到的。设计的步骤一般是已知次级各绕组的电压、电流、电源电压、频率，计算出变压器的额定容量，选择铁芯型号，截面积，计算绕组匝数、线径、校定铁芯窗口面积是否合适等。由于中小功率电源变压器生产的工厂较多，使用者只要提供绕组，绕组电压、电流及工艺要求即可。这里仅就设计中有关的问题给予介绍。

计算额定容量，目的是确定铁芯截面积。

计算次级功率：一般次级有几个绕组，次级功率 P_2 为

$$P_2 = P_{21} + P_{22} + \cdots = U_{21} I_{21} + U_{22} I_{22} + \cdots$$

考虑到变压器效率 η，则初级功率 P_1 为

$$P_1 = \frac{P_2}{\eta}$$

变压器的额定功率为

$$P_0 = \frac{P_1 + P_2}{2}$$

这里有两个问题需要指出：

第一，变压器的效率决定于变压器的损耗，设计小型变压器，一般不必详细计算其损耗，表 2-12 给出了效率与次级功率的经验数据，可供设计时参考。

表 2-12　　　　　　　　　　　　效率 η 与次级功率 P_2 关系

次级功率 P_2/W	<10	10～30	30～80	80～200	200～400	400 以上
效率 η	60%～70%	70%～80%	80%～85%	85%～90%	90%～95%	95%

第二，关于次级功率 P_2 的计算。对于一般的电源变压器，负载为纯电阻时，次级电压、电流和负载的电压、电流相等，P_2 的计算比较简单，而整流变压器负载上需要的是平滑直流，次级要接整流和滤波电路，这样变压器次级将有直流成分流过。为此，对于不同的整流电路，不同的负载，需要的二次功率也不同。表 2-13 给出了不同整流电路以及不同性质负载下，变压器次级功率 P_2 与负载功率 P_0，供设计时选用。

表 2-13　　　　　　　　　　　　P_2 与 P_0 的关系

电路形式	负载性质	次级电压 U_2	次级电流 I_2	次级功率 P_2
半波整流	电阻性	$2.22U_0$	$1.57I_0$	$3.49P_0$
	电容性	$(0.71～1.3)U_0$	$(1.8～2.2)I_0$	$2.2P_0$
全波整流	电阻性	$1.11U_0$	$0.79I_0$	$1.74P_0$
	电容性	$(0.8～1.3)U_0$	$(1.1～1.2)I_0$	$2.2P_0$
	电感性	$1.11U_0$	$0.7I_0$	$1.57P_0$
桥式整流	电阻性	$1.11U_0$	$1.11I_0$	$1.23P_0$
	电容性	$(0.8～1.3)U_0$	$(1.4～1.7)I_0$	$1.56P_0$
	电感性	$1.11U_0$	I_0	$1.11P_0$
倍压整流	电容性	$0.5U_0$	$3.1I_0$	$1.56P_0$

注　U_0、I_0、P_0 分别为负载电压、电流、功率。

目前在电子设备中一般采用桥式整流电容滤波电路，若电容大，负载小，U_2、I_2 的值可取得小一些。

（3）变压器的检验。变压器的检验分以下 4 种情况：

1）绝缘的电阻检验。以兆欧表（摇表）测试各绕组之间，绕组与铁芯之间的电阻，阻值应不低于 $500～1000M\Omega$ 之间。

2）空载实验。实验方法如图 2-19 所示，测试内容及合格标准为：①空载电流不应大于额定电流的 10%；②副边输出电压约为额定电压的 105%～110%。

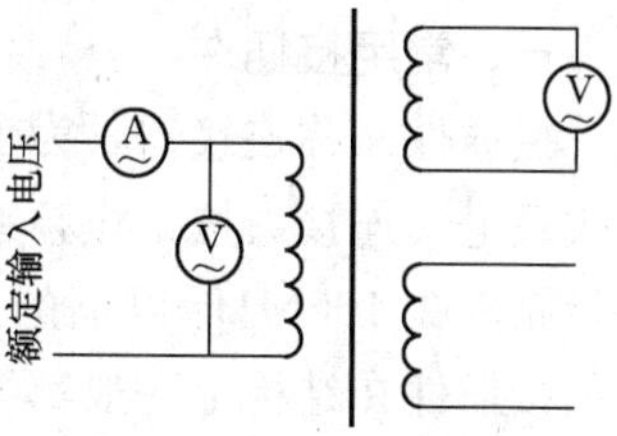

3）负载实验（也可做短路试验）。变压器满载运行，测试各输出绕组的负载能力。

4）温升实验。变压器满载运行，室温条件下运行 4h，

图 2-19　空载试验

温度不得超过 75℃（E 级绝缘）。

使用注意事项：使用变压器最忌接错线，线接错可能烧坏机内元器件，也可能造成变压器自身烧坏，因此，使用前必须判明各引出线，具体方法为：①用欧姆表测量各绕组内阻，对各绕组进行简单区分；②同名端判别，C 型铁芯变压器的原边一般为两线圈单独绕制，使用时串联后接入电网，但头尾必须区分，否则串联时易产生错误。判别头尾的方法如图 1-20 所示。

在图 2-20（a）中，交流电源不易太高（如 AC 6V），若电压表指示值大于 6V，则为串接；若电压表指示值为零，则为并接。

在图 2-20（b）中，直流电源可用一节或两节干电池，微安表也可用直流电压表（如万用表直流电压最低挡）。按下开关 K 的瞬间，若表针发生正偏转，表示接电池正极和接电表正极的端子为同名端；若表针向负方向偏转，则为反极性。

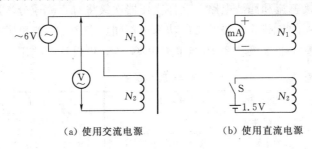

(a) 使用交流电源　　　　　　(b) 使用直流电源

图 2-20　判别线圈头尾实验电路

第六节　开关及接插元件

开关、接插元件在实际电路中被广泛地应用，其质量及可靠性直接影响电子系统或设备的可靠性，其中突出的问题是接触问题。接触不可靠不仅影响电路的正常工作，而且也是噪声的重要来源之一。合理选用和正确使用开关及插接件，将会大大降低电子设备的故障率。

影响开关和接插元件质量及可靠性的主要因素是温度、湿度、工业气体和机械振动等。温度、湿度、工业气体易使触点氧化，致使触点电阻增大，绝缘性能下降。振动易使接触点不稳。为此选用时，应根据产品的技术条件规定的电气、机械、环境、动作次数、镀层等合理的选择。

一、常用接插件

接插件又称连接器，为了便于组装、更换、维修电子设备，常采用接插件进行简便的插拔式电气连接。按工作频率可将接插件分为低频接插件和高频接插件。低频接插件通常是指频率在 100MHz 以下的连接器；高频接插件则是指频率在 100MHz 以上的连接器。高频接插件在结构上一般都采用同轴结构与同轴线相连接，也称为同轴连接器，使用时需考虑高频电场的泄漏、反射等问题。

按外形结构特征分为：常见的有圆形、矩形、印制板插座、带状电缆接插件等。

1. 圆形接插件

圆形接插件如图 2 - 21 所示，俗称航空插头插座。它有一个标准的旋转锁紧机构，并有多接点和插拔力较大的特点，连接较为方便，抗振性极好，同时还容易实现防水密封以及电场屏蔽等特殊要求。适用于大电流连接，广泛用于不需要经常插拔的电气之间及电气与机械之间的电路连接口。本类连接点数量从两个到近百个，额定电流可从 1A 到数百安，工作电压均在 300～500V 之间。

2. 矩形接插件

矩形接插件的引脚是矩形排列，能充分利用空间位置，所以，被广泛应用于机内各部分电路的互连。当带有外壳或锁紧装置时，也可用于机外的电缆和面板之间连接，如图 2 - 22 所示。

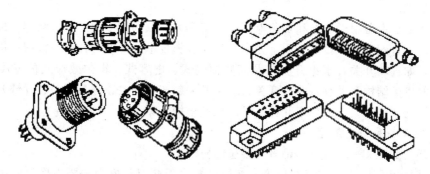

图 2 - 21　圆形接插件　　　　图 2 - 22　矩形接插件

本类插头座可分为插针式和双曲线簧式，带外壳和不带外壳式，带锁紧式和非锁紧式。接点数目、电流、电压均有多种规格，根据电路要求，可查手册。

3. 印制板接插件

印制板接插件的结构形式有直接型、插针型、间接型等，如图 2 - 23 所示。选用时可查手册。

4. 扁平排线接插件

扁平排线接插件的端接方法不需触接，而是靠刀口刺透绝缘层，实现接点连接的目的。因此，也称绝缘-位移-接触连接器，如图 2 - 24 所示。

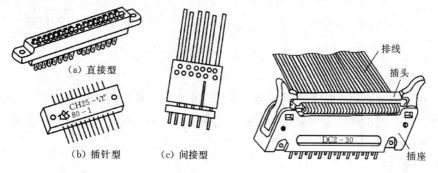

（a）直接型

（b）插针型　　（c）间接型

图 2 - 23　印制板接插件　　　　图 2 - 24　扁平排线接插件

本类连接器接触可靠，适用于微弱信号连接，多用于计算机及外部设备中。

5. 其他连接件

（1）接线柱。常用于仪器面板的输入，输出接点，种类很多，如图2-25所示。

（2）接线端子。常用于大型设备的内部接线，如图2-26所示。

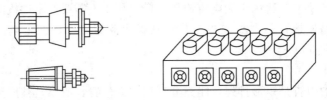

图2-25　接线柱　　　　　　　　图2-26　接线端子

二、开关

开关在电子设备中做接通和切断电路用，其中大多数都是手动式机械结构。由于此结构操作方便，价廉可靠，目前使用十分广泛。随着新技术的发展，各种非机械机构的开关不断出现，如气动开关，水银开关以及高频振荡式、电容式、霍尔效应式的各类电子开关。常用的机械结构开关有：波段开关、刷型开关、按钮开关、键盘开关、琴键开关、钮子开关和拨动开关等。下面介绍几种常见的机械结构开关。

1. 波段开关和刷型开关

波段开关如图2-27所示，是多位多层结构。

绝缘基体可分瓷质、玻璃丝板等。波段开关多用几刀几掷为主要规格，使用中通过旋转，几刀联动，同时切断或接通电路。波段开关一般工作电流为0.05～0.3A，电压为50～300V，与波段开关相似的一种开关称为刷型开关，它的接点是簧片，靠摩擦接触。

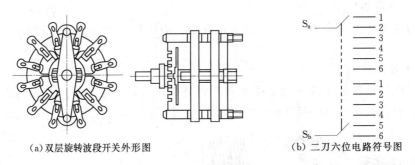

（a）双层旋转波段开关外形图　　　　　　（b）二刀六位电路符号图

图2-27　波段开关

2. 按钮开关

按钮开关如图2-28所示。该开关分大型、小型，形状多为圆形和方形。其结构主要有簧片式、组合式、带灯与不带灯等结构。按下电路接通，松开电路断开。多用于电子设备的接触开关。

3. 键盘开关

键盘开关如图2-29所示，用于计算机或计算器中的快速通断。键盘有数码键、符号键，其接触形式有簧片式、导电橡胶式等。

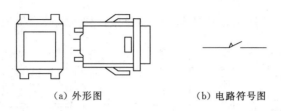

（a）外形图　　　　　　（b）电路符号图

图 2-28　按钮开关

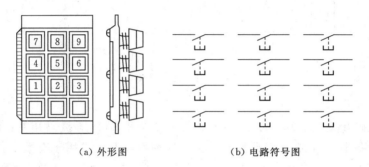

（a）外形图　　　　　　（b）电路符号图

图 2-29　键盘开关

4. 琴键开关

琴键开关如图 2-30（a）所示。属于摩擦式接触，锁紧形式有自锁、互锁、无锁、互锁复位；有单键，也有多键等形式，电路符号如图 2-30（b）所示。

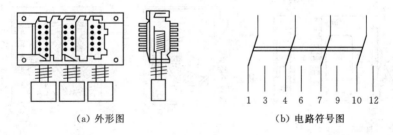

（a）外形图　　　　　　（b）电路符号图

图 2-30　琴键开关

5. 钮子开关

钮子开关如图 2-31 所示。在电子设备中是最常用的一种，它有大型、中型、小型和超小型。有单刀、双刀和三刀等。触点有单掷、双掷，工作电流从 0.5～5A 不等。

（a）外形图　　　　　　　　（b）电路符号图

图 2-31　钮子开关

41

6. 拨动开关

拨动开关如图2-32所示。它是水平滑动换位，切入式咬合接触。常用于计算机、收录机电子产品中。

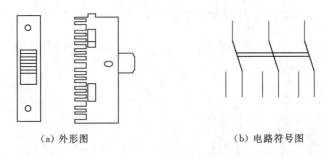

（a）外形图　　　　　　　　（b）电路符号图

图2-32　拨动开关

7. 拨码开关

常用的拨码开关有单刀十位（0~9）、二刀二位和8421码拨码开关三种。图2-33所示为电子设备中常用的8421码拨码开关。这种拨码开关常用于有数字预置功能的电路中。图2-34所示为它的等效电路。A为公共端，一般接高电平，当码盘拨到0~9中某一值时，盘内相应的开关闭合，输出8421BCD码。例如，在图2-33中的4、1两个开关闭合。这种开关闭合时接触电阻小于0.1Ω，额定工作电压约27V，额定工作电流50mA。

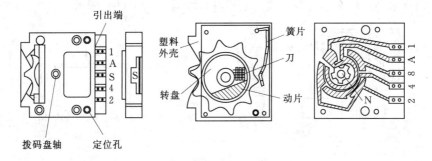

图2-33　8421码开关外型及内部

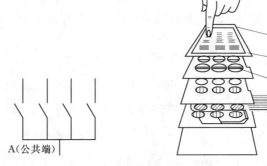

图2-34　8421码数码开关等效电路　　图2-35　薄膜开关结构图

8. 薄膜按键开关

薄膜按键开关又简称薄膜开关，它是一种集装饰与功能为一体化的新型开关。和传统的机械式开关相比，具有结构简单、外型美观、密封性好、保新性强、性能稳定、寿命长（达 100 万次以上）等优点，目前被广泛用于各种微电脑控制的电子设备中。图 2-35 所示为一种薄膜开关的结构。

薄膜开关按基材不同、可分为软性和硬性两种，按面板类型不同，可分为平面性和凸凹型；按操作感受不同又可分为触觉有感式和无感式。

薄膜开关工作电压一般在 36V（DC）以下，工作电流一般在 100mA 以下。开关只能瞬时接通且不能自锁。

三、选用开关及接插应注意的问题

（1）首先应根据使用条件和功能来选择合适类型的开关及接插件。

（2）开关、接插件的额定电压、电流要留有一定的余量。

（3）为了接触可靠，开关的触点或接插件的线数要留有一定余量，以便并联使用或备用。

（4）尽量选用带定位的接插件，避免插错而造成故障。

（5）触点的接线和焊接应可靠，为防止短线或短路，焊接处应加套管保护。

第七节 继 电 器

继电器是一种根据某种输入信号变化而接通或断开控制电路，实现自动控制和保护等功能的电器。输入量可以是电流、电压等电量，也可以是温度、时间、压力、速度等非电量。输出则使触头的动作或电参数变化。

继电器的种类繁多，本节主要介绍电子产品中常用的小型电磁式继电器、干簧继电器以及无触点的固态继电器。

一、电磁式继电器

1. 结构、原理、符号

图 2-36 所示为电磁式继电器的典型结构。当线圈通电后，铁芯被磁化产生足够铁电磁力，吸动衔铁，使动接点与静接点 5 断开，而与静接点 4 闭合，这叫继电器"动作"或"吸合"。当线圈断电后，电磁力消失，衔铁返回，动接点也恢复到原来位置，这叫继电器"释放"或"复位"。

继电器的图形符号用长方框表示，如图 2-36 右上角所示。在长方框内或框外，用"K"表示继电器。继电器的接点有三种基本形式，如图 2-37 所示。继电器的接点可画在长方框旁，这样比较直观；也可根据电路连接需要，将各接点分别画到各自的控制电路中，这对分析电路有利，但必须注意在属于同一个继电器的线圈和接点旁边注明文字符号，并把接点组加以编号，以免混乱。按规定，继电器的接点状态应按线圈不通电时的状态画出。

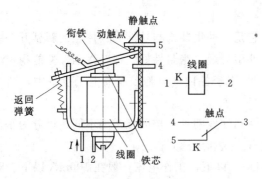

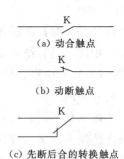

图 2-36　电磁式继电器结构　　　　　图 2-37　继电器的触点

2. 电磁继电器命名法

电磁继电器命名由六部分组成，见表 2-14。

表 2-14　　　　　　　　　　　　电磁继电器命名法

基　本　型　号					
第一部分	第二部分	第三部分	第四部分	第五部分	第六部分
主称	形状特征	短线	序号	防护特征	规格代号
KR（继弱）	W（微型）	—	—	F（封闭式） M（密封式）	—
KZ（继中）	C（超小型）	—	—	F（封闭式） M（密封式）	—
KQ（继强）	X（小型）	—	—	F（封闭式） M（密封式）	—

例如，KZC-21F/006-1Z，表示中等频率、超小型、封闭式、额定工作电压为 6V、带有一个切换接点的继电器。

3. 继电器的分类

（1）按接点负荷分类。

1）微功率继电器。接点开路电压 DC 27V、额定负载电流（阻性）为 0.1A、0.2A 的继电器。

2）弱功率继电器。接点开路电压 DC 27V、额定负载电流（阻性）为 0.5A、1A 的继电器。

3）中功率继电器。接点开路电压 DC 27V、额定负载电流（阻性）为 2A、5A 的继电器。

4）大功率继电器。接点开路电压 DC 27V、额定负载电流（阻性）为 10A 以上的继电器。

（2）按大小分类。

1）小型（X）。最长边尺寸不大于 50mm。

2）微型（W）。最长边尺寸不大于 10mm。

3）超小型（C）。最长边尺寸不大于5mm。

（3）按防护特点分类。

1）封闭式（F）。用罩壳将线圈和接点防护。

2）密封式（M）。用焊接或其他方法，将线圈和触点等封闭在一个不漏气的罩内，与周围介质隔离。

3）敞开式。不用防护罩来保护触点和线圈。

4．电磁式继电器主要参数及选用

继电器的参数在产品手册中有详细说明，下面就设计中经常涉及到的有关参数介绍如下。

（1）额定工作电压。它是指继电器正常工作时线圈需要的电压。可以是交流，也可以是直流，随型号的不同而不同。每一种型号的继电器，有多种额定工作电压，并用规格代号加以区别。

（2）吸合电压和吸合电流。继电器能够吸合动作的最小电压和电流值。一般吸合电压为额定工作电压的75％左右。因此，为了保证吸合可靠，必须给线圈加上额定电压，或略高于额定工作的电压，但一般不能超过额定工作电压的1.5倍，否则容易烧坏线圈。

（3）直流电阻。指线圈的直流电阻值，精度为±10％。

（4）释放电压或电流。指继电器由吸合状态转换为释放状态，所需最大电压或电流值。其值一般为吸合值的1/10～1/2。

（5）触点负荷。指继电器触点允许的电压、电流值。一般同一型号的继电器接点的负荷是相同的，它决定了继电器的控制能力。

此外，继电器的体积大小、安装方式、尺寸、吸合释放时间、使用环境、绝缘强度、接点数、接点形式、接点寿命（次数）、接点是控制交流或直流等，在设计时都要考虑。详细情况可查阅继电器手册和使用说明书。

电磁式继电器是各种继电器中应用最普遍的一种，它的特点是接点接触电阻很小（<1Ω），缺点是动作时间较长（1ms以上）、接点寿命较短（一般在 10^5 次以下）、体积较大。

部分适合印制电路板用的超小型继电器的参数见表2-15。

表2-15　　　　　超小型电磁继电器主要参数表

名称	型号规格		线圈电阻 /Ω	电 参 数			触点电压	外形尺寸/ (mm×mm×mm)
				额定电压/V (DC)	吸合电压/V (DC)	释放电压/V (DC)		
超小型小功率电磁继电器	JRC-21F (HG4100)	003	25	3	2.25	0.3	DC 24V 1A	15×10.2×10
		006	100	6	4.5	0.6		
		009	220	9	6.75	0.9		
		012	400	12	9	1.2		
		024	1600	24	18	2.4		

续表

名称	型号规格		线圈电阻/Ω	电 参 数			触点电压	外形尺寸/(mm×mm×mm)
				额定电压/V（DC）	吸合电压/V（DC）	释放电压/V（DC）		
超小型小功率电磁继电器	JRC-22F（HG4102）	002	5	1.5	1.05		DC 24V、1A，AC 110V、0.5A或低电平，DC 30mV、10mA	15.6×10.6×10.5
		003	20	3	2.1			
		005	56	5	3.5			
		006	80	6	4.2			
		009	180	9	6.3			
		012	320	12	8.4			
		024	1280	24	16.8			
超小型中功率电磁继电器	JZC-22FA（HG4123）	005	70	5	4	0.5	DC 28V、10A，AC 220V、3A	22.5×16.5×16.5
		006	100	6	4.8	0.6		
		009	220	9	7.2	0.9		
		012	400	12	9.6	1.2		
		024	1600	24	19.2	2.4		
	JZC-21FB（HG4130）	003	25	3	2.25	0.36	DC 28V、10A，AC 220V、3A	23×17×24.5
		005	70	5	3.75	0.6		
		006	100	6	4.5	0.72		
		009	225	9	6.75	1.08		
		012	400	12	9	1.44		
		024	1600	24	18	2.88		
		048	6400	48	36	5.76		

二、干簧继电器

干簧继电器由干簧管（干式舌簧开关管）和永久磁铁或激磁线圈构成，如图 2-38 所示。图 2-38（a）所示为干簧管的外形图，它把两片即导磁又导电的簧片平行地封入充有惰性气体的玻璃管中组成开关元件。

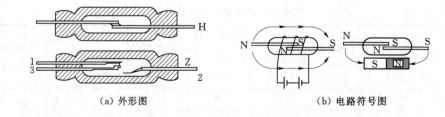

（a）外形图　　　　　　　　（b）电路符号图

图 2-38　干簧管及干簧继电器原理

当永久磁铁靠近干簧管或绕在干簧管上面的线圈通电后形成磁场使簧片磁化时，簧片的接点部分就感应出极性相反的磁极，使接点闭合，当磁场消失或减弱时靠簧片的弹力而断开接点。

干簧管按体积大小可分为微型、小型、大型几种。微型的只有米粒大，大型的和一段粉笔相仿。

干簧管的接点有常开型（H）和转换型（Z）两种，如图 2 - 38（a）所示。转换接点的干簧管中簧片 1 只导电而不导磁。

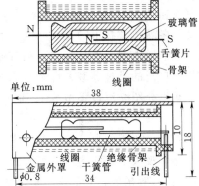

图 2 - 39 所示为一种干簧继电器结构示意图。在同一干簧继电器的线圈骨架内，可以同时放入 2～4 个同类的干簧管，以构成多接点的干簧继电器。

干簧继电器的图形符号尚无统一规定，在电路图中可采用图 2 - 38（b）的画法，干簧继电器的命名国家也无统一规定。

和电磁继电器相比干簧继电器具有以下特点：

（1）接点与大气隔离，管内又充有惰性气体，这样既防止外界有机蒸气和尘埃对接点的侵蚀，又大大减少接点火花而引起的接点氧化和碳化。

图 2 - 39　干簧继电器结构图

（2）簧片轻而短，固有频率高，接点通断动作时间仅为 1～3ms，比一般电磁继电器快 5～10 倍。

（3）体积小、重量轻。

（4）缺点是开关容量小，接点接触电阻较大且易产生抖动。

表 2 - 16 给出了特别适用于印制电路板 JAG - 4A 型小型干簧继电器的参数，供读者选用，有关干簧继电器更详细的内容，可查阅有关的产品样本。

表 2 - 16　　　　　　　　　　JAG - 4A 小型干簧继电器参数表

规格代号	触电形式	额定电流 /mA	线圈电阻 /Ω	吸合电流 /mA	释放电流 /mA	吸合时间 /ms	触点负载
4.562.003A	1H	18	370±10	12	3	0.9	
4.562.003B	1H	10	1250±10	7	1.8	0.9	
4.562.003C	1H	7	2900±10	4.6	1.1	0.9	
4.562.004A	2H	32	200±10	21.5	4.6	1	
4.562.004B	2H	20	520±10	13.5	3	1	
4.562.004C	2H	12	2000±10	8	1.7	1	
4.562.005A	3H	46	130±10	30	6	1.1	DC 12V，0.05A
4.562.005B	3H	26	460±10	17.5	3.5	1.1	
4.562.005C	3H	13	2180±10	8.5	1.7	1.1	
4.562.006A	4H	60	90±10	40	7.5	1.2	
4.562.006B	4H	40	270±10	26.5	4.5	1.2	
4.562.006C	4H	20	1100±10	13	2.5	1.2	

三、固态继电器

固态继电器（Solid State Relay，SSR）是指由固态电子元件组成的无触点开关，它问世于 20 世纪 70 年代初。与电磁式、干簧继电器相比，具有体积小、开关速度快、无触点、寿命长、耐振、无噪声、安装位置无限制、易于用绝缘防水材料罐成全密封式、具有良好的防潮、防腐蚀性能、防爆和防止自氧污染等特点性能极佳。固态继电器应用越来越广泛，随着科学技术的发展，性能更高的固态继电器也相继出现。

固态继电器工作分为交流和直流两种。交流 SSR 分为过零型和非过零型两种。目前应用最广泛的是过零型。直流 SSR 根据输出分为两端型和三端型两种，两端型应用较多。以下重点介绍交流过零型 SSR 和直流两端输出型 SSR 固体继电器。

1. SSR 的结构及原理

图 2-40 所示为一种交流过零 SSR 原理图，它由光电耦合输入、触发电路、过零控制电路、吸收电路和用双向可控硅为开关器件的输出电路五部分组成。"过零控制电路"主要由 R_5 等构成，它的作用是保证触发电路在有输入信号和开关器件两端交流电压过零附近触发开关器件导通，而在零电流处关断，从而把通断瞬间的峰值和干扰都降到最低，减少对电网的污染。非过零 SSR 没有过零控制电路。吸收电路一般是用 RC 串联吸收电路（或非线性电阻），目的是防止从电网传来的尖峰及浪涌电压对开关器件的冲击和干扰。

图 2-41 所示为两端输出的直流型 SSR 电路原理图。与交流 SSR 相比，无过零控制电路，也无吸收电路。开关器件一般由大功率三极管（T_2）担任。VD_2 用于瞬态控制，当 R_L 为电感性负载时需加 VD_3。

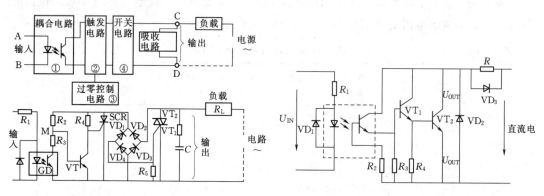

图 2-40 交流过零型 SSR 原理图　　　　图 2-41 直流型 SSR 电路原理图

上述两种电路的工作原理皆比较简单，读者可自行分析。

SSR 的图形符号和命名方法目前尚无统一的规定，在电路中 SSR 一般常用图 2-42 所示符号表示。SSR 的命名方法如图 2-43 所示。

图 2-43 中："JG"代表固态继电器；"X"表示小型，"C"表示超小型；"F"表示密封式交流输出，"FA"表示密封式直流输出，"M"表示金属密封；"0"表示过零型，"1"表示非过零型。

例如：JGX-10F/014-40A220V-0，表示该产品为小型密封式过零交流输出 SSR，最大输入直流电压为 14V，额定输出电流 40A，额定输出电压为 220V。

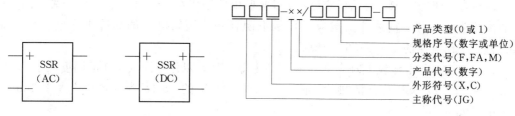

图 2-42　SSR 图形符号　　　　　图 2-43　SSR 的命名法

2. SSR 的主要参数

SSR 的参数分输入参数和输出参数，表 2-17 列出了国产 SSR 的参数范围，供选用时参考。表中过零电压是对交流过零型 SSR 而言的。

表 2-17　　　　　　　　　　　　　　SSR 的主要参数

参 数 名 称	典 型 参 数	
	交流型	直流型
输入电压/V	3～30	
输入电流/mA	3～30	
临界导通电压/V	≤3	
临街导通电流/mA	≥1	
释放电压/V	≥1	
额定工作电压/V	30～380	4～50
额定工作电流/A	1～25	1～3
｜过零电压｜/V	5～25	1
浪涌电流/工作电流	10	—
通态电压/V	≤1.5～1.8	≤1.5
通态电阻/Ω		≤20
断态漏电流/mA	≤5～8	<0.01
断态电阻/MΩ	≤2	≤2
接通与关断时间/μs	<10	<100
工作频率/Hz	45～65	—
输入/输出绝缘电阻/MΩ	≥10³	
输入/输出绝缘电压/kV	≥1～2	

表中第一列左侧竖排为：输入、输出

3. SSR 的选用和使用注意事项

（1）过零型和非过零型。过零型 SSR 的价格高于非过零型，在不考虑射频干扰的场合可选用非过零型。

（2）关于工作波形。交流型 SSR 的工作频率波形要求为正弦波，对于非正弦波能否正常工作，要视具体情况（产品适应性或加辅助电路）而定。

（3）对于直流型 SSR，若是电感性负载，应在电感性负载两端并联二极管。二极管的电流应大于工作电流，耐压应为工作电压的 4 倍以上。SSR 应尽量靠近负载。

（4）对交流型 SSR，有的厂家已将 RC 吸收电路制作在 SSR 中，否则可按表 2-18 给出的参数选配。对于重感性负载应加压敏电阻保护，压敏电阻的标称工作电压值可按 SSR 额定工作电压的 1.7～1.9 倍选取。

（5）额定工作电流较大时应将 SSR 安装上散热片，以保证连续工作的温度低于 70℃。一般 15A 以上的 SSR 应加散热片，例如，15A、220V 的 SSR，其散热片应大于 $3mm\times 80mm\times 80mm$。

（6）使用中与 SSR 串接的负载绝不准短路。

（7）交流 SSR 输出端断态漏电流在未加 RC 回路时，一般为 2～3mA。

表 2-18　　　　　　　　　　　　　　　　　RC 吸 收 参 数 值

额定工作电流/A		5	10	20	50
电阻 R	阻值/Ω	120	100	80	40
	功率/W	$P_R=U^2C\times 10^{-4}$ （U—标称工作电压，V；C—串联电容器的值，μF）			
电容 C	容量/μF	0.047	0.1	0.15	0.2
	耐压/V	（1.1～1.5）×标称工作电压			

第八节　半导体分立器件

目前，集成电路发展很快，应用广泛，在不少场合已取代了分立元件，但分立器件绝不会被淘汰，在某些领域（如大功率），分立器件也在发展。分立器件的原理、性能特性在电子技术基础中已详细介绍，这里就分立元件的选择以及应用中有关问题进行介绍。

一、半导体器件的命名方法

1. 我国半导体器件命名法

根据《半导体器件型号命名法》（GB/T 249—1989），器件型号由五部分组成，前三部分见表 2-19，第四部分用数字表示器件序号，第五部分用汉语拼音字母表示规格号。但场效应管、特殊半导体器件、PIN 管、复合管和激光器件只用后三部分表示。

表 2-19　　　　　　　　　　　　　　　半导体器件的型号前三部分组成

第 一 部 分		第 二 部 分		第 三 部 分	
用数字表示 器件的电极数目		用汉语拼音字母表示 器件的材料和极性		用汉语拼音字母表示 器件的类别	
符号	意义	符号	意义	符号	意义
2	二极管	A	N 型　锗材料	P	普通管
		B	P 型　锗材料	V	微波管
		C	N 型　硅材料	W	稳压管
		D	P 型　硅材料	C	参量管

续表

第 一 部 分		第 二 部 分		第 三 部 分	
用数字表示 器件的电极数目		用汉语拼音字母表示 器件的材料和极性		用汉语拼音字母表示 器件的类别	
符号	意义	符号	意义	符号	意义
3	三极管	A	PNP 锗材料	Z	整流管
		B	NPN 锗材料	L	整流堆
		C	PNP 硅材料	S	隧道管
		D	NPN 硅材料	N	阻尼管
		E	化合物材料	U	光电器件
				K	开关管
				X	低频小功率管
				G	高频大功率管
				D	低频大功率管
				A	高频小功率管
				T	可控整流器件
				Y	体效应器件
				B	雪崩管
				J	阶跃恢复管
				CS	场效应器件
				BT	半导体特殊器件
				FH	复合管
				PIN	PIN 管
				JG	激光器件

示例:

（1）锗材料 PNP 型低频大功率三极管。

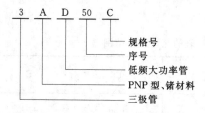

```
3   A   D   50   C
              └─ 规格号
           └──── 序号
        └─────── 低频大功率管
    └─────────── PNP 型、锗材料
  └───────────── 三极管
```

（2）硅材料 NPN 型高频小功率三极管。

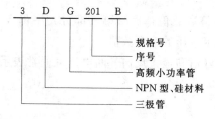

```
3   D   G   201   B
               └─ 规格号
            └──── 序号
         └─────── 高频小功率管
     └─────────── NPN 型、硅材料
   └───────────── 三极管
```

2. 国际电子联合会半导体器件命名法

德国、法国、意大利、荷兰、比利时、波兰和匈牙利等欧洲国家，大都采用国际电子联合会规定的命名方法。这种方法的组成部分及符号意义见表 2-20。在表中所列 4 个基本部分后面，有时还加后缀，以区别特性或进一步分类。

表 2-20　　　　　　　国际电子联合会半导体器件命名法

第一部分		第　二　部　分				第三部分		第四部分	
用字母表示使用的材料		用字母表示类型及主要特征				用数字或字母加数字表示登记号		用字母对同型号者分挡	
符号	意义	符号	意义	符号	意义	符号	意义	符号	意义
A	锗材料	A	检波、开关和混频二极管	M	封闭磁路中的霍尔器件	三位数字	通用半导体器件的登记序号（同一类型使用同一登记号）	A B C D …	同一型号器件按某一参数进行分挡的标志
		B	变容二极管	P	光敏器件				
B	硅材料	C	低频小功率三极管	Q	发光器件				
		D	低频大功率三极管	R	小功率可控硅				
C	砷化镓	E	隧道二极管	S	小功率开关管	一个字母加两位数字	专用半导体器件的登记号（同一类型器件使用同一登记号）		
		F	高频小功率三极管	T	大功率可控硅				
D	锑化典	G	复合材料和其他器件	U	大功率开关管				
		H	磁敏器件	X	倍增二极管				
R	符合材料	K	开放磁路中的霍尔器件	Y	整流二极管				
		L	高频大功率三极管	Z	稳压二极管即齐纳二极管				

稳压二极管型号的后缀，其后缀的第一部分是一个字母，表示稳定电压值的允许误差范围。其字母的意义见表 2-21。

表 2-21　　　　稳压二极管型号后缀第一个字母及其代表的允许误差范围

符　　号	A	B	C	D	E
允许误差	±1	±2	±5	±10	±15

其后缀第二部分是数字，表示标称稳定电压的整数数值，后缀第三部分是字母 V 是小数点的代号；后缀第四部分是数字，表示标称稳定电压的小数数值。

整流二极管型号的后缀是数字，表示最大反向峰值和最大反向开断电压（通常表示其最小值）。

国际电子联合会晶体管型号命名法的特点：

（1）这种命名法被欧洲许多国家采用。因此，凡型号以两个字母开头，并且第一个字母是 A、B、C、D 或 R 的晶体管，大都是欧洲制造的产品，或是按欧洲的某一厂家专利生产的产品。

（2）第一个字母表示材料（A 表示锗管，B 表示硅管），但不表示管型（PNP 型或 NPN 型）。

（3）第二个字母表示器件的类别和主要特征。如 C 表示低频小功率三极管，D 表示低频大功率三极管，F 表示高频小功率三极管，L 表示高频大功率三极管，等等。若记住了这些字母的意义，不查手册也可以判断出类别。例如，BLY49 型，一见便知是硅大功率专用三极管。

（4）第三部分表示登记顺序。是三位数字者为通用品；是一个字母加两位数字者为专用品，多数情况下顺序号相邻的两个型号的特性相近可能性很大，例如，AC184 为 PNP 型，而 AC185 则为 PNP 型，二者参数完全一致。

（5）第四部分字母表示同一型号的某一参数（如 h_{FE} 或 N_F）进行分挡。

N_F 为噪声系数（信噪比），具有频率特性，单位为 dB，表明当信号通过晶体管电路时，信噪比劣化的程度。

$$N_F = \frac{输入端信号功率/输入端噪声功率}{输出端信号功率/输出端噪声功率}$$

（6）型号中的符号均不反应器件的极性（指 NPN 或 PNP）。极性的确定需查阅手册或测量。

示例（命名）

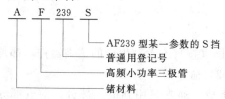

AF239 型某一参数的 S 挡
普通用登记号
高频小功率三极管
锗材料

3. 美国半导体器件型号命名法

美国晶体管或其他半导体器件的型号命名法较混乱。这里介绍的是美国晶体管标准型号命名法，即美国电子工业协会（EIA）规定的晶体管分立器件型号的命名法，见表2-22。

表 2 - 22　美国电子工业协会半导体器件型号命名法

第一部分		第二部分		第三部分		第四部分		第五部分	
用符号表示用途的类别		用数字表示PN结的数目		美国电子工业协会（EIA）注册标志		美国电子工业协会（EIA）登记顺序号		用字母表示器件分挡	
符号	意义	符号	意义	符号	意义	符号	意义	符号	意义
JAN 或 J	军用品	1	二极管	N	该器件已在美国电子工业协会登记	多位数字	该器件已在美国电子工业协会登记的序号	A B C D ⋮	同一型号的不同挡别
		2	三极管						
无	非军用品	3	三个 PN 结器件						
		n	n 个 PN 结器件						

示例：

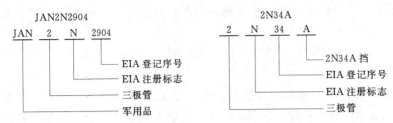

美国晶体管型号命名法的特点：

（1）型号命名法规定较早，又未做过改进，型号内容很不完备。例如，对于材料、极性、主要特性和类型，在型号中不能反映出来。例如，2N 开头的既可能是一般晶体管，也可能是场效应管。此外，仍有一些厂家按自己规定的型号命名法命名。

（2）组成型号的第一部分是前缀，第五部分是后缀，中间的三部分为型号的基本部分。

（3）除去前缀以外，凡型号以 1N、2N 或 3N、…开头的晶体管分立元件，大都是美国制造的，或按美国专利在其他国家制造的产品。

（4）第四部分数字只表示登记序号，而不含其他意义。因此，序号相邻的两个器件可能特征相差很大。例如，2N2464 为硅 NPN，高频大功率管，而 2N3465 为 N 沟道场效应管。

（5）不同厂家生产的器件性能基本一致的器件，都是用一个登记号。同一型号中某些参数的差异常用后缀字母表示。因此，型号相同的器件可以通用。

（6）登记序号数大的通常是近期产品。

4. 日本半导体器件型号命名法

日本半导体分立器件（包括晶体管）或其他国家按日本专利生产的这类器件，都是按日本工业标准（JIS）规定的命名法（JIS－C－702）命名的。

日本半导体分立器件的型号，由 5～7 部分组成。通常只用到前五部分。前五部分符号及意义见表 2－23。第六、第七部分的符号及意义通常是各公司自行规定的。

第六部分的符号表示特殊的用途及特性，其常用的符号有：

M—松下公司用来表示该器件符合日本防卫厅海上自卫队参谋部有关标准登记的产品。

N—松下公司用来表示该器件符合日本广播协会（NHK）有关标准登记的产品。

Z—松下公司用来表示专为通信用的可靠性高的器件。

H—日立公司用来表示专为通信用的可靠性高的器件。

K—日立公司用来表示专为通信用塑封外壳的可靠性高的器件。

T—日立公司用来表示专为收发报机用的推荐产品。

G—东芝公司用来表示专为通信用设备制造的器件。

S—三洋公司用来表示专为通信设备制造的器件。

第七部分的符号，常被用来作为器件某个参数的分挡标志。例如，三菱公司常用 R、G、Y 等字母；日立公司常用 A、B、C、D 等字母，作为直流电路放大系数 h_{FE} 的分挡标志。

表 2-23　　　　　　　　　　　日本半导体器件型号命名法

第一部分		第二部分		第三部分		第四部分		第五部分	
用数字表示类型或有效电极数		S 表示日本电子工业协会（EIAJ）注册产品		用字母表示器件的极性及类型		用数字表示在日本电子工业协会登记的顺序号		用字母表示对原来型号的改进产品	
符号	意义	符号	意义	符号	意义	符号	意义	符号	意义
0	光电（光敏）二极管、晶体管及其组合管	S	表示已在日本电子工业协会（EIAJ）注册登记的半导体器件	A	PNP 型高频管	四位以上的数字	从 11 开始表示在日本电子工业协会注册登记的顺序号，不同公司性能相同器件可以使用同一顺序号，其数字越大越是近期产品	A B C D E F ⋮	用字母表示对原来型号的改进产品
				B	PNP 型低频管				
1	二极管			C	NPN 型高频管				
2	三极管、具有两个以上 PN 结的其他晶体管			D	NPN 型低频管				
				F	P 控制极晶闸管				
				G	N 基极单结晶体管				
3	具有四个有效电极或具有三个 PN 结的晶体管			H	P 沟道场效应管				
				J	N 沟道场效应管				
$n-1$	具有 n 个有效电极或具有 $n-1$ 个 PN 结的晶体管			K	双向晶闸管				
				M					

示例：

2SA495（日本夏普公司 GF-9494 收音机小功率管）

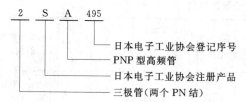

2SC502A（日本收音机中常用的中频放大管）

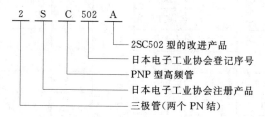

日本半导体器件型号命名法有如下特点：

（1）型号中的第一部分是数字，表示器件的类型和有效电极数。例如，用"1"表示二极管，用"2"表示三极管。而屏蔽用的接地电极不是有效电极。

（2）第二部分均为字母 S，表示日本电子工业协会注册产品，而不表示材料和极性。

（3）第三部分表示极性和类型。例如，用 A 表示 PNP 型高频管，用 J 表示 P 沟道场效应三极管。但是，第三部分既不表示材料，也不表示功率的大小。

（4）第四部分只表示在日本电子工业协会（EIAJ）注册登记顺序号，并不反映器件的性能，顺序号相邻的两个器件的某一性能可能相差很远。例如，2SC2680 型的最大额定耗散功率为 220mW，而 2SC2681 的最大额定耗散功率为 100W。但是，登记顺序号能反映产品时间先后。登记顺序号的数字越大，越是近期产品。

（5）第六、第七部分的符号和意义各公司不完全相同。

（6）日本有些半导体分立器件的外壳上标记的型号，常采用简化标记方法，即把 2S 省略。例如，2SD764，简化为 D764，2SC502A 简化为 C502A。

（7）在低频管（2SB 和 2SD 型）中，也有工业频率很高的管子。例如，2SD355 的特征频率为 100MHz，所以，它们也可以当高频管用。

（8）日本通常把 $P_{CM} \geqslant 1W$ 的管子，称作大功率管。

二、二极管

1. 二极管的选用

二极管按材料分有锗二极管、硅二极管；按结构分为有点接触和面接触两种；按用途分有整流二极管、高频整流二极管、阻尼二极管、检波二极管、变容二极管、开关二极管等。

选用二极管主要是根据用途来选择类型，根据电路要求选择型号和参数。例如，选择检波管主要工作频率要满足电路要求，一般选用 2AP1～2AP19，2AK 也可代用。而整流二极管主要考虑最大整流电流和最高反向工作电压应满足要求，一般整流二极管（包括硅单相桥）主要频率在 3kHz 以下，高频整流应选高频整流管，其工作频率一般大于 20kHz。表 2-24 给出了部分二极管的参数，供选用。

表 2-24　　　　部分半导体二极管的特性

类别及型号	参数	最大整流电流/mA	正向电流/mA	正向压降（在左栏电流值下）/V	反向击穿电压/V	最高反向工作电压/V	反向电流/μA	零偏压电容/pF	反向恢复时间/ns
普通检波二极管	2AP1	≤16	≥2.5	≤1	≥40	20	≤250	≤1	f_H(MHz) 150
	2AP7	≤25	≥5		≥150	100			
	2AP11	≤15	≥10	≤1		≤10	≤250	≤1	f_H(MHz) 40
	2AP17		≥10			≤100			
锗开关二极管	2AK1		≥150	≤1	30	10		≤3	≤200
	2AK2				40	20			
	2AK5		≥200	≤0.9	60	40		≤2	≤150
	2AK10		≥10	≤1	70	50			
	2AK13		≥250	0.7	60	40		≤2	≤150
	2AK14				70	50			

续表

类别及型号	参数	最大整流电流/mA	正向电流/mA	正向压降(在左栏电流值下)/V	反向击穿电压/V	最高反向工作电压/V	反向电流/μA	零偏压电容/pF	反向恢复时间/ns
硅开关二极管	2CK70A～E		≥10	≤0.8	A≥30 A≥45 C≥60 D≥75 E≥90	A≥20 A≥30 C≥40 D≥50 E≥60		≤1.5	≤3
	2CK71A～E		≥20						≤4
	2CK72A～E		≥30					≤4	
	2CK73A～E		≥50						≤5
	2CK74A～D		≥100	≤1					
	2CK75A～D		≥150						
	2CK76A～D		≥200						
整流二极管	2CZ52B～H	2	0.1	≤1					同2AP普通检波二极管
	2CZ53B～M	6	0.3	≤1					
	2CZ54B～M	10	0.5	≤1					
	2CZ55B～M	20	1	≤1					
	2CZ56B～M								
	IN4001～4007	30	1	1.1		50～1000	5		
	IN5391～5399	50	1.5	1.4		50～1000	10		
	IN5400～5408	200	3	1.2		50～100	10		

表 2-25 给出了部分整流桥的参数。

表 2-25　　　　几种硅单相桥式整流器的参数

型号	不重复正向浪涌电流/A	整流电流/A	正向电压降/V	反向漏电流/μA	反向工作电压/V	最高工作结温/℃
QL1	1	0.05	≤1.2	≤1.2	常见的分挡为:25、50、100、200、400、500、600、700、800、900、1000	130
QL2	2	0.1				
QL4	6	0.3				
QL5	10	0.5				
QL6	20	1				
QL7	40	2		≤15		
QL8	60	3				

2. 二极管的检测及代换

根据 PN 结的单向导电性原理,最简单的方法是用万用表测其正、反向电阻。用万用表红表笔接二极管阴极、黑表笔接二极管阳极,测得的是正向电阻,将红黑表比对调,测得的是反向电阻。

对于小功率锗管,正向电阻一般为 $100～1000\Omega$ 之间,硅管一般为几百欧到几千欧之间。反向电阻一般都在几百千欧以上,且硅管比锗管大。

由于二极管的伏安特性的非线性，测量时用不同的欧姆挡或灵敏度不同的万用表，所得的数据不同。所以，测量时，对于小功率二极管一般选用 $R\times100$ 或 $R\times1k$ 挡；中、大功率二极管一般选用 $R\times1$ 或 $R\times10$ 挡。

如果测得正向电阻为无穷大，如果二极管内部断线，如果反向电阻值近似为零，说明管子的内部短路（击穿），如果测得正反向电阻相差不多，说明管子性能差或失效。以上三种情况的二极管皆不能使用。

实际使用中要注意，硅管和锗管不能相互代替。同类型管子可以代替，其原则是，对于检波管，只要工作频率高于原来的管子就可代换；对于整流管，只要反向耐压和正向电流高于原来的管子即可代换。

三、稳压二极管

1. 稳压管的选用

稳压管是特殊结构的面接触二极管，一般工作在反向击穿状态，作为稳压、限幅等用。当然也可正向应用。作为稳压用时，主要根据稳压值和额定工作电流来选用，当然工作电流越大，动态电阻越小稳压效果越好。

稳压管的正向电压温度系数一般是负的，反向则以 $5\sim6V$ 为界限。一般 4.5V 以下为负电压温度系数，大于 6.5V 为正电压温度系数。在 $5\sim6V$ 之间电压温度系数近似为零。作为基准电源的稳压管，一般选用 6V 左右的稳压管，要求更高的场合，可选用具有温度补偿的稳压管（如新型号为 2DW230～2DW236）。

表 2-26 给出了部分稳压管参数，供参考。

表 2-26　　　　　　　部分稳压管主要参数

测试条件 \\ 型号	工作电流为稳定电流，稳定电压/V	稳定电压下，稳定电流/mA	环境温度 <50℃，最大稳定电流/mA	反向漏电流/μA	稳定电流下，动态电阻/Ω	稳定电流下，电压温度系数/($10^{-4}\cdot℃^{-1}$)	环境温度 <50℃，最大耗散功率/W
2CW51	2.5～3.5		71	≤5	≤60	≥-9	
2CW52	3.2～4.5		55	≤2	≤70	≥-8	
2CW53	4～5.8	10	41	≤1	≤50	-6～4	
2CW54	5.5～6.5		38		≤30	-3～5	0.25
2CW56	7～8.8		27		≤15	≤7	
2CW57	8.5～9.5		26	≤0.5	≤20	≤8	
2CW59	10～11.8	5	20		≤30	≤9	
2CW60	11.5～12.5		19		≤40	≤9	
2CW103	4～5.8	50	165	≤1	≤20	-6～4	
2CW110	11.5～12.5	20	76	≤0.5	≤20	≤9	1
2CW113	16～19	10	52	≤0.5	≤40	≤11	
2DW1A	5	30	240		≤20		1
2DW6C	15	30	70		≤80		1
2DW7C	6.0～6.5	10	30		≤10	≤0.05	0.2

2. 稳压管检测及使用注意事项

（1）稳压管检测和普通二极管类似，可用万用表 $R \times 100$ 挡。

（2）稳压管可串联使用，但不可并联使用。

（3）工作过程中，既要使稳压管工作在击穿状态，又要保证工作电流不超过最大值，所以，选择合适的限流电阻非常重要。稳压管的最大反向电流一般可按 $2 \sim 3$ 倍额定工作电流选取。

四、晶体三极管

1. 三极管的选用

三极管种类繁多，按工作频率分有高频管和低频管；按功率分为有大、中、小三种；按封装形式有金属封装和塑料封装两种，近年来塑料封装管应用越来越多。选用三极管根据用途不同，主要考虑特征频率、电流放大系数、集电极耗散功率和最大反向击穿电压等。

一般特征频率按高于电路工作频率 $3 \sim 10$ 倍来选取。特征频率越高，易引起高频振动。

电流放大倍数，一般选用 $40 \sim 100$ 即可，太低影响增益，太高电路稳定性差。耗散功率一般按电路输出功率 $2 \sim 4$ 倍选取，反向击穿电压 $U_{CEO,B}$ 应大于电源电压。表 $2-27 \sim$ 表 $2-30$ 为几种常用三极管参数，供参考，其中 $U_{CBO,B}$、$U_{CEO,B}$ 和 $U_{EBO,B}$ 分别为发射极开路，集电极—基极反向击穿电压和基极开路、集电集—发射极反向击穿电压和集电极开路，发射极—基极反向击穿电压。

2. 晶体三极管的检测

三极管质量检测可用晶体管图示仪，这里只介绍用万用表粗测的方法。

（1）三极管的好坏检测。通过测量三极管极间电阻的大小，可判断管子的好坏。小功率三极管用万用表 $R \times 1k$ 或 $R \times 100$ 挡，大功率管用 $R \times 1$ 或 $R \times 10$ 挡。

表 $2-31$ 列举了常用三极管极间正、反向阻值，供参考。一般质量较好的中、小功率三极管，基极与集电极、基极与发射极的正向电阻约在几百欧至几千欧，而其他极间电阻都较高，约为几百千欧。硅管比锗管的极间电阻要高。

表 2-27   **常用 NPN 型硅低频小功率三极管特性参数表**

部标新型号	参考旧型号	直 流 参 数			交流参数	极 限 参 数			
		$I_{CBO}/\mu A$	$I_{CEO}/\mu A$	h_{FE}/β	f_T/kHz	P_{CM}/mW	I_{CM}/mA	$U_{CBO,B}/V$	$U_{CEO,B}/V$
3DX101	3DX4A							$\leqslant 10$	$\leqslant 10$
3DX102	3DX4B							$\leqslant 20$	$\leqslant 10$
3DX103	3DX4C							$\leqslant 30$	$\leqslant 10$
3DX104	3DX4D	$\leqslant 1$		$\geqslant 9$	$\geqslant 200$	300	50	$\leqslant 40$	$\leqslant 30$
3DX105	3DX4E							$\leqslant 50$	$\leqslant 40$
3DX106	3DX4F							$\leqslant 70$	$\leqslant 60$
3DX107	3DX4G							$\leqslant 80$	$\leqslant 70$
3DX108	3DX4H							$\leqslant 100$	$\leqslant 80$

表 2－28   **常用 NPN 型硅高频小功率三极管特性参数表**

部标新型号	参考旧型号	国外参考型号 日本	直流参数 $I_{CBO}/\mu A$	$I_{CEO}/\mu A$	h_{FE}/β	交流参数 f_T/kHz	极限参数 P_{CM}/mW	I_{CM}/mA	$U_{CBO,B}/V$	$U_{CEO,B}/V$
3DG100M	3DG6A				25～270	≥150			20	15
3DG100A	3DG6A 3DG026	3SC183			>30	≥150			30	20
3DG100B	3DG6B 3DG101B	2SC184～187 2SC29	≤0.03	≤0.01	>30	>300	100	20	40	30
3DG100C	3DG6C 3DG101C				>30	>300			30	20
3DG100D	3DG6D 3DG101D				>30	>300			40	30

表 2－29   **常用 NPN 型硅低频大功率三极管参数表**

部标新参数	参考旧型号	美国	日本	直流参数 I_{CEO}/mA	h_{FE}/β	U_{CES}/V	极限参数 P_{CM}/W	I_{CM}/A	$U_{CBO,B}/V$	$U_{CEO,B}/V$	$U_{EBO,B}/V$	外形
3DD59A	3DD5A									≥30		G-2型
3DD59B	3DD5B; DD11A									≥50		
3DD59C	3DD5C			≤1.5	≥10	≤1.2	25	5		≥80	≥3	
3DD50D	3DD5D; DD11B									≥110		
3DD59E	3DD5E; DD11C									≥150		
测试条件				U_{CE} =20V	U_{CE}=5V I_c=1.25A	I_c=1.25A I_n=0.25A	T_c= 75℃			I_C= 5mA	I_E= 10mA	
3DD62A	3DD6A; DD10									≥30		G-3型
3DD62B	3DD6B; 3DD50A									≥50		
3DD62C	3DD6C; 3DD50B			≤2	≥10	≤1.5	50	7.5		≥80	≥3	
3DD62D	3DD6D; DD10C									≥110		
3DD62E	3DD6F; 3DD50F									≥150		
测试条件				U_{CE} =20V	U_{CE}=5V I_c=2.5A	I_c=2.5A I_E=0.5A	T_c= 75℃			I_C= 5mA	I_E= 10mA	
3DD203	DD01A			0.5	50～200	≤0.6	10	1	≥100	≥60	≥4	F-1型
测试条件				U_{CE} =50V	U_{CE}=10V I_c=0.5A	I_c=0.5A I_E=0.05A	T_c= 75℃		I_c= 1mA	I_c= 1mA	I_E= 10mA	

表 2-30　　　　　　　　　常用 NPN 型硅高频大功率三极管参数表

部标新型号	参考旧型号	国外参考型号		直流参数		交流参数	极 限 参 数				外形
		美国	日本	I_{CEO}/mA	h_{FE}/β	f_T/MHz	P_{CM}/W	I_{CM}/A	$U_{CBO,B}/V$	$U_{CEO,B}/V$	
3DA1A	3DA1A 4S1A			≤1	≥10	≥50	7.5	1	≥40	≥30	F-1型
3DA3B	3DA1B 4S1B	2SC138		≤0.5	≥15	≥70	7.5	1	≥50	≥45	
3DA1C	3DA1C 4S1C			≤0.2	≥15	≥100	7.5	1	≥70		
测试条件				$U_{CE}=20V$	$U_{CE}=5V$ $I_c=0.3A$	$U_{CE}=10V$ $I_c=0.3A$ $f_T=30MHz$	$T_c=70℃$		$I_c=2mA$	$I_c=5mA$	
3DA3A	4S11A			≤2	≥10	≥60	40	5	≥60	≥50	G-3型
3DA5B	3DA5BC D4S11B			≤1	≤15	≥80	40	5	≥80		
测试条件				$U_{CE}=20V$	$U_{CE}=5V$ $I_c=0.3A$	$U_{CE}=5V$ $I_c=0.3A$ $f_T=30MHz$	$T_c=70℃$		$I_c=10mA$	$I_c=10mA$	
3DA10A	3DA6 9A~C			≤1	≥8	≥200	7.5	1	≥45	≥40	F-1型
3DA10B	3DA69D			≤0.5	≥15	≥200	7.5	1	≥65	≥60	
测试条件				$U_{CE}=20V$	$U_{CE}=5V$ $I_c=0.3A$	$U_{CE}=5V$ $I_c=0.3A$ $f_T=30MHz$	$T_c=70℃$		$I_c=5mA$	$I_c=5mA$	
3DA21A	4S31A			≤1	≥10	≥400	7.5	1	≥40	≥30	G-1型
3DA21B	4S31B 3DA21C			≤0.5	≥10	≥400	7.5	1	≥65	≥50	
测试条件				$U_{CE}=20V$	$U_{CE}=5V$ $I_c=0.3A$	$U_{CE}=5V$ $I_c=0.3A$ $f_T=30MHz$	$T_c=70℃$		$I_c=5mA$	$I_c=5mA$	

表 2-31　　　　　　　　　常用三极管的正、反向阻值

型号（新）	测量点	反 向 电 阻		正 向 电 阻	
		表笔极性	正常电阻值	表笔极性	正常电阻值
3AG53	基极	−	(500~800)kΩ	+	几百欧~1kΩ
	集电极	+		−	
	基极	−	(20~9)kΩ	+	1kΩ 左右
	发射极	+		−	
3AX31	基极	−	400kΩ 以上	+	几百欧~1kΩ
	集电极	+		−	
	基极	−	2MΩ 以上	+	几百欧~1kΩ
	发射极	+		−	

续表

型号（新）	测量点	反 向 电 阻		正 向 电 阻	
		表笔极性	正常电阻值	表笔极性	正常电阻值
3DG100	基极	＋	5MΩ 以上	－	几百欧～1kΩ
	集电极	－		＋	
	基极	＋	2MΩ 以上	－	几百欧～1kΩ
	发射极	－		＋	
3DG130	基极	＋	5MΩ 以上	－	几百欧～1kΩ
	集电极	－		＋	
	基极	＋	2MΩ 以上	－	几百欧～1kΩ
	发射极	－		＋	

若测量出正向电阻趋向无限大，说明管子内部断线，若反向电阻很小，说明管子击穿。

（2）三极管穿透电流的判断。用万用表 $R×1k$ 挡，对于 PNP 管红表接集电极，黑表接发射极；对与 NPN 管则表笔对调。测得阻值越大，说明穿透电流越小，一般要求阻值在 $50kΩ$ 以上，硅管比锗管大。

（3）三极管电流放大倍数估测。按上述测穿透电流的方法，先测集电极和发射极之间的电阻；然后将约 $100kΩ$ 的电阻接在基极和集电极之间（也可用手指捏住或用舌尖同时接触集电极或基极，但不要使集电极和基极直接短路）。这时表的指针应向电阻小的方向偏转，偏转角越大，说明 $β$ 越大。

（4）三极管的管脚判别。根据 PN 结单向导电的原理，通过上述测极间电阻的方法，即可判别管脚。同时也可判别出是 PNP 管还是 NPN 管。

3. 使用三极管注意事项

（1）三极管接入电路前，首先要弄清管型、管脚，否则轻者电路不能正常工作，重者要导致管子的损坏。这是初学者易犯的错误。

（2）焊接时，要用镊子夹着管子的引线，帮助散热，一般采用 45W 以下电烙铁。

（3）带电时，不能用万用表电阻挡测极间电阻，也不能带电拆装。

（4）大功率管，应按要求配上合适的散热片。

（5）工作在开关状态的三极管及有些硅管，因 $U_{CBO,B}$ 较低，为防止击穿，一般要加保护。

五、场效应管

1. 场效应管的性质

它是一种电场控制器件，最大特点是输入阻抗高，一般在信号源内阻很高时，为了得到较好的放大作用和低噪声，应选用场效应管。场效应管有结型和绝缘栅型（MOS 管）两大类。近几年来出现的 VMOS 管是一种大功率器件，电流可达几十安培，选择时，一般从跨导（g_m）、最大电源电压 $U_{DS,B}$、最大功耗 P_D 等几个方面考虑。表 2－32 给出了常用场效应管参数，供参考。

表 2 - 32　　　　　　　　　　　　**常用场效应管主要参数**

参数名称	N 沟道结型				MOS 型 N 沟道耗尽型		
	3DJ2D~H	3DJ4D~H	3DJ6D~H	3DJ7D~H	3DO1D~H	3DO2D~H	3DO4D~H
饱和漏源电流/A	0.3~10	0.3~10	0.3~10	0.35~1.8	0.35~10	0.35~25	0.35~10.5
夹断电压/V	$<\|1\sim9\|$	$<\|1\sim9\|$	$<\|1\sim9\|$	$<\|1\sim9\|$	$\leqslant\|1\sim9\|$	$\leqslant\|1\sim9\|$	$\leqslant\|1\sim9\|$
正向跨导/S	≥2000	≥2000	≥1000	≥3000	≥1000	≥4000	≥2000
最大漏源电压/V	≥20	≥20	≥20	≥20	≥20	>12~20	≥20
最大耗散功率/W	100	100	100	100	100	25~100	100
栅源绝缘电阻/Ω	$\geqslant10^8$	$\geqslant10^8$	$\geqslant10^8$	$\geqslant10^8$	$\geqslant10^8$	$\geqslant10^8\sim10^9$	$\geqslant10^8$

2. 场效应管的检测及使用注意事项

（1）结型场效应管栅极判别。根据 PN 结单向导电的原理，用万用表 $R\times1k$ 挡，将黑表笔接触管子一个极，红表笔分别接触另外两个电极，若测得电阻都很小，则黑表笔所接的是栅极，且为 N 型沟道场效应管。对于 P 型沟道场效应管栅极的判别法，读者可自行分析。

（2）结型场效应管好坏及性能判别。根据判别栅极的方法，能粗略判别管子的好坏。当栅源间、栅漏间反向电阻很小时，说明管子已损坏。若要判断管子的放大性能可将万用表的红、黑表笔分别接触源极和漏极，然后用手碰触栅极，表针应偏转较大，说明管子放大性能较好，若表针不动，说明管子性能差或已损坏。

（3）使用注意事项。MOS 场效应管由于本身性质的决定，在使用时要注意两点：

1）MOS 管输入阻抗很高，为防止感应过压而穿击，保存时应将 3 个电极短接；焊接或拆焊时，应先将各极短路，先焊漏、源极，后焊栅极，烙铁应接好地线或断开电源后，再焊接；不能用万用表测 MOS 管各极。MOS 管检测要用测试仪。

2）场效应管源极、漏极是对称的，互换不影响效果，但衬底已和源极接好线后，则不能再互换。

六、光电器件

半导体光电器件也叫光电器件，常用的有光敏电阻、光电二极管、光电三极管等。光敏器件应用广泛，发展迅速。

1. 光敏电阻是无结器件

它利用半导体的光致导电特性制成。常用的光敏电阻材料有硫化镉（C_dS）、硒化镉（C_dS_e）和硫化铅（P_bS）等。目前生产和应用最多的是 C_dS 光敏电阻。光敏电阻的结构、外形、符号如图 2-44 所示。

光敏电阻常用在电视机中作音量自动调节，照相机中控制自动曝光和自动报警等自动控制中，表 2-33 给出了几种 C_dS 光敏电阻的参数，供参考。

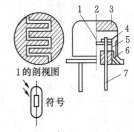

（a）外形图　　　（b）剖视图

图 2-44　带金属外壳的内部结构

1—光导层（C_dS）；2—玻璃窗口；3—金属壳；

4—电极（In、Sn 合金）；5—陶瓷基座；

6—黑色绝缘玻璃；7—电极引线

表 2 - 33 C_dS 光敏电阻参数表

型号	亮阻 /kΩ	暗阻 /MΩ	峰值波长 /nm	时间常数 /ms	极限电压 /V	温度系数 /(% · ℃)	工作温度 /℃	耗散功率 /mW	材料
RG - C_dS - A	≤5×10	≥100	520	<50	100	<1	−40～80	<100	C_dS
RG - C_dS - B	≤5×10	≥100	520	<50	150	<0.5	−40～80	<100	C_dS
RG - C_dS - C	≤5×10	≥100	520	<50	150	<0.5	−40～80	<100	C_dS
JN56C384	3～20	0.5	—	—	>100	—	−30～60	30	C_dS
JN54C69	50～100	20.	—	—	>100	—	−30～60	60	C_dS

2. 光电二极管和光电三极管

光电二极管又称光敏二极管，构造和普通二极管相似。其不同点是管壳上有入射光窗口。当加反向工作电压时，无光照射反向电阻较大，有光照射，反向电流增加。目前用得最多的是硅材料制成的 PN 结型，主要用于计算机和光纤通信中。

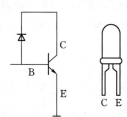

光电三极管也是靠光的照射来控制电流的器件。可等效为一个光电二极管和一只三极管的结合，所以，它具有放大作用，如图 2 - 45 所示。

图 2 - 45 光电三极管

它一般只引了集电极和发射极，其外形和发光二极管相似。有的基极也引出，作为温度补偿用。表 2 - 34 和表 2 - 35 分别为几种光电二极管和光电三极管的参数表。

光电二极管的检测，可用万用表 $R×1k$ 挡测量，光电二极管正向电阻约 10kΩ。再无光照射时，反向电阻约为∞，说明管子是好的；有光照射时，反向电阻随光的强度增加而减少，阻值可减到几千欧或 1kΩ 以下，则管子是好的；若反向电阻很小或为零，则管子损坏。

表 2 - 34 几种硅光敏二极管的主要参数

条件　　型号	最高工作电压 U_{RM}/V	暗电流 /μA（无光照, $U=U_{RM}$）	光电流 /μA（1000lx, $U=U_{RM}$）	灵敏度 /[μA · (μW)$^{-1}$]（波长 0.9μm, $U=U_{RM}$）	峰峰响应波长 /μm	响应时间/ns ($R_L=50Ω$, $U=10V$, $f=300Hz$)		结电容 /pF ($U=U_{RM}$, $f<5MHz$)
						t_r	t_f	
2CU1A	10	≤0.2	≤80	≤0.5	0.88	≤5	≤50	8
2CU1B～2E		≤0.1						
2CU2A	10	≤0.1	≤30					
2CU2B～2E	20～50	≤0.1						
2CU5	12	≤0.1	≤5					
2DUL1		≤0.1		≤0.5	1.06	≤1	≤1	≤4

表 2 - 35　　　　　　　　　　　　　　几种硅光电三极管的参数

参数　型号	$U_{(BR)CE}/V$ $I_{CE}=0.5\mu A$	$U_{(RM)CE}/V$ $I_{CE}=I_D$	$I_D/\mu A$ $U=U_{(RM)CE}$	I_L/mA 照度1000lx $U_{CE}=10V$	λ_p/MHz	P_M/mW
3DU11	$\geqslant 15$	$\geqslant 10$	$\leqslant 0.3$	$0.5\sim 1$		70
3DU12	$\geqslant 45$	$\geqslant 30$	$\leqslant 0.3$	$0.5\sim 1$	8800	50
3DU13	$\geqslant 75$	$\geqslant 50$	$\leqslant 0.3$	$0.5\sim 1$		100
3DU14	$\geqslant 150$	$\geqslant 100$	$\leqslant 0.3$	$0.5\sim 1$		100
3DU21	$\geqslant 15$	$\geqslant 10$	$\leqslant 0.3$	$1\sim 2$		30
3DU22	$\geqslant 45$	$\geqslant 30$	$\leqslant 0.3$	$1\sim 2$	8800	50
3DU23	$\geqslant 75$	$\geqslant 50$	$\leqslant 0.3$	$1\sim 2$		100
3DU24	$\geqslant 150$	$\geqslant 100$	$\leqslant 0.2$	$1\sim 2$		100
3DU51	$\geqslant 15$	$\geqslant 10$	$\leqslant 0.2$	$\geqslant 5.5$		30
3DU52	$\geqslant 45$	$\geqslant 30$	$\leqslant 0.2$	$\geqslant 0.5$		30
3DU53	$\geqslant 75$	$\geqslant 50$	$\leqslant 0.2$	$\geqslant 0.5$	8800	30
3DU54	$\geqslant 45$	$\geqslant 30$		$\geqslant 1.0$		30
3DU55	$\geqslant 45$	45	$\leqslant 0$	$\geqslant 2.0$		30

　　光电三极管也可用万用表 $R\times 1k$ 挡测量，用黑表笔接极，红表笔接 E 极，无光照电阻为∞；在白炽灯照下，阻值可以减少几千欧～$1k\Omega$ 以下。若将表笔调换，无论有光照或无光照，阻值皆趋向∞。

　　使用注意事项：

　　（1）使用前，应判别是光电二极管还是光电三极管。光电三极管的负载电阻一般为光电二极管的 1/10。

　　（2）硅光电二极管的类型较多。一般是两脚的，长引脚为 P 极，短引脚为 N 极。对于引脚长度相同的，一般靠近管壳凸起点的为 P 极。有的光电二极管也有三条引脚，如 2DU 型，其中一个引脚为环极，环极接正电源，可减少暗电流。另外还有多 P 极的光电二极管，使用中要注意。

　　（3）硅光电三极管有两极的也有三脚的，两脚的，短脚为 C 极，长脚的为 E 极。有的两个引脚长度相同，则靠近管壳凸起标志的为 E 脚。对于三引脚的，其判别法是，面向引脚，以管壳突起点顺时针方向数，其排列是 E→B→C。

　　（4）光电二极管、三极管有的对可见光敏感，有的对红光敏感。对于红外管也并非只对红外光敏感，为防止日光、灯光干扰，可采用红色有机玻璃滤光。

　　（5）光电二极管的光电流小，但线性度好，响应时间快，光电三极管的光电流大，线性度差，响应时间慢。一般要求灵敏度高，频率低的可用光电三极管，而要求线性度好、工作频率高的应选用光电二极管。

　　（6）使用时应选用合适的光源和光强度，否则得不到预期的效果。

　　3. 发光二极管（LED）

　　LED 的伏安特性和普通二极管相似，但它的正向压降较大（不大于 2V）。在电子设备中被广泛应用，类型也较多。

国产的 LED 用 FGX$_1$X$_2$X$_3$X$_4$X$_5$X$_6$ 命名。其中 X$_1$ 表示材料，取值为 1、2、3，分别表示 GaASP、GaASAI 和 GaP；X$_2$ 表示发光颜色，取值 1~6 整数，分别表示发光颜色为红、橙、黄、绿、蓝和复色；X$_3$ 表示封装形式；X$_4$ 表示外形，取值 0~6 整数，分别表示圆形、长方形、符号形、三角形、正方形、组合形和特殊形；X$_5$X$_6$ 表示序号。

使用发光二极管的注意事项如下：

（1）若用电压源驱动，要注意选好限流电阻，以限制流过管子的正向电流。

（2）一般管脚引线较长的为阳极，短的为阴极。如壳帽上有凸起标志的，那么靠近凸起标志的为阳极。

（3）发光二极管可用万用表的 $R \times 10k$ 挡判别其好坏，其正向电阻一般小于 $50k\Omega$，反向电阻一般在 $200k\Omega$ 以上。

（4）交流驱动时，为防止反向击穿，可反向并联整流二极管，进行保护。

（5）发光二极管的参数如表 2-36 所示，供参考。发光二极管还有电压型、闪光型、双色、三色型等，可查阅其他资料。

表 2-36　　　　　　　　　　　　　　几种发光二极管的主要参数

测试条件 型号	极　限　参　数			电　参　数			光　参　数			
	最大功率 /mW	最大正向电流 /mA	反向击穿电压 /V (I_R=100μA)	正向电流 I_F /mA (I_F=20mA)	正向电压 U_F /V (U_R=5V)	反向电流 I_R/μV (U_F=0V, f=1MHz)	结电容/pF	发光主波波长 /μm	带宽 /MHz	光强分度角 /(°) (I_F=20mA)
FG112001	100	50	≥5	10	≤100	≤100	6500	200	15	>0.5
FG112002				20						>0.5
FG11204	30	20		5						>0.5
FG112005	100	70		10						>0.5

4. 光电耦合器件

把发光器和光电器件按一定的方式进行组合，就可实现以光为媒介的电信号变换传输。由于发光器和光敏器件相互绝缘并分别置于输入和输出回路，故可实现输入和输出电信号的隔离，它被广泛地应用在自动控制电路中，以抑制和消除信号传输时的干扰。

表 2-37 和表 2-38 为光敏二极管和光敏三极管型光电耦合器的参数表，供参考。

光电耦合器件的输入发光器件常用砷化镓（GaAS）红外发光二极管，受光输出部分可为 GaS 光电池、光电二极管、硅光三极管、达林顿型光敏三极管、晶闸管等。光电耦合器件两侧电路的接地和电源电压可自由选择，给实际应用和设计提供了方便。

表 2-37　　　　　二极管型光电耦合器的主要参数（$T_A=25℃$）

测试条件\型号	输 入 部 分			输 出 部 分			传 输 特 性		
	正向压降 U_F/V ($I_F=$ 10mA)	反向电流 $Ig/\mu A$ ($U_R=5V$)	最大工作电流 I_F /mA	暗电流 $I_{CEO}/\mu A$ ($U_{CE}=U_R$)	最大反向电压 $U_{BR(CEO)}$ ($I=$ 0.1μA)	反向击穿电压 U_{BR}/V ($I=1\mu A$)	传输比 $C_{RT}/\%$ ($I_F=$ 10mA, $U=U_R$)	($R_L=50\Omega$, $U_R=10V$, $f=300Hz$)	
								响应时间 t_g/ns	响应时间 t_f/ns
GH201A GH201B GH201C	≤1.3	≤20	20	≤0.1	30	≥100	0.2～0.5 0.5～1 1～2	≤5	≤50

表 2-38　　　　　三极管型光电耦合器的主要参数（$T_A=25℃$）

测试条件\型号	输 入 部 分			输 出 部 分				传 输 特 性		
	正向压降 U_F/V ($I_F=$ 10mA, $U_F=5V$)	反向电流 $I_g/\mu A$ ($U_R=5V$)	最大工作电流 I_F /mA	暗电流 $I_{CEO}/\mu A$ ($U_{CE}=$ 10V)	最大反向电压 $U_{BR(CEO)}$ ($I_{CE}=$ 1μA)	饱和压降 ($I_F=$ 10mA, $I_c=1mA$)	最大功耗	传输比 $C_{RT}/\%$ ($I_F=10mA$, $U_{CE}=10V$, $f=100Hz$)	($R_L=50\Omega$, $U_{CE}=10V$, $I_F=25mA$, $f=100Hz$)	
									响应时间 t_g/ns	响应时间 t_f/ns
GH301 GH302 GH303	≤1.3	≤20	50	≤0.1	≥15 ≥30 ≥50	≤0.4	50～75	10～150	≤3μs	≤3μs

　　光电耦合器的选用与检测：选用时主要根据用途选用合适的受光部分的类型。受光部分选用光电二极管，其线性度好，响应速度快，约为几十纳秒；硅光电三极管要求输入电流 $I_F \geqslant$ mA 时，线性度较好，响应时间约为 $1\sim100\mu s$。达林顿光电三极管适用于开关电路，响应时间为几十微秒至几百微秒，其传输效率高。

　　光电耦合器也可用万用表进行检测，输入部分和检测发光二极管相同。输出部分与受光器件的类型有关，对于输出为光电二极管、三极管的，则可按光电二、三极管的检测方法来测量。

第九节　半导体集成电路

　　集成电路是利用半导体工艺或厚薄膜工艺将电路的有源器件（三极管、场效应管等）、无源器件（电阻器、电容器等）及其连接线制作在半导体基片上或绝缘晶体片上，形成具有特定功能的电路，并封装在管壳之中。集成电路与分立元件电路相比，具有体积小、重量轻、功耗低、成本低、可靠性高、性能稳定等优点。在"模拟电子技术"和"数字电子技术"中，对集成电路的构成、原理、功能等已作为课程的重点进行了比较详细的介绍。本节主要从实际使用的角度，介绍一些有关的基本知识。当前集成电路应用广泛，发展十分迅速，特别是一些具有专门功能的集成电路，如仪用放大器、信号变换器、可编程逻辑器件等不断出现，使用也比较简便。密切注意集成电路的发展，根据需要进行合理的选用，是非常重要的。

一、基本结构与类别

目前，人们常用的还是半导体集成电路最多。半导体集成电路按有源器件分有双极型、MOS 型以及双极－MOS 型集成电路；按集成度分有小规模 SSI（集成了几个门或几十个元件）、中规模 MSI（集成了一百个门以上或几百个元件以上）和大规模 LSI、超大规模 VLSI（一万个门或十万个元件以上）集成电路。

按制造工艺及功能综合考虑集成电路的分类，如图 2－46 所示。

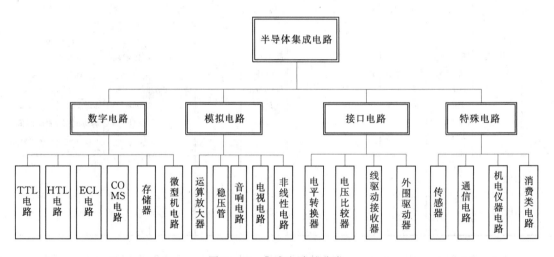

图 2－46　集成电路的分类

二、型号、命名、封装

国外各大公司生产的集成电路，在数字标号上基本上是一致的，但字头却有所不同，一般都是各公司有各自的规定。因而在使用国外集成电路时，应有相应的手册或几家公司的型号对照表，以便正确选用器件。

近几年，国内集成电路的发展，虽不像国外那么快，但目前国内各厂家通过技术引进也正在努力追赶，积极发展我国的微电子技术。国内生产的集成电路大部分厂家按国家标准命名，但也有些厂按自己的厂标命名。因而在选用国内集成电路时，也应具备厂家的产品手册以及互换表。

根据 GB 3430—1989《半导体集成电路型号命名方法》，半导体集成电路的型号由 5 个部分组成。5 个部分的表达方式及内容见表 2－39。

表 2 - 39　　　　　　　　　　　　我国半导体集成电路的型号组成

第 0 部分		第 1 部分		第 2 部分		第 3 部分		第 4 部分	
用字母表示器件符合国家标准		用字母表示器件的类型		用阿拉伯数字表示器件的系列器件代号		用字母表示器件的工作温度范围		用字母表示器件的封装	
符号	意义	符号	意义	符号	意义	符号	意义/℃	符号	意义
C	中国制造	T	TTL		与国际同品种保持一致	C	0~70	W	陶瓷扁平
		H	HTL			E	-40~85	B	塑料扁平
		E	ECL			R	-55~85	F	全封闭扁平
		E	CMOS			M	-55~125	D	陶瓷直插
		F	线性放大器					P	塑料瓷直插
		D	音响电视电路					J	黑陶瓷直插
		W	稳压器					K	金属棱形
		J	接口电路					T	金属圆形
		B	非线性电路						
		M	存储器						
		μ	微型机电路						

1. 示例

（1）肖特基 TTL 双 4 输入与非门。

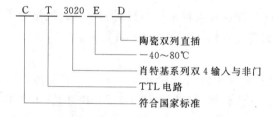

```
C  T  3020  E  D
              ├─ 陶瓷双列直插
           ├──── -40~80℃
      ├───────── 肖特基系列双 4 输入与非门
   ├──────────── TTL 电路
├─────────────── 符合国家标准
```

（2）CMOS 8 选 1 数据选择器。

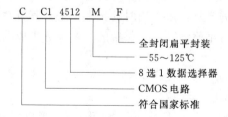

```
C  C1  4512  M  F
              ├─ 全封闭扁平封装
           ├──── -55~125℃
      ├───────── 8 选 1 数据选择器
   ├──────────── CMOS 电路
├─────────────── 符合国家标准
```

2. 电路封装形式

封装形式基本分为三类，即金属、陶瓷、塑料，如图 2 - 47 所示。三种形式各有特点，应用领域也有所区别。

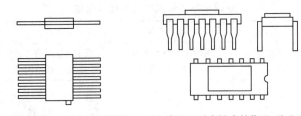

（a）扁平封装（W 型、B 型、F 型）　　（b）陶瓷双列直插式封装（D 型、J 型）

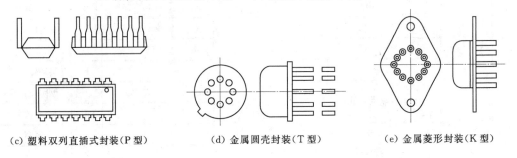

（c）塑料双列直插式封装（P 型）　　（d）金属圆壳封装（T 型）　　（e）金属菱形封装（K 型）

图 2-47　集成电路的封装形式

（1）金属封装。这种封装散热性能好，可靠性高，但安装使用不够方便，成本高。一般高精度集成电路或大功率器件均以此形式封装。按国家标准有 T 型和 K 型两种。

（2）陶瓷封装。这种封装散热性差但体积小，成本低。陶瓷封装的形式可分扁平型（W 型）和双列直插型（D 型、J 型）。

（3）塑料封装。这是目前使用最多的一种封装形式，最大特点是工艺简单、成本低，因而被广泛使用，但一般只适用于小功率器件。这种材料的封装形式与陶瓷一样，可分为扁平型（B 型）和双列直插型（P 型）。目前最常见的是 P 型封装。

目前，为降低成本，使用方便，中功率器件也在大量采用塑料封装形式。但是为了限制温升，有利于散热，通常都在封装同时加装金属板，以利于散热片固定。

3．集成电路的其他型号

我国规定的型号所表示的集成电路，是 1979 年以后开始发展起来的。其功能、引出端排列和电特性等均与国外同类产品一致。这些数据可见原电子工业部编写的《国产半导体集成电路产品性能汇编》（一、二册）。

除上述国家型号外，目前还可以接触到一种型号，即原第四机械工业部标准规定的型号。这种型号所表示的集成电路是我国早期生产的产品，限于当时的技术水平，其特性低于国外同类产品。这部分集成电路是为了一些设备维修需要暂时保留的。这部分集成电路的型号由以下四个部分组成：

$$\underset{(1)}{\times}\quad\underset{(2)}{\times\times\times}\quad\underset{(3)}{\times}\quad\underset{(4)}{\times}$$

（1）电路分类。C—CMOS 电路；F—运算放大器；H—HTL 电路；J—接口电路；T—TTL 电路等。

（2）品种代号，用数字表示。

（3）电参数分挡。A—低挡；B—高挡。

（4）封装形式。A—玻璃陶瓷扁平；B—塑料扁平；C—陶瓷双列直插；D—塑料双列直插。

除此之外，还可碰到一种型号，其基本组成形式同国家型号，只是把国家型号的（1）、（2）两部分换成各制造厂的代号，如 BG、TB、XG 等。第（3）部分相同。（4）、（5）两部分省略掉。这些集成电路的电特性基本上与国外同类产品相一致，只是质量一致性试验的要求略低于国家型号的集成电路。

数字集成电路的分类见表 2-40。

表 2-40　　　　　　　　　　数字集成电路各系列型号分类表

系列	子系列	名　　称	国标型号	速度/功耗
TTL	TTL	标准 TTL 系列	54/74TTL	10ns/10nW
	HTTL	高速 TTL 系列	54/74HTTL	6ns/22mW
	STTL	甚高速 TTL 系列	54/74STTL	3ns/19mW
	LSTTL	低功耗肖特基系列	54/74LSTTL	5ns/2mW
	ALSTTL	先进低功耗肖特基系列	54/74ALSTTL	4ns/1mW
MOS	PMOS	P 沟道场效应管系列	CD4000	
	NMOS	N 沟道场效应管系列	MC14000	
	CMOS	互补场效应管系列	54/74HC	
	HCMOS	高速 CMOS 系列	54/74HCT	
	HCMOST	与 TTL 兼容的 HC 系列		

品种代号说明：①74 为民用品，工作温度为 0～70℃，电源电压为 5V±0.25V；②54 为军用品，工作温度为-55～125℃，电源电压为 5V±0.5V；③L 表示 Lowpower，低功耗；④S 表示采用肖特基工艺，高速 TTL；⑤CT 为国际，分 CT1000、CT2000、CT3000、CT4000 四个系列，分别为中速、高速、甚高速和低功耗肖特基高速；⑥ "40"，有些厂家写为 "140" "340"，对使用者而言，4000、14000、34000 是一样的；⑦74HC 是 20 世纪 80 年代的产品，H 表示高速，C 表示 CMOS，其速度与 TTL 相近 $U_{DD}=2$～6V。输入、输出均为 CMOS 电平；⑧74HCT 是输入具有 TTL 电平、输出为 CMOS 电平的 HCMOS 电路。它可取代 LSTTL。

三、适用于注意事项

1. 工艺筛选

工艺筛选目的在于将一些潜在的早期失效电路及时淘汰，以保证产品有较高的可靠性。由于集成电路在出厂前都要进行多项筛选试验，一般有检验筛选、检漏筛选、高温直流参数测试和模拟低温参数测试的动态测试、高温存储、温度冲击、高温功率老化等。所以，出厂后的集成电路可靠性都是比较高的，用户在一般情况下不做老化及筛选。但在一些特殊场合，由于对设备及系统的可靠性要求较高，使用前必须进行一些老化筛选，以达到提高可靠性的目的。

2. 使用时的注意事项

（1）电路在使用时不允许超过极限值，在电源电压变化不超过额定值的±10％时，电参数应符合规范值。电路在使用的电源接通与断开时，不得有瞬时高压产生，否则会使集成电路击穿。

（2）集成电路使用温度一般在－30～85℃之间，在系统安装时要尽量远离热源。

（3）电路如用手工焊接时，不得使用大于 45W 的电烙铁，连续焊接时间不得超过 10s。

（4）对于 MOS 集成电路，要防止栅极静电感应击穿。此外，一切测试仪器（特别是信号发生器和交流测量仪器）、电烙铁、线路本身均需良好接地。MOS 电路的"与非"门输入端不能电位悬空，不用时接电路正极，特别是加上源、漏电压时，若输入端悬空，用手触及到输入端时，由于静电感应极易造成栅极击穿烧坏集成电路。为避免拨动开关时输入端瞬时悬空，可把输入端接一个几十千欧的电阻到电源正极（或负极）。此外，在存放时必须将其藏于金属屏蔽盒内，或用金属纸包装，以防止外界电场将栅极击穿。

习　题

1. 什么是电阻器？电阻器具有哪些主要参数？

2. 如何检测判别电阻质量性能的好坏？

3. 什么是电容？它有哪些主要参数？电容有什么作用？

4. 什么是电感器？电感有哪些主要参数？

5. 变压器有什么作用？

6. 指出下列电阻的标称阻值、允许偏差及标注方法。

(1) 6.8kΩ±10%；(2) 220Ω±20%；(3) 4K7±5%；

(4) 5M6J；(5) 4R7M；(6) 220K；

(7) 830J；(8) 红紫黄橙；(9) 蓝灰黑橙金。

7. 指出下列电容的标称容量、允许偏差及标注方法。

(1) 4n7；(2) 103J；(3) 102k；

(4) 2p2；(5) 223；(6) 红红橙。

8. 二极管有何特点？如何用万用表检测判断二极管的端子极性及好坏？

9. 晶体管从结构上看有哪些类型？如何用万用表检测？

10. 开关器件有何作用？如何检测其好坏？

11. 什么是集成电路？它有何特点？按集成度是如何分类的？

第三章 焊 接 技 术 基 础

主要内容：

本章介绍了焊接的知识及各种焊接方法，主要包括：焊接基础知识，焊接工具与材料，手工锡焊基本操作及技术要点，实用锡焊技术，自动锡焊技术，电子焊接技术的发展等。

基本要求：

1. 了解焊接的定义、分类、机理、工具、材料。
2. 掌握各种手工焊接方法。
3. 使用电烙铁进行手工焊接五步法训练。
4. 熟练掌握电路板的焊接方法和技术。
5. 了解焊接技术的现状及发展方向。

焊接是一种金属加工工艺。焊接技术作为电子工艺的核心技术之一，在工业生产中起着重要的作用，直接关系到电子产品的品质。焊接包括焊接技术、焊接方法、焊接材料、焊接设备、焊接质量检测等。

第一节 焊 接 基 础 知 识

焊接是电子产品生产过程中应用最普遍的技术，焊接质量的好坏，直接影响电子产品的性能。焊接技术在电气工程中占有重要的地位，也是电工、电子实践操作者应掌握的技能之一。

一、焊接的分类

焊接种类一般根据热源的性质、形成接头的状态及是否采用加压来划分。

1. 熔化焊

熔化焊是将焊件接头加热至熔化状态，不加压力完成焊接的方法。它包括气焊、电弧焊、电渣焊、激光焊、电子束焊、等离子弧焊、堆焊和铝热焊等。

2. 压焊

压焊是通过对焊件施加压力（加热或不加热）来完成焊接的方法。它包括爆炸焊、冷压焊、摩擦焊、扩散焊、超声波焊、高频焊和电阻焊等。

3. 钎焊

钎焊是采用比母材熔点低的金属材料作钎料，在加热温度高于钎料低于母材熔点的情况下，利用液态钎料润湿母材，填充接头间隙，并与母材相互扩散实现连接焊件的方法。

根据钎料熔点和接头的强度不同，钎焊又可分为硬钎焊和软钎焊两种。

（1）软钎焊。钎料熔点低于450℃，焊接强度低于70MN/m²。软钎焊常用的钎料为锡铅钎料（又称焊锡）、锌锡钎料、锌镉钎料等。熔剂常采用松香、磷酸、氯化锌等组成。常用于受力不大、工作温度不高的工件的焊接，如电器仪表、半导体收音机、导线的焊接等。

（2）硬钎焊。钎料熔点高于450℃，接头强度可达500MN/m²。硬钎焊常用的钎料为铜基、银基、铝基、镍基钎料。熔剂常用硼砂、硼酸、氟化物、氯化物等组成。常用于接头强度较高，工作温度较高的工件的焊接，如硬质合金刀头的焊接等。

二、焊接的方法

焊接是金属加工的基本方法之一，锡焊属于钎焊中的软钎焊。习惯把钎料称为焊料，采用铅锡焊料进行焊接称为铅锡焊，简称锡焊。锡焊就是将焊料、焊件同时加热到最佳焊接温度，然后不同金属表面相互浸润、扩散，最后形成多组织结合层的过程。

图3-1所示为焊接过程示意图，用中心包着松香助焊剂的焊锡丝和电烙铁进行手工焊接时，加热到一定温度后助焊剂先融化，然后焊锡熔化、浸润、扩散，最后形成多组织结合层后，焊点焊接完成。

（a）加热　　（b）助焊剂融化　　（c）帮助润湿　　（d）焊料熔化、扩散　　（e）形成结合层　　（f）焊点形成

图3-1　焊接过程示意图

施焊的零件通称焊件，一般情况下是指金属零件。

锡焊中的手工烙铁焊、浸焊、波峰焊、再流焊等在电子装配工业中有着广泛的应用，它主要由焊料和焊件组成。其特征是：

（1）焊料熔点低于焊件。

（2）焊接时将焊件与焊料共同加热到焊接温度，焊料熔化而焊件不熔化。

（3）连接的形式是由熔化的焊料润湿焊件的焊接面产生冶金、化学反应形成结合层而实现的。

三、焊接的机理

（一）润湿

1. 焊料的润湿与润湿力

（1）润湿。在焊接过程中，熔融的焊料在被焊金属表面上形成均匀、平滑、连续并且附着牢固的合金的过程，称为焊料在母材表面的润湿。

（2）润湿力。在焊接过程中，由于熔化的焊料与被焊金属之间接触而导致润湿的原子之间相互吸引的力称为润湿力。

在自然界中有很多这方面的例子，例如，在清洁的玻璃板上滴一滴水，水滴可在玻璃

板上完全铺开，这时可以说水对玻璃板完全润湿；如果滴的是一滴油，则油滴会形成一球块，发生有限铺开，此时可以说油滴在玻璃板上能润湿；若滴一滴水银，则水银将形成一个球体在玻璃板上滚动，这时说明水银对玻璃不润湿。

焊料对母材的润湿与铺展也是一样的道理，当焊料不加助焊剂在焊盘上熔化时，焊料呈球状在焊盘上滚动，也就是焊料的内聚力大于焊料对焊盘的附着力，此时焊料不润湿焊盘；当加助焊剂时，焊料将在焊盘上铺开，也就是说此时焊料的内聚力小于焊料对焊盘的附着力，所以焊料才得以在焊盘上润湿和铺展。

熔化的焊料要润湿固体金属表面所具备的条件有两条：①液态焊料与母材之间应能互相溶解，即两种原子之间有良好的亲和力。②焊料和母材表面必须"清洁"。这是指焊料与母材两者表面没有氧化层，更不会有污染。

母材金属表面氧化物的存在会严重影响液态焊料对基体金属表面的润湿性，这是因为氧化膜的熔点一般都比较高，在焊接温度下为固态，会阻碍液态焊料与基体金属表面的直接接触，使液态焊料凝聚成球状，即形成不润湿状态。

2. 润湿角与润湿度

润湿角是指焊料与母材间的界面和焊料熔化后焊料表面切线之间的夹角，又称接触角。接触角 θ 的大小表征了体系润湿与铺展能力的强弱，图 3-2 所示为润湿角度数分析图。

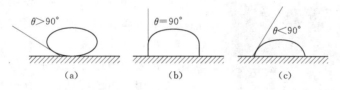

图 3-2 润湿角分析

$\theta=0°$ 时，称为完全润湿。

$0°<\theta<90°$ 时，称为润湿。

$90°<\theta<180°$ 时，称为不润湿。

$\theta=180°$ 时，称为完全不润湿。

焊接时，液态焊料对固态母材的润湿是最基本的过程。因此，要获得优质的焊接接头，就必须保证液态焊料能良好地润湿母材，只有这样，钎料才能顺利填充钎缝间隙，所以，一般情况下希望液态焊料在母材上的接触角要小于 20°，SMT 焊接要求小于 30°。

润湿度的大小，分为下列几种状态：

（1）润湿良好。指在焊接面上留有一层均匀、连续、光滑、无裂痕、附着好的焊料，此时润湿角小于 30°。通过切片观察，则在结合面上形成均匀的金属面化合物，并且没有气泡。

（2）部分润湿。金属表面一些地方被焊料润湿，另一些地方表现不润湿。在润湿区的边缘上，润湿角明显偏大。

（3）弱润湿。表面起初被润湿，但过后焊料从部分表面浓缩成液滴。

（4）不润湿。焊料在焊件面未能形成有效铺展，甚至在外力作用下，焊料仍可去除。

3. 表面张力与润湿力

表面张力是化学中一个基本概念，表面化学是研究不同相共同存在的系统体系，在这个体系中不同相总是存在着界面，由于相界面分子与体相内分子之间作用力有着不同，故导致相界面总是趋于最小化。

在焊接过程中，焊料的表面张力是一个不利于焊接的重要因素，但是由于表面张力是物理的特性，只能改变它，不能取消它，在SMT焊接过程中，降低焊料表面张力可以提高焊料的润湿力。

减小表面张力有以下方法（以锡铅焊料为例）：

（1）表面张力一般会随着温度的升高而降低。

（2）改善焊料合金成分（如锡铅焊料：随铅的含量增加表面张力降低）。

（3）增加活性剂，可以去除焊料的表面氧化层，并有效地减小焊料的表面张力。

（4）采用保护气体，介质不同，焊料表面张力不同。采用氮气保护的理论依据就在于此。

（二）扩散

润湿是熔融焊料在被焊面上的扩散，伴随着表面扩散，同时还发生液态和固态金属间的相互扩散，如同水洒在海绵上而不是洒在玻璃板上。

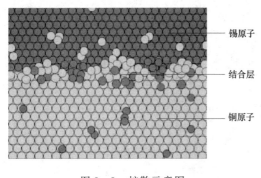

图 3-3　扩散示意图

润湿作用同毛细作用紧密相连，光洁的金属表面，放大后有许多微小的凹凸间隙，熔化成液态的焊料，借助于毛细引力沿着间隙向焊接表面扩散，形成对焊件的润湿。由此可见，只有焊料良好地润湿焊件，才能实现焊料在焊件表面的扩散，图3-3所示为锡原子与铜原子之间扩散示意图。

——锡原子

——结合层

——铜原子

两种金属间的相互扩散是一个复杂的物理-化学过程。例如，用锡铅焊料焊接铜件时，焊接过程中既有表面扩散，也有晶界扩散和晶内扩散。锡铅焊料中的铅原子只参与表面扩散，不向内部扩散，而锡原子和铜原子则相互扩散，这是不同金属性质决定的选择扩散。正是由于这种扩散作用，形成了焊料和焊件之间的牢固结合。

（三）结合层

扩散过程中，两种金属的原子浓度都是向对方逐渐过渡的，这样原来界面的界限就不复存在了，界面的消失就是结合的形成。形成结合层是锡焊的关键，如果没有形成结合层，仅仅是焊料堆积在母材上，则称为虚焊。结合层的厚度因焊接温度、时间不同而异，一般在 $1.2 \sim 10 \mu m$ 之间。由于焊料和焊件金属的相互扩散，在两种金属交界面上形成的是结合层的多种组织。如锡铅焊料焊接铜件，在结合层中既有晶内扩散形成的共晶合金，又有两种金属生成的金属间化合物，如 Cu_2Sn、Cu_6Sn_5 等。

第二节 焊接工具与材料

一、焊接工具

锡焊的工具较多，最方便的手工锡焊工具是电烙铁，用来加热焊接部件，熔化焊料，使焊料和被焊金属连接起来。

（一）电烙铁的基本结构

电烙铁内部结构都是由发热部分、储热部分和手柄三部分组成。

1. 发热部分

发热部分也称加热部分或加热器，或者称为能量转换部分，俗称烙铁芯子，这部分的作用是将电能转换成热能。

2. 储热部分

电烙铁的储热部分就是通常所说的烙铁头，它在得到发热部分传来的热量后，温度逐渐上升，并把热量积蓄起来，通常采用紫铜或铜合金做烙铁头。可根据焊盘形状、大小及密集程度等选择合适的烙铁头，图3-4所示为各种形状的烙铁头。

3. 手柄部分

手柄部分是直接同操作人员接触的部分，通常做成直式和手枪式两种。

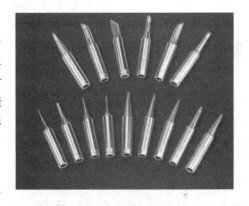

图3-4 各种形状的烙铁头

（二）电烙铁的种类

1. 内热式电烙铁

内热式电烙铁如图3-5（a）所示，常用的规格有20W、30W、40W、50W等，其加热器一般由电阻丝缠绕在密闭的陶瓷管上制成，插在烙铁头里面，被烙铁头包起来，直接对烙铁头加热，因此称为内热式电烙铁。一把标称为20W的内热式电烙铁，相当于25～45W外热式电烙铁所产生的温度。

2. 外热式电烙铁

外热式电烙铁又称旁热式电烙铁，如图3-5（b）所示，其加热器由电阻丝缠绕在云母材料上制成，而烙铁头插入加热器里面，因此称为外热式电烙铁，主要用于导线、接地线和较大器件的焊接。

3. 感应式电烙铁

图3-6所示为感应式电烙铁示意图，感应式电烙铁也称快速加热电烙铁，俗称焊枪。它的加热器实际是一个变压器，这个变压器的次级线圈，只有几匝，当初级通电时，次级

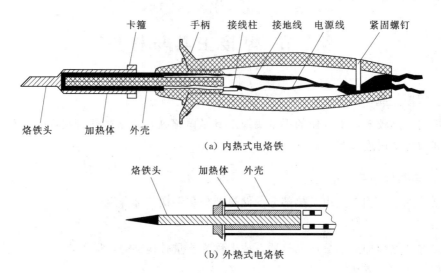

（a）内热式电烙铁

（b）外热式电烙铁

图 3-5 内热式与外热式电烙铁结构示意图

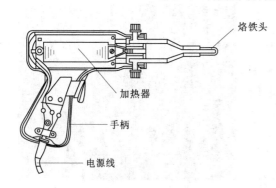

图 3-6 感应式电烙铁示意图

感应出大电流通过加热体，使同它相连的烙铁头迅速达到焊接所需温度。它的手柄上带有开关，工作时只需按下开关几秒钟即可焊接，特别适于断续工作的使用。

4. 吸锡电烙铁

吸锡电烙铁主要用于电工和电子设备装修中拆换元器件，是手工拆焊中最为方便的工具之一。它是在普通直热式烙铁上增加吸锡结构，使其具有加热、吸锡两种功能，图 3-7 所示为两种吸锡装置。

（a）吸锡烙铁

（b）吸锡枪

图 3-7 吸锡装置

（三）电烙铁的选用

电烙铁的种类及规格有很多种，而且被焊工件的大小又有所不同，因而合理地选用电烙铁的功率及种类，对提高焊接质量和效率有直接的关系。如果被焊件较大，使用的电烙铁功率较小，则焊接温度过低，焊料熔化较慢，焊剂不能挥发，焊点不光滑、不牢固，这样势必造成焊接强度低以及质量的不合格，甚至焊料不能熔化，使焊接无法进行。如果电烙铁的功率太大，则使过多的热量传递到被焊工件上面，使元器件的焊点过热，造成元器件的损坏，致使印制电路板的铜箔脱落，焊料在焊接面上流动过快，并无法控制。

选用电烙铁时，可以从以下几个方面进行考虑：

（1）焊接集成电路、晶体管及受热易损元器件，应选用 20W 内热式或 25W 的外热式电烙铁。

（2）焊接导线及同轴电缆时，应先选用 45～75W 外热式电烙铁，或 50W 内热式电烙铁。

（3）焊接较大的元器件时，如行输出变压器的引线脚、大电解电容的引线脚，金属底盘接地焊片等，应选用 100W 以上的电烙铁。

（四）电烙铁的使用方法

1. 电烙铁的安全使用

用万用表欧姆挡测量插头两端是否有开路、短路情况，再用 $R×1k$ 或 $R×10k$ 挡测量插头和外壳之间的电阻，如指针不动或电阻大于 2～3MΩ 即不漏电，可安全使用。

2. 新电烙铁的最初使用

新的电烙铁不能拿来就用，需要先在烙铁头镀上一层焊锡，方法是：用锉刀把烙铁头锉净，接通电源，在温度渐渐升高的时候，用松香涂在烙铁头上；待松香冒烟，烙铁头开始能够熔化焊锡的时候，把烙铁头放在有少量松香和焊锡的砂纸上研磨，各个面都要磨到，这样就可使烙铁头镀上一层焊锡，图 3-8 所示为搪上锡的烙铁头。

图 3-8 搪上锡的烙铁头

3. 烙铁头不"吃锡"

烙铁头经长时间使用后就会因氧化而不沾锡，这就是"烧死"现象，也称作不"吃锡"。当出现不"吃锡"的情况时，可用细砂纸或锉将烙铁头重新打磨或锉出新茬，然后重新镀上焊锡就可继续使用。

4. 烙铁头出现凹坑

当电烙铁使用一段时间后，烙铁头就会出现凹坑，或氧化腐蚀层，使烙铁头的刃面形状发生变化。遇到此种情况时，可用锉刀将氧化层及凹坑锉掉，并锉成原来的形状，然后镀上锡，就可以重新使用了。

5. 电烙铁接通电源后，不热或不太热

（1）测电源电压是否低于 AC 210V（正常电压应为 AC 220V），电压过低可能造成热度不够和沾焊锡困难。

（2）电烙铁头发生氧化或烙铁头根端与外管内壁紧固部位氧化。

6. 零线带电原因

在三相四线制供电系统中，零线接地，与大地等电位。如用测电笔测试时氖泡发光，就表明零线带电（零线与大地之间存在电位差）。零线开路，零线接地电阻增大或接地引下线开路以及相线接地都会造成零线带电。

7. 延长烙铁头使用寿命的方法

（1）经常用湿布擦拭烙铁头，以保持烙铁头能良好地挂锡，并可防止残留助焊剂对烙铁头的腐蚀。

（2）进行焊接时，应采用松香或中性助焊剂。

（3）焊接完毕时，烙铁头上的残留焊锡应该继续保留，以防止再次加热时出现氧化层。

（五）使用电烙铁的注意事项

（1）更换烙铁芯时，要注意电烙铁内部的 3 个接线柱，其中一个是接地线的，该接线柱应与地线相连；电烙铁外壳要接地，长时间不用时应切断电源。

（2）电烙铁初次使用时，应先在电烙铁头上搪上一层锡；电烙铁使用一段时间后，应取下烙铁头，去掉烙铁头与传热筒接触部分的氧化层，再将烙铁头装上；焊接结束后不要擦去烙铁头上留下的焊料。

（3）因为酸性焊剂易腐蚀元器件、烙铁头及发热器，电烙铁宜使用松香或中性焊剂。

（4）烙铁头应经常保持清洁，使用时应在石棉毡等织物上擦几下以除去氧化层或污物。

（5）不要用力击打电烙铁。

（6）烙铁头上残留的焊锡过多时，不要用力甩掉，应用湿布擦去。

（7）不要烫着烙铁本身的电源线。

（8）不用时要放到烙铁架上。

（9）电烙铁在使用过程中，必须进行及时的维修，经常需要维修的是烙铁头。

二、焊接材料

焊接材料主要包括焊料和焊剂。

（一）焊料

焊料是一种熔点比被焊金属熔点低的易熔金属，焊料熔化时，在被焊金属不熔化的条件下能润湿被焊金属表面，并在接触面处形成合金层而与被焊金属连接到一起。在一般电子产品装配中，主要使用锡铅焊料，俗称为焊锡。

1. 焊锡的优点

（1）熔点低，使焊接时加热温度降低，可防止元器件损坏。

（2）机械强度高，比纯锡、铅的强度高。又因电子元器件本身重量较轻，对焊点强度要求不是很高，故能满足其焊点的强度要求。

（3）导电性好，因锡、铅属良导体，故它的电阻很小。

（4）流动性好，表面张力小，有利于提高焊点质量。

（5）抗氧化性好，不易被空气中的氧气所氧化。

（6）附着力强，对元器件引线和其他导线的附着力强，不易脱落。

2. 常用的焊锡成分及型号标志

焊料中的主要成分是锡和铅，另外还含有一定量熔点比较高的其他金属，如锌、锑、铜、铋、铁、镍等，它们在不同程度上影响着焊料的性能。

常用的锡铅焊料，因锡铅的比例及杂质金属的含量不同而分为多种型号，锡铅焊料的型号标志，以焊料两字拼音的第一个字母"HL"及锡铅两个基本元素的符号 SnPb，再加上元素含量的百分比（一般为含铅量的百分比）组成。例如，HLSnPb39 表示 Sn 占 61％，Pb 占 39％的锡铅焊料。

3. 常用的焊锡配比及选用

常用铅锡焊料的配比及用途见表 3-1。

表 3-1　　　　　　　　　　常用铅锡焊料的配比

名称	牌号	主要成分/%			杂质/%	熔点/℃	抗拉强度/(kg·mm⁻²)	用途
		锡	锑	铅				
10 号锡铅焊料	HLSnPb10	89～91	≤0.15	余量	<0.1	220	43	钎焊食品器皿以及医药卫生方面的物品
39 号锡铅焊料	HLSnPb39	59～61	≤0.8	余量	<0.1	183	47	钎焊电子、电气制品等
50 号锡铅焊料	HLSnPb50	49～51	≤0.8	余量	<0.1	210	3.8	钎焊散热器、计算机、黄铜制品等
58-2 号锡铅焊料	HLSnPb58-2	39～41	1.5～2	余量	<0.106	235	3.8	钎焊工业及物理仪表等
68-2 号锡铅焊料	HLSnPb68-2	29～31	1.5～2	余量	<0.106	256	3.3	钎焊电缆护套、铅管等
80-2 号锡铅焊料	HLSnPb80-2	17～19	1.5～2	余量	<0.6	277	2.8	钎焊油壶、容器、散热器
90-6 号锡铅焊料	HLSnPb90-6	3～4	5～6	余量	<0.6	265	5.9	钎焊黄铜和铜
73-2 号锡铅焊料	HLSnPb73-2	24～26	1.5～2	余量		265	2.8	钎焊铅管
45 号锡铅焊料	HLSnPb45	53～57		余量		200		

各种不同型号的焊料具有不同的焊接特性，应根据焊接点的不同要求去选用。

手工焊接一般焊点、印制板上的焊盘及耐热性能差的元器件和易熔金属制品，应选用 HLSnPb39。该焊料熔点低，焊接强度高，焊料的熔化与凝固时间极短，使焊接时间缩短。

焊接无线电元器件、安装导线、镀锌钢皮等，可选用 HLSnPb58-2。该焊料成本较低，能满足一般焊接点的要求。

4. 焊锡的形状和规格

焊锡在使用时常按规定的尺寸加工成型，有片状、块状、棒状、带状、球状、丝状和膏状等多种形状和分类。丝状焊料，通常称为焊锡丝，中心包着松香助焊剂，称为松脂芯焊丝，手工烙铁锡焊时常用。松脂芯焊丝的外径通常有 0.5mm、0.6mm、1.0mm、1.2mm、1.6mm、2.3mm 等规格，图 3-9 所示为各种形状的焊料。

(a) 焊锡丝剖面图　　　　(b) 焊锡丝截面图　　　　(c) 各种形状的焊料

图 3-9　焊料示意图

（二）焊剂

焊剂又称助焊剂，通常是以松香为主要成分的混合物，是保证焊接过程顺利进行和致密焊点的辅助材料。

1. 焊剂的作用

（1）破坏金属氧化膜使氧化物漂浮在焊锡表面易于清除。焊剂覆盖在焊料表面，防止焊料或金属继续氧化，使用合适的助焊剂还能使焊点美观。

（2）增强焊料和被焊金属表面的活性，降低焊料的表面张力，进一步提高润湿能力。

（3）能加快热量从烙铁头向焊料和被焊物表面传递。

2. 焊剂的分类

焊剂的种类很多，大体上可分为有机、无机和树脂三大系列。常用焊剂分类如下：

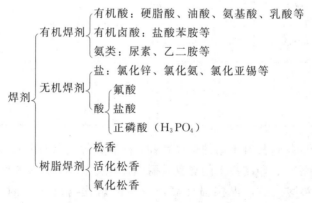

（1）有机焊剂。大部分有机焊剂是由有机酸、碱或其衍生物组成的。其活性次于无机焊剂，有较好的助焊作用，但也有一定的腐蚀性，残渣不易清理，且挥发物对操作者有害。同时，热稳定性差，呈活化的时间短，即一经加热，便急速分解，其结果有可能留下无活性的残留物。因此，这种焊剂不适用于对热稳定性要求高的焊件。

（2）无机焊剂。无机焊剂活性最大、腐蚀性最强，常温下即能清除金属表面的氧化层。但这种很强的腐蚀作用极易损坏金属和焊点，焊后必须用溶剂清洗。否则，残留下来的焊剂具有很强的吸湿性和腐蚀性，会引起严重的区域性斑点，甚至造成二次故障。

无机焊剂一般不用于电子元器件的焊接。因为焊点中如接线柱空隙、导线绝缘皮内、元件根部等很难用溶剂清洗干净，留下隐患。无机焊剂中最常用的是焊油，它是将无机焊剂用机油乳化后，制成的一种膏状物质。

（3）树脂焊剂。

树脂焊剂通常是从树木的分泌物中提取，不会有什么腐蚀性，松香是这类焊剂的代表，所以也称为松香类焊剂。

1）松香焊剂。将松树、杉树和针叶树的树脂进行水蒸气蒸馏，去掉松节油后剩下的不挥发物质便是松香，如图 3-10（a）所示。松香主要由 80％ 的松香酸或希尔毕克酸、10％～15％ 的海松酸或 L-培尔美利克酸、松脂油组成。在常温下几乎没有任何化学活力，呈中性。当加热至 74℃ 时开始熔化，被封闭在松香内部的松香酸呈活性，开始发挥酸的作用。随着温度的不断升高，使金属表面的氧化物以金属皂的形式熔解游离（氧化铜→松香铜）。当温度高达 300℃ 左右时，变为不活跃的新松香酸或焦松香酸，失去焊剂的作用。焊接完毕恢复常温后，松香就又变成固体，固有的非腐蚀性，高绝缘性不变，而且呈稳定状态。目前，在使用过程中通常将松香溶于酒精中制成液态助焊剂，即"松香水"。松香同酒精的比例一般为 1∶3 为宜。也可根据使用经验增减，但不能过浓，否则流动性变差，图 3-10（b）所示为液态助焊剂。

（a）固体松香　　　　　　（b）液态助焊剂

图 3-10 助焊剂

2）活性焊剂。由于松香清洗力不强，为增强其活性，一般加入活化剂，如三乙醇氨等。焊接时活化剂根据加热温度分解或蒸发，只有松香残留下来，恢复原来的状态，保持固有的特性。

（三）阻焊剂

1. 阻焊剂的作用

在焊接时，尤其是在浸焊和波峰焊中，为提高焊接质量，需采用耐高温的阻焊涂料，使焊料只在需要的焊点上进行焊接，而把不需要焊接的部位保护起来，起到一定的阻焊作用。这种阻焊涂料称为阻焊剂。阻焊剂的主要功能有以下几点：

（1）防止桥接、拉尖、短路以及虚焊等情况的发生，提高焊接质量，减小印制电路板的返修率。

（2）因部分印制电路板面被阻焊剂所涂敷，焊接时受到的热冲击小，降低了印制电路板的温度，使板面不易起泡、分层。同时，也起到了保护元器件和集成电路的作用。

（3）除了焊盘外，其他部分均不上锡，节省了大量的焊料。

（4）使用带有颜色的阻焊剂，如深绿色和浅绿色等，可使印制电路板的板面显得整洁美观。

2．阻焊剂的分类

阻焊剂按照成膜方式可分为热固化型阻焊剂和光固化型阻焊剂两种。

（1）光固化型阻焊剂。光固化型阻焊剂使用的成膜材料是含有不饱和双键的乙烯树脂、不饱和聚酯树脂、丙烯酸（甲基丙烯酸）、环氧树脂、丙烯酸聚氨酸、不饱和聚酯、聚氨酯、丙烯酸酯等。它们在高压汞灯下照射 2～3min 即可固化。因而可以节省大量能源，提高生产效率，便于自动化生产，目前已被大量使用。

（2）热固化型阻焊剂。热固化型阻焊剂使用的成膜材料是酚醛树脂、环氧树脂、氨基树脂、醇酸树脂、聚酯、聚氨酯、丙烯酸酯等。这些材料一般需要在 130～150℃温度下加热固化。其特点是价格便宜，黏结强度高。缺点是加热温度高，时间长，能源消耗大，印制电路板易变形，现已被逐步淘汰。

第三节　手工锡焊基本操作

一、焊接操作姿势与卫生

焊接正确的操作姿势是挺胸端正直坐，切勿弯腰，鼻尖至烙铁头尖端至少应保持 20cm 以上的距离，通常以 40cm 时为宜。以免焊剂加热挥发出的有害化学气体吸入人体、同时要挺胸端坐，不要躬身操作，并要保持室内空气流通。

1．电烙铁的握法

为了能使被焊件焊接牢靠，又不烫伤被焊件周围的元器件及导线，视被焊件的位置、大小及电烙铁的规格大小，适当地选择电烙铁的握法是很重要的。

电烙铁的握法分为三种，如图 3-11 所示。图 3-11（a）所示为反握法，就是五指把电烙铁的柄握在掌内。此法适用于大功率的电烙铁，焊接散热量较大的被焊件。图 3-11（b）所示为正握法，此法适用的电烙铁也比较大，且多为弯形烙铁头。图 3-11（c）所示为握笔法，此法适用于小功率的电烙铁，焊接散热量小的被焊件，如焊接收音机、电视机的印制电路及其维修等。

（a）反握法　　　　　　　　（b）正握法　　　　　　　　（c）握笔法

图 3-11　电烙铁的握法

2. 焊锡丝的拿法

焊锡丝的拿法根据连续锡焊和断续锡焊的不同分为两种拿法，如图 3-12 所示。焊锡丝一般要用手送入被焊处，不要用烙铁头上的焊锡去焊接，这样很容易造成焊料的氧化，焊剂的挥发。因为烙铁头温度一般都在 300℃ 左右，焊锡丝中的焊剂在高温情况下容易分解失效。在焊锡丝成分中，铅占有一定的比例。铅是对人体有害的重金属，故焊接完毕后要洗手，避免食入。

（a）连续锡焊的拿法　　　　　　　　（b）断续锡焊的拿法

图 3-12　焊锡丝的拿法

二、五步法训练

手工锡焊作为一种操作技术，必须要通过实际训练才能掌握，对于初学者来说进行五工步施焊法训练是非常有成效的。五步施焊法也称五步操作法，如图 3-13 所示。

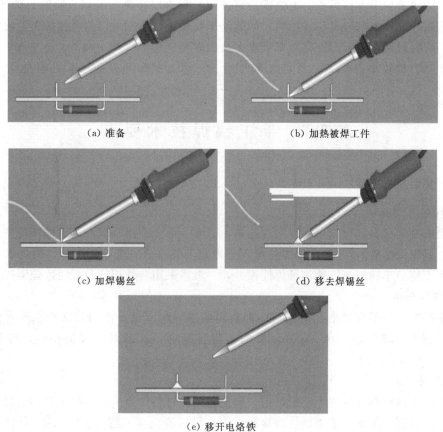

（a）准备　　　　　　　　　　　（b）加热被焊工件

（c）加焊锡丝　　　　　　　　　　（d）移去焊锡丝

（e）移开电烙铁

图 3-13　焊接五步操作法

1. 准备

准备好被焊工件，电烙铁加热到工作温度，烙铁头保持干净并吃好锡，一手握好电烙铁，一手抓好焊料（通常是焊锡丝），电烙铁与焊料分居于被焊工件两侧。

2. 加热

烙铁头接触被焊工件，包括工件引脚和焊盘在内的整个焊件全体要均匀受热，一般让烙铁头扁平部分（较大部分）接触热容量较大的焊件，烙铁头侧面或边缘部分接触热容量较小的焊件，以保持焊件均匀受热，不要施加压力或随意拖动烙铁。

3. 加焊锡丝

当工件被焊部位升温到焊接温度时，送上焊锡丝并与工件焊点部位接触，熔化并润湿焊点。焊锡应从电烙铁对面接触焊件，送锡要适量，一般以有均匀、薄薄的一层焊锡，能全面润湿整个焊点为佳。

4. 移去焊料

熔入适量焊料（这时被焊件已充分吸收焊料并形成一层薄薄的焊料层）后，迅速移去焊锡丝。

5. 移开电烙铁

移去焊料后，在助焊剂（市售焊锡丝内一般含有助焊剂）还未挥发完之前，迅速移去电烙铁，否则将留下不良焊点。电烙铁撤离方向与焊锡留存量有关，一般以与轴向成 45°的方向撤离。撤掉电烙铁时应往回收，回收动作要迅速、熟练，以免形成拉尖，收电烙铁的同时，应轻轻旋转一下，这样可以吸除多余的焊料。

对于热容量较小的焊点，可将 2 和 3 合为一步，4 和 5 合为一步，概括为三步法操作。

第四节　手工锡焊技术要点

一、锡焊基本条件

1. 焊件可焊性

不是所有的材料都可以用锡焊实现连接，只有一部分金属有较好可焊性（严格地说应该是可以锡焊的性质），才能用锡焊连接。一般铜及其合金、金、银、锌、镍等具有较好可焊性，而铝、不锈钢、铸铁等可焊性很差，一般需采用特殊焊剂及方法才能锡焊。

2. 焊料合格

铅锡焊料成分不合规格或杂质超标都会影响锡焊的质量，特别是某些杂质含量，如锌、铝、镉等，即使是 0.001% 的含量也会明显影响焊料润湿性和流动性，降低焊接质量。

3. 焊剂合适

焊接不同的材料要选用不同的焊剂，即使是同种材料，当采用焊接工艺不同时也往往要用不同的焊剂。例如，手工烙铁焊接和浸焊，焊后清洗与不清洗就需采用不同的焊剂。对手工锡焊而言，采用松香和活性松香能满足大部分电子产品装配要求。还要指出的是焊剂的量也是必须注意的，过多、过少都不利于锡焊。

4. 焊点设计合理

合理的焊点几何形状，对保证锡焊的质量至关重要，如果接点铅锡料强度有限，很难保证焊点有足够的强度。如图3-14所示，印制板上通孔安装元件引线与孔配合间隙过大或过小时也将影响焊接质量，合适的配合间隙为0.2～0.3mm。

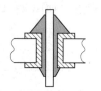 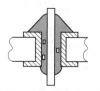

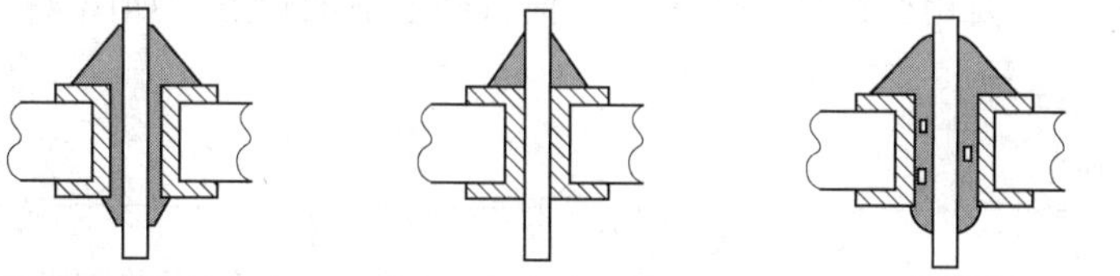

　(a) 间隙合适,强度较高　(b) 间隙过小,焊锡不能润湿　(c) 间隙过大,形成气孔

图3-14　引线与插孔尺寸对焊接质量的影响

二、手工焊接要点

1. 掌握好加热时间

锡焊时可以采用不同的加热速度，例如，烙铁头形状不良，用小烙铁焊大焊件时需要延长时间以满足锡料温度的要求。在大多数情况下延长加热时间对电子产品装配都是有害的，这是因为：

(1) 焊点的结合层由于长时间加热而超过合适的厚度引起焊点性能劣化。

(2) 印制板、塑料等材料受热过多会变形变质。

(3) 元器件受热后性能变化甚至失效。

(4) 焊点表面由于焊剂挥发，失去保护而氧化。

结论：在保证焊料润湿焊件的前提下时间越短越好。

2. 保持合适的温度

如果为了缩短加热时间而采用高温烙铁焊接焊点，则会带来另一方面的问题：焊锡丝中的焊剂没有足够的时间在被焊面上漫流而过早挥发失效；焊料熔化速度过快影响焊剂作用的发挥；由于温度过高，虽加热时间短也造成过热现象。

3. 保持烙铁头在合理的温度范围

一般经验是烙铁头温度比焊料熔化温度高50℃较为适宜。理想的状态是较低的温度下缩短加热时间，尽管这是矛盾的，但在实际操作中可以通过操作手法获得令人满意的解决方法。

4. 用烙铁头对焊点施力是有害的

烙铁头把热量传给焊点主要靠增加接触面积，用烙铁对焊点加力对加热是徒劳的。很多情况下会造成被焊件的损伤，例如，电位器、开关、接插件的焊接点往往都是固定在塑料构件上，加力的结果容易造成元件失效。

三、锡焊操作要点

1. 焊件表面处理和保持烙铁头的清洁

焊前去除焊接面上的锈迹、油污、灰尘等影响焊接质量的杂质。手工操作中常用机械刮磨和酒精，丙酮擦洗等简单易行的方法。因为焊接时烙铁头长期处于高温状态，又接触焊剂等受热分解的物质，其表面很容易氧化而形成一层黑色杂质，这些杂质几乎形成隔热层，使烙铁头失去加热作用。因此要随时在烙铁架上蹭去杂质或者用一块湿布及湿海绵随时擦烙铁头，也是常用的方法。

2. 焊锡用量

实际焊接时一定要用合适的焊锡量，以便得到合适的焊点，如图 3 - 15 所示。

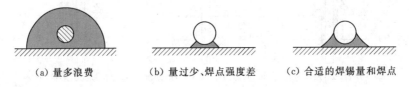

（a）量多浪费　　　（b）量过少、焊点强度差　　（c）合适的焊锡量和焊点

图 3 - 15　焊锡量的掌握

3. 加热方法和加热时间

应采用正确的加热方法和合适的加热时间。加热时要靠增加接触面积加快传热，不要用烙铁对焊件加力，要让烙铁头与焊件形成面接触而不是点或线接触，还应让焊件上需要焊锡润湿的部分受热均匀。

4. 固定焊件

焊件要固定，加热要靠焊锡桥。在焊锡凝固之前不要使焊件移动或振动，否则会造成"冷焊"，使焊点内部结构疏松，强度降低，导电性差。实际操作时可以用各种适宜的方法将焊件固定，或使用可靠的夹持措施。

所谓焊锡桥，就是靠烙铁上保留少量焊锡作为加热时烙铁头与焊件之间传热的桥梁，由于金属液的导热效率远高于空气，而使焊件很快被加热到焊接温度，应注意，作为焊锡桥的焊锡保留量不可过多。

5. 烙铁的撤离

烙铁撤离有讲究，不要用烙铁头作为运载焊料的工具。烙铁撤离要及时，而且撤离时的角度和方向对焊点的形成有一定的关系，不同撤离方向对焊料的影响如图 3 - 16 所示，其中图 3 - 16（b）所示适合于尖形烙铁头的电烙铁。

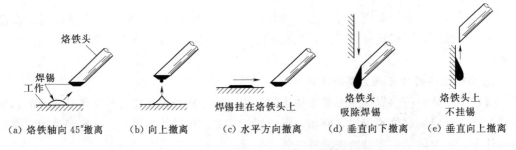

（a）烙铁轴向 45°撤离　（b）向上撤离　（c）水平方向撤离　（d）垂直向下撤离　（e）垂直向上撤离

图 3 - 16　不同撤离方向对焊料的影响

在调试或维修工作中，不得已用烙铁头沾焊锡焊接时，动作要迅速敏捷，防止氧化造成劣质焊点。

6. 焊剂用量

适量的焊剂是必不可缺的，但不能过量，不要认为越多越好。过量的松香不仅造成焊后焊点周围需要清洗的工作量，而且延长了加热时间（松香融化、挥发需要并带走热量），降低工作效率；而当加热时间不足时又容易夹杂到焊锡中形成"夹渣"缺陷；对开关元件的焊接，过量的焊剂容易流到触点处，从而造成接触不良。

合适的焊剂量应该是松香水仅能润湿将要形成的焊点，不要让松香水透过印制板流到元件面或插座孔里（如 IC 插座）。对使用松香芯的焊丝来说，基本不需要再涂焊剂。

7. 焊点的质量要求

焊接结束后，要对焊点进行外观检查。因为焊点质量的好坏，直接影响整机的性能指标。对焊点的基本质量要求有下列几个方面：①防止假焊、虚焊和漏焊；②焊点不应有毛刺、砂眼和气泡；③焊点的焊锡要适量；④焊点要有足够的强度；⑤焊点表面要光滑；⑥引线头必须包围在焊点内部；⑦焊接表面要清洗。

8. 常见焊点的缺陷及分析

焊接过程中常因各种原因造成不合格的焊点，甚至会影响电子产品的使用性能，常见焊点的缺陷及分析见表 3-2。

表 3-2　　　　　　　　　　　　　　常见焊点的缺陷及分析

缺陷现象	焊点缺陷的形态	外观特点	危　害	原因及分析
焊料过多		焊料面呈凸形	浪费焊料，且容易包藏缺陷	焊丝撤离过迟
焊料过少		焊料未形成平滑面	机械强度不足	焊丝撤离过早
松香焊		焊缝中夹有松香渣	强度不足，导通不良	（1）助焊剂过多或已失效。（2）焊接时间不足，加热不够。（3）表面氧化膜未去除
过热		焊点发白，无金属光泽，表面较粗糙	焊盘容易剥落，强度降低	电烙铁功率过大，加热时间过长
冷焊		表面呈现豆腐渣状颗粒，有时可能有裂纹	强度低，导电性不好	焊料未凝固前焊件抖动或电烙铁瓦数不够
润湿不良		焊料与焊件交面接触角过大	强度低，不通或时通时断	（1）焊件清理不干净。（2）助焊剂不足或质量差。（3）焊件未充分加热

续表

缺陷现象	焊点缺陷的形态	外观特点	危害	原因及分析
不对称		焊锡未流满焊盘	强度不足	(1) 焊料流动性不好。 (2) 助焊剂不足或质量差。 (3) 加热不足
松动		导线或元器件引线可移动	导通不良或不导通	(1) 焊接未凝固前引线移动造成空隙。 (2) 引线未处理好（润湿差或不润湿）
拉尖		出现尖端	外观不佳，容易造成桥接现象	(1) 助焊剂过少，而加热时间长。 (2) 电烙铁撤离角度不当
桥接		相邻导线连接	电器短路	(1) 焊锡过多。 (2) 电烙铁撤离方向不当
针孔		目测或低倍放大镜可见有孔	强度不足，焊点容易腐蚀	焊盘孔与引线间隙太大
气泡		引线根部有时有喷火式焊料隆起，内部藏有空洞	暂时导通，但长时间容易引起导通不良	引线与孔间隙过大或引线润湿性不良
剥离		焊点剥落（不是铜箔）	断路	焊盘镀层不良

第五节 实用锡焊技术

一、印制电路板的安装与焊接

1. 焊接前的准备

（1）印制电路板的检查。在插装元件前一定要检查印制电路板的可焊性，如只有几个焊盘氧化严重，可用蘸有无水酒精的棉球擦拭之后再上锡。如果板面整个发黑，建议不使用该电路板，若必须使用，可把该电路板放在酸性溶液中浸泡，取出清洗、烘干后涂上松香酒精助焊剂再使用。

印制电路板铜箔面和元器件的引线都要经过预焊，以有利于焊料的润湿。

（2）元器件引线成型。元器件引线大部分需在装插前弯曲成型。弯曲成型的要求取决于元器件本身的封装外形和印制板上的安装位置，有时也因整个印制板安装空间限定元件安装位置。虽然印制板上的元器件插孔是根据元件的具体形状安排的，但在元件插上去的时候还需做一些调整，也就是元器件引线的成型，几种元器件引线的成型方法如图 3-17 所示。

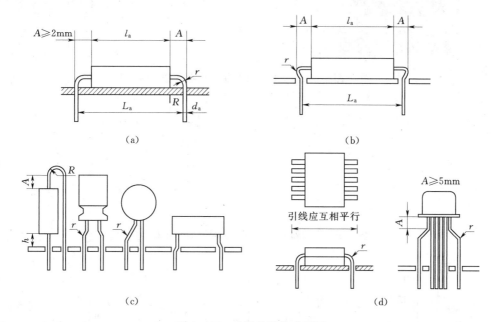

图 3-17　元器件引线成型图

图 3-17（a）所示为常用的标准成型法图，图 3-11（b）所示为一般在维修或手工制作时，当元件和插孔不相符的时候采用；图 3-17（c）所示为一般是当印制电路板上的元件比较多，排列密集，需垂直插装时常用的成型方法，要求元件根部距插孔的高度 h、弯折处和元件根部的距离 A 均大于 2mm；图 3-17（d）所示为集成电路元件的成型方法。

元器件引线成型要注意以下几点：

1）所有元器件引线均不得从根部弯曲。因为制造工艺上的原因，根部容易折断。一般应留 1.5mm 以上，图 3-18 所示为错误的元件引线成型方法示例。

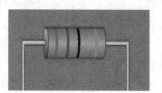

(a) 引线折成直角　　　　(b) 引线从根部弯曲，封装碎裂

图 3-18　错误的元件引线成型方法

2）弯曲一般不要成死角。圆弧半径应大于引线直径的 1～2 倍，如图 3-19 所示。

3）要尽量将有字符的元器件面置于容易观察的位置，如图 3-20 所示。

（3）元器件的插装。印制电路板焊接前要把元器件插装在电路板上，一般被焊件的插装方法如图 3-21 所示。

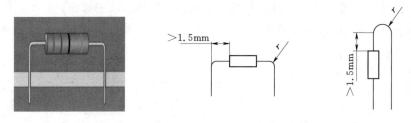

图 3-19　正确的元件引线成型方法

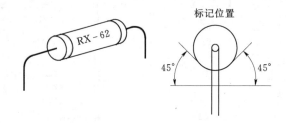

图 3-20　元器件成型及插装时注意标记位置

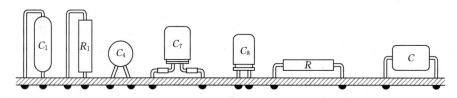

图 3-21　一般元器件的插装方式

1）水平插装。也称为贴板插装或卧式插装，它是将元器件水平地紧贴在印制电路板上的插装方式，电阻和二极管常采用这种插装方式。

2）垂直插装。也称为悬空插装或立式插装，它是将元器件垂直插装在电路板上的一种方法，一般的晶体三极管常采用这种插装方式。

3）变压器的插装。变压器的插孔在设计时一般放在印制电路板的边上，最好靠近印制电路板的固定处，变压器一般本身带有固定脚，安装时把固定脚插入印制电路板对应插孔即可。对于放在印制电路板上的大型电源变压器需要用螺钉将其固定，螺钉上要加弹簧垫片。

4）大电容插装。可用弹性夹固定在印制电路板上。

注意事项：①贴板插装稳定性好，插装简单，但不利于散热，且对某些安装位置不适应，悬空插装，适应范围广，有利散热，但插装较复杂，需控制一定高度以保持美观一致，悬空高度一般取 2～6mm；②插装时具体要求应首先保证图纸中安装工艺要求，其次按实际安装位置确定，一般无特殊要求时，只要位置允许，采用贴板安装较为常用；③安装时应注意元器件字符标记方向一致，容易读出。

图 3-22 所示安装方向是符合阅读习惯的方向。

2. 印制电路板的焊接

焊接印制板，除遵循锡焊要领外，以下几点须特别注意：

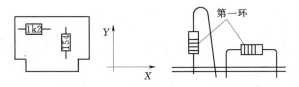

图 3-22　安装方向符合阅读习惯

（1）电烙铁，一般应选内热式 20～35W 或调温式，烙铁的温度不超过 300℃的为宜。烙铁头形状应根据印制板焊盘大小采用凿形或锥形，目前印制板发展趋势是小型密集化，因此一般常用小型圆锥烙铁头。

（2）加热时应尽量使烙铁头同时接触印制板上铜箔和元器件引线，当达到焊接温度后，先向烙铁头接触引线的部位添加少量焊料，再稍向引线的端面移动电烙铁头，在引线端面上填上焊料。随后围绕导线画半圆弧并向铜箔方向逐点下移烙铁头，一点一点地填入焊料，使整个引线与铜箔润湿焊料，焊料以包着引线灌满焊盘为宜。

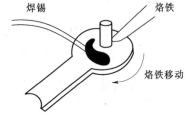

图 3-23　大焊盘烙铁焊接

（3）对较大的焊盘（直径大于 5mm）进行焊接时可移动烙铁，即烙铁绕焊盘转动，以免长时间停留一点导致局部过热，如图 3-23 所示。

（4）金属化孔的焊接如图 3-24 所示，两层以上电路板的孔都要进行金属化处理。焊接时不仅要让焊料润湿焊盘，而且孔内也要润湿填充，因此金属化孔加热时间应长于单面板。

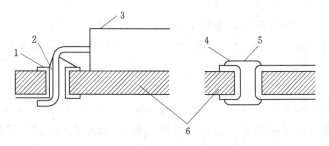

图 3-24　金属化孔的焊接
1、4—焊料；2、5—金属化孔；3—元器件；6—印制电路板

（5）焊接时不要用烙铁头摩擦焊盘的方法增强焊料润湿性能，而要靠表面清理和预焊。

（6）耐热性差的元器件应使用工具辅助散热。

3. 焊接工序

一般进行印制电路板焊接时应先焊较低的元件，后焊较高的元件和要求比较高的元件。印制板上的元器件都要排列整齐，同类元器件要保持高度一致，保证焊好的印制电路板整齐、美观。

4. 焊后处理

（1）剪去多余引线。

（2）检查印制电路板上所有元器件引线的焊点，看是否有漏焊、虚焊现象需进行修补。

（3）根据工艺要求选择清洗液清洗印制电路板，一般情况下使用松香焊剂后印制电路板不用清洗，涂过焊油或氯化锌的，要用酒精擦洗干净，以免腐蚀印制电路板。

二、导线的焊接

1. 焊前处理

（1）去绝缘层。常用导线如图 3-25 所示。

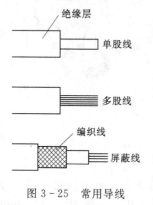

图 3-25　常用导线

1）单股导线。即硬线，一般用扁口钳或剥线钳剥去绝缘层。

2）多股导线。即软线，绝缘层内有多根细的芯线，一般用剥线钳去掉绝缘层，接着需要把多股导线的线头进行捻头处理，即按芯线原来的捻紧方向继续捻紧，使其成为一股。也可以在剥除绝缘层时，按芯线原来捻紧的方向边拽边拧。

3）同轴电缆。一般也称为屏蔽线，它具有 4 层结构，端头处理时，首先剥掉最外面的绝缘层，接着把露出的金属编织线根部向外扩成线孔，并把编织线捻紧成一个引线状，剪掉多余部分，然后把剥出的一段内部绝缘导线切除一部分绝缘体，露出导线。

（2）预焊。剥去绝缘外皮的导线端部要立即进行预焊，导线端头预焊的方法同元器件引线预焊一样，但注意导线挂锡时要边上锡边旋转，旋转方向与拧合方向一致。烙铁头工作面放在距离露出的裸导线根部一定距离处加热，挂锡导线的最大长度应小于裸线的长度。

2. 导线的焊接

（1）导线同接线端子的焊接。导线与接线端子的连接都应采用压接钳压接，但对某些无法压接连接的场合可采用焊接的方式，导线的焊接有绕焊、钩焊、搭焊三种基本形式，如图 3-26 所示。

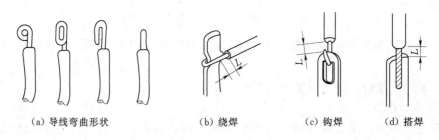

（a）导线弯曲形状　　　（b）绕焊　　　（c）钩焊　　　（d）搭焊

图 3-26　导线与端子的连接（$L=1\sim3\text{mm}$）

（2）导线同导线的焊接。导线之间的焊接以绕焊为主，操作方法如图 3-27 所示。

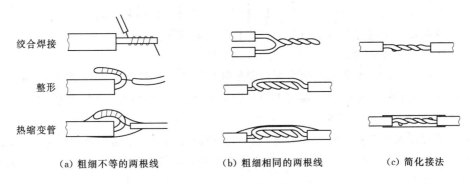

(a) 粗细不等的两根线　　　　(b) 粗细相同的两根线　　　　(c) 简化接法

图 3 - 27　导线与导线的连接

对于在调试或维修过程中，需要临时进行连接的导线，也可采用搭焊的方法。

3. 焊后处理

在对铜制导线、电缆、电机、变压器等进行焊接时，为了去除氧化膜，通常都使用含卤族元素的盐类作为焊剂。这类焊剂残余对母体造成的电化腐蚀和化学腐蚀会将导体一层一层地腐蚀掉，特别是焊接多股芯线电缆时，焊剂将沿着芯线间的孔隙，以毛吸作用向电缆内部渗入，造成所谓的蚀芯现象，所以焊后必须进行清洗。清洗通常是在焊后立即用沸水清洗，多芯电缆要清洗较长时间（约 5min），然后用干净的热水漂净。

三、常用易损元器件的焊接

1. 铸塑元件的锡焊

各种有机材料，包括有机玻璃、聚氯乙烯、聚乙烯、酚醛树脂等材料，现在已被广泛用于电子元器件的制造，如各种开关、插接件等。这些元件都是采用热铸塑方式制成的，它们最大弱点就是不能承受高温。当对铸塑在有机材料中的导体接点施焊时，如不注意控制加热时间，极容易造成塑性变形，导致元件失效或降低性能，造成隐性故障。图 3 - 28 所示为一个常用的钮子开关由于焊接技术不当造成失效的例子。

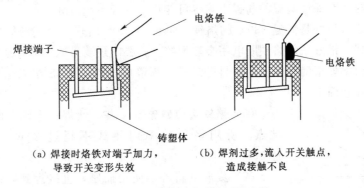

(a) 焊接时烙铁对端子加力，　　(b) 焊剂过多，流入开关触点，
　　导致开关变形失效　　　　　　　造成接触不良

图 3 - 28　焊接不当造成开放失效

其他类型铸塑制成的元件也有类似问题，因此，这一类元件焊接时必须注意以下几点：

（1）在元件预处理时，尽量清理好接点，一次镀锡成功，不要反复镀，尤其将元件在锡窝中浸镀时，更要掌握好浸入深度及时间。

（2）焊接时烙铁头要修整尖一些，焊接一个接点时不碰相邻接点。

（3）镀锡及焊接时加助焊剂量要少，防止浸入电接触点。

（4）烙铁头在任何方向均不要对接线片施加压力。

（5）焊接时间，在保证润湿的情况线越短越好。实际操作时在焊件预焊良好时只需用挂上锡的烙铁头轻轻一点机壳。焊后不要在塑壳未冷却之前对焊点做牢固性试验。

2. 簧片类元件接点的焊接

簧片类元件如继电器、波段开关等，它们共同特点是簧片制造时加预应力，使之产生适当弹力，保证点接触性能。如果安装施焊过程中对簧片施加外力，则破坏接触点的弹力，造成元件失效。

簧片类元件焊接要领如下：

（1）可靠的预焊。

（2）加热时间要短。

（3）不可对焊点任何方向加力。

（4）焊锡量宜少。

3. FET 及集成电路的焊接

MOS、FET 特别是绝缘栅极性，由于输入阻抗很高，稍不慎即可能使内部击穿而失效。

双极性集成电路不像 MOS 集成电路那样娇气，但由于内部集成度高，通常管子隔离层都很薄，一旦受到过高的温度容易损坏。无论哪种电路都不能承受高于 200℃的温度，因此焊接时必须非常小心。

4. 瓷片电容、发光二极管、中周等元件的焊接

（1）电路引线如果是镀金处理的，不要用刀割刮，只需酒精擦洗或绘图橡皮擦干净即可。

（2）对 CMOS 电路如果实现已将各引线短路，焊前不要拿掉短路线。

（3）焊接时间在保证润湿的前提下，尽可能短，一般不超过 3s。

（4）使用烙铁最好是恒温 230℃的烙铁；也可用 20W 内热式，接地线应保证接触良好。若用外热式，最好采用烙铁断电用余热焊接，必要时还要采取人体接地的措施。

（5）工作台上如果铺有橡皮，塑料等易于积累静电材料，MOS 集成电路芯片及印制电路板不宜放在台面上。

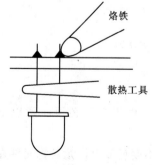

图 3-29 辅助散热示意图

（6）烙铁头应修整窄一些，使焊一个端点时不会碰相邻端点。所用烙铁功率内热式不超过 20W，外热式不超过 30W。

（7）集成电路若不使用插座，直接焊到印制板上，安全焊接顺序为地端→输出端→电源端→输入端。

这类元器件共同弱点就是加热时间过长就会失效，其中瓷片电容，中周等元件是内部接点开焊，发光管则管芯损坏。焊接前要处理好焊点，施焊时强调一个"快"字。采用辅助散热措施，可避免过热失效，如图 3-29 所示。

四、典型焊点的焊法

在实际操作中，会遇上各种难焊点，下面介绍几种典型焊点的焊接方法。

1. 片状焊件的焊接法

片状焊件在实际中用途最广，如接线焊片、电位器接线片、耳机和电源插座等，这类焊件一般都有焊线孔。往焊片上焊接导线和元器件时要先将焊片，导线都上锡，焊片的孔不要堵死，将导线穿过焊孔并弯曲成钩形，具体步骤如图 3-30 所示。切记不要只用烙铁头沾上锡，在焊件上堆成一个焊点，这样很容易造成虚焊。

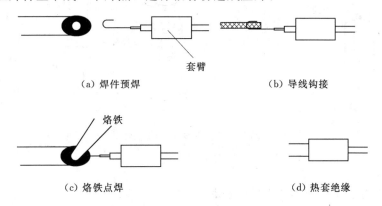

（a）焊件预焊　　　　　　　　（b）导线钩接

（c）烙铁点焊　　　　　　　　（d）热套绝缘

图 3-30　片状焊点焊接方法

如果焊片上焊的是多股导线，最好用套管将焊点套上，这样既保护焊点不易和其他部位短路，又能保护多股导线不容易断开。

2. 槽形、板形、柱形焊点焊接方法

焊件一般没有供缠线的焊孔，其连接方法可用绕、钩、搭接，但对某些重要部位，例如电源线等处，应尽量采用缠线固定后焊接的办法。其中槽形、板形主要用于插接件上，板形、柱形则见于变压器等元件上。其焊接要点同焊片类相同，焊点搭接情况及焊点剖面如图 3-31 所示。

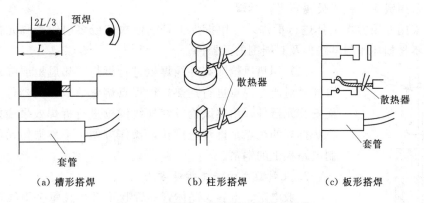

（a）槽形搭焊　　　　　（b）柱形搭焊　　　　　（c）板形搭焊

图 3-31　槽形、板形、柱形焊点焊接

这类焊点，每个接点一般仅接一根导线，一般都应套上塑料套管。注意套管尺寸要合适，应在焊点未完全冷却前趁热套入，套入后不能自行滑出为好。

3. 杯形焊件焊接法

杯形焊件接头多见于接线柱和接插件，一般尺寸较大，如焊接时间不足，容易造成虚焊。这种焊件一般是和多股导线连接，焊前应对导线进行镀锡处理，操作方法如图 3 - 32 所示。

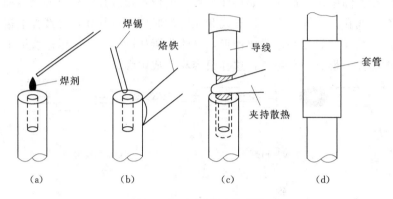

图 3 - 32　杯形焊点的焊接

五、拆焊

1. 集成电路或多管脚元器件拆焊方法

调试和维修中常需要更换一些元器件，如果方法不得当，就会破坏印制电路板，也会使换下而并没失效的元器件无法重新使用。

当拆焊多个引脚的集成电路或多管脚元器件时，一般有以下几种方法：

（1）选用合适的医用空心针头拆焊。将医用针头用钢锉锉平，作为拆焊的工具，具体方法是：一边用电烙铁熔化焊点，一边把针头套在被焊元器件引线上，直至焊点熔化后，将针头迅速插入印制电路板的孔内，使元器件的引线脚与印制电路板的焊盘脱开。

（2）用吸锡材料拆焊。可作为吸锡材料的有屏蔽线编织网、细铜网或多股铜导线等。将吸锡材料加松香助焊剂，用烙铁加热进行拆焊。

（3）采用吸锡烙铁或吸锡器进行拆焊。

（4）采用专用拆焊工具进行拆焊。专用拆焊工具能依次完成多引线管脚元器件的拆焊，而且不易损坏印制电路板及其周围的元器件。

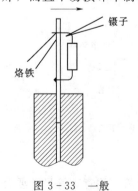

图 3 - 33　一般
元件拆焊方法

（5）用热风枪或红外线焊枪进行拆焊。热风枪或红外线焊枪可同时对所有焊点进行加热，待焊点熔化后取出元器件。对于表面安装元器件，用热风枪或红外线焊枪进行拆焊效果最好。用此方法拆焊的优点是拆焊速度快，操作方便，不易损伤元器件和印制电路板上的铜箔。

2. 几种典型的手工拆焊方法

一般电阻、电容、晶体管等管脚不多，且每个引线可相对活动的元器件可用烙铁直接解焊。如图 3 - 33 所示，将印制板竖起来夹住，一边用烙铁加热待拆元件的焊点，一边用镊子或尖嘴钳夹住元器件引线轻轻拉出。

重新焊接时需先用锥子将焊孔在加热熔化焊锡的情况下扎通，需要指出的是这种方法不宜在一个焊点上多次用，因为印制导线和焊盘经反复加热后很容易脱落，造成印制板损坏。在可能多次更换的情况下可用图3-34所示的方法。

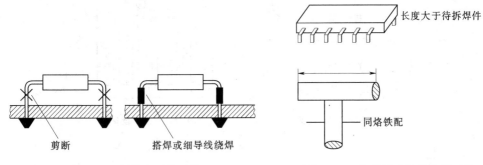

图3-34 断线法更换元件

图3-35 长排插座解焊专用工具

当需要拆下多个焊点且引线较硬的元器件时，以上方法则不可行。例如，要拆下如图3-35所示多线插座，一般有以下三种方法：

（1）采用专用工具。如采用专用烙铁头，一次可将所有焊点加热熔化取出插座。这种方法速度快，但需要制作专用工具，需较大功率的烙铁，同时解焊后，焊孔很容易堵死，重新焊接时还需清理。显然这种方法对于不同的元器件需要不同种类的专用工具，有时并不是很方便的，图3-35所示为长排插座解焊专用工具。

（2）采用吸锡烙铁或吸锡器。这种工具对拆焊时很有用的，既可以拆下待换的元件，又可同时不使焊孔堵塞，而且不受元器件种类限制。但它须逐个焊点除锡，效率不高，而且须即时排除吸入的焊锡。

（3）利用铜丝编织的屏蔽线电缆或较粗的多股导线作为吸锡材料。将吸锡材料浸上松香水贴到待拆焊点上，用烙铁头加热吸锡材料，通过吸锡材料将热传到焊点熔化焊锡。熔化的焊锡沿吸锡材料上升，将焊点拆开，如图3-36所示。这种方法简便易行，且不易烫坏印制板，在没有专用工具和吸锡烙铁时不失为一种行之有效的方法。

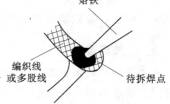

图3-36 焊点拆焊

第六节 自动锡焊技术

印制电路板在工业生产中大量采用自动焊接机进行焊接，出现了浸焊、波峰焊以及再流焊等工业生产用焊接技术。

一、浸焊

在工业生产中对于多品种小批量生产的印制电路板一般采用浸焊的方法。

1. 浸焊方法

先将元器件插装在印制电路板上，再将安装好的印制电路板浸入熔化状态的焊料液中，一次完成印制板上的焊接，焊点以外不需连接的部分通过在印制板上涂阻焊剂或用特制的阻焊板套在印制板上来实现。常采用的浸焊设备如图 3-37 所示，这两种浸焊设备都配备有预热及涂助焊剂的装置，还可以做到自动恒温。

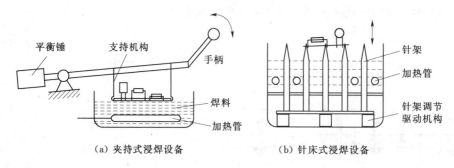

（a）夹持式浸焊设备　　　　　　（b）针床式浸焊设备

图 3-37　两种浸焊设备

2. 浸焊工艺过程

浸焊除了有预热的工序外，焊接过程基本与手工焊接类似，其工艺过程为：元器件安装→加助焊剂→预热→浸焊→冷却→浸焊后的修理。

浸焊前可用排笔向被焊部位涂刷助焊剂，涂刷时印制电路板应竖立，不要使助焊剂从插件孔流到反面，以免污染插好的元器件；也可采用发泡法，即使用气泵将助焊剂溶液泡沫化，从而均匀涂敷在印制板上。

加助焊剂后，要用红外线加热器或热风预热，加热到 100℃ 左右再进行浸焊。

浸焊印制电路板的焊料通常都是采用锡含量为 60% 或 63% 的锡铅焊料，焊料槽的温度保持在 240～260℃，一般浸焊时间为 3～5s。

印制电路板浸焊后，经过检查，如发现个别的不合格焊点，可用烙铁进行修焊；如发现缺陷较多，特别是焊料润湿多数不良时，可以再浸焊一次，但最多只能重复浸焊两次。

二、波峰焊

元件自动装配机加上波峰焊机是现在大量采用的自动焊接系统，波峰焊适合于大面积、大批量印制电路板的焊接，在工业生产中得到了广泛的应用。

1. 波峰焊的工艺流程

波峰焊除了在焊接时采用波峰焊机外，其余的工艺及操作与浸焊类似，其工艺流程可表述为：元器件安装→装配完的印制电路板放到传送装置的夹具上→喷涂助焊剂→预热→波峰焊→冷却→印制电路板的焊后处理。

2. 波峰焊的方法

液态焊料经过机械泵或电磁泵打上来，呈现向上喷射的状态经喷嘴喷向印制电路板，焊接时，由传送带送来的印制电路板以一定速度和倾斜角度与焊料波峰接触同时向前移动，完成焊接，这种焊接方法称为波峰焊，波峰焊的方法及波峰产生示意图，如图 3-38 所示。

波峰焊有单波峰焊和双波峰焊之分。单波峰焊用于 SMT 时，容易出现较严重的质量问题，如漏焊、桥接和焊缝不充实等缺陷。这主要是由气泡遮蔽效应和阴影效应等因素造成的。在焊接过程中，助焊剂或 SMT 元器件的贴装胶受热分解所产生的气泡不易排出，

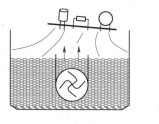
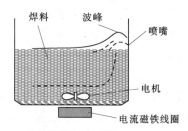

（a）波峰焊的方法示意图　　　　　（b）波峰产生示意图

图 3-38　波峰焊的方法及波峰产生示意图

遮蔽在焊点上，可能造成焊料无法接触焊接面而形成漏焊，称为气泡遮蔽效应。印制板在焊料熔液的波峰上通过时，较高的 SMT 元器件对其后或相邻的较低的 SMT 元器件周围的死角，产生阻挡，形成阴影区，使焊料无法在焊面上漫流而导致漏焊或焊接不良，就称为阴影效应。因此，在表面组装技术中广泛采用双波峰焊和喷射式波峰焊接工艺和设备，双波峰焊接过程如图 3-39 所示。

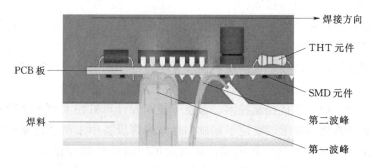

图 3-39　双波峰焊接示意图

3. 波峰焊机

波峰焊机通常由波峰发生器、印制电路板传输，助焊剂喷涂系统，印制电路板预热，冷却装置与电气控制系统等基本部分组成，其他可添加部分包括风刀、油搅拌和惰性气体氮等。图 3-40 所示为 TB880C 型无铅波峰焊机。

图 3-40　TB880C 型无铅波峰焊机

（1）波峰发生器。波峰发生器是波峰焊机的核心，是衡量一台波峰焊系统性能优劣的判据。而波峰动力学又是波峰发生器技术水平的标志，它融合流体力学、金属表面理论、冶金学和热工学等学科为一体。随着世界各国对波峰焊的高度重视与研究，钎料波峰动力学逐渐成为一门独立的边缘学科。

（2）助焊剂喷涂系统。在生产中，必须借助焊接表面上的氧化层。通常焊剂的密度在 $0.8\sim0.85g/cm^3$ 之间，固体量在 $1.5\%\sim10\%$ 时，焊剂能够方便均匀地涂布到印制板上。根据使用的焊剂类型，焊接需要的固态焊剂量在 $0.5\sim3g/m^2$ 之间。SMD 上必须均匀地涂布上一定量的焊剂，才能保证 SMA 的焊接质量。

（3）预热系统。波峰焊设备采用预热系统以升高印制电路板组件和钎剂的温度，这样做有助于在印制电路板进入钎料波峰时降低冲击，同时也有助于活化钎剂，这两大因素在实施大批量焊接时，是非常关键的，预热处理能使印制电路板材料和元器件上的热应力作用降低至最小的程度。

（4）钎料波峰。涂覆助焊剂的印制电路板组件离开了预热阶段，通过传输带穿过钎料波峰。钎料波峰是由来自于容器内熔化了钎料上下往复运动而形成的，波峰的长度、高度和特写的流体动态特性，足以通过挡板强迫限定来实施控制，随着涂覆钎剂的印制电路板通过钎料波峰，就可以形成焊接点。

（5）传输系统。传输系统是一条安放在滚轴上的金属传送带，它支撑着印制电路板移动着通过波峰焊区域。在该类传输带上，印制电路板组件一般通过机械手或其他机械机构予以支撑。托架能够进行调整，以满足不同尺寸类型的印制电路板的需求，或者按特殊规格尺寸进行制造。

（6）控制系统。随着当代控制技术、微电子技术和计算机技术的迅猛发展，为波峰焊控制技术进入到计算机控制阶段奠定了基础。在波峰焊设备中采用了计算机控制，不仅降低了成本，缩短了研制和更新换代周期，而且还可通过硬件软化设计技术，简化系统结构，使得整机可靠性大大提高，操作维修方便，人机界面友好。

三、再流焊

再流焊是伴随微型化电子产品的出现而发展起来的一种新的锡焊技术，操作方法简单，焊接效率高、质量好、一致性好，而且仅元器件引线下有很薄的一层焊料，是一种适合自动化生产的微电子产品装配技术。

（一）再流焊工艺流程及温度曲线的建立

1. 再流焊方法

再流焊又称回流焊，它是先将焊料加工成一定粒度的粉末，加上适当液态黏结剂，使之成为有一定流动性的糊状焊锡膏。预先在电路板的焊盘上涂上适量和适当形式的焊锡膏，再把 SMT 元器件贴放到相应的位置；焊锡膏具有一定黏性，使元器件固定；然后让贴装好元器件的电路板进入再流焊设备。传送系统带动电路板通过设备里各个设定的温度区域，焊锡膏经过干燥、预热、熔化、润湿、冷却，将元器件焊接到印制板上。再流焊的核心环节是利用外部热源加热，使焊料熔化而再次流动润湿，完成电路板的焊接过程。

2. 再流焊工艺流程

再流焊的工艺流程可简述为：将糊状焊膏涂到印制电路板上→搭载元器件（贴片）→再流焊→测试→焊后处理，如图 3-41 所示。

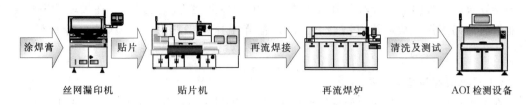

涂焊膏　　　　　贴片　　　　　　再流焊接　　　　　清洗及测试

丝网漏印机　　　　贴片机　　　　　再流焊炉　　　　AOI 检测设备

图 3-41　再流焊的工艺流程

3. 温度曲线的建立

温度曲线是指 SMD 通过再流焊炉时，SMD 上某一点的温度随时间变化的曲线。温度曲线提供了一种直观的方法，来分析某个元件在整个再流焊过程中的温度变化情况。这对于获得最佳的可焊性，避免由于超温而对元件造成损坏，以及保证焊接质量都非常有用。

理论上理想的曲线由 4 个部分或区间组成，前面 3 个区加热、最后 1 个区冷却。图3-42 所示为理论上理想的回流曲线。炉的温区越多，越能使温度曲线的轮廓达到更准确和接近设定。大多数锡膏都能用 4 个基本温区成功回流。

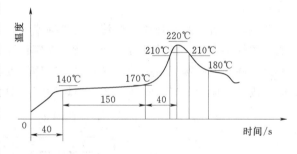

图 3-42　理想的回流温度曲线

（1）预热段。该区域的目的是把室温的 PCB 尽快加热，以达到第二个特定目标，但升温速率要控制在适当范围以内，如果过快，会产生热冲击，印制电路板和元件都可能受损；过慢，则溶剂挥发不充分，影响焊接质量。由于加热速度较快，在温区的后段 SMD 内的温差较大。为防止热冲击对元件的损伤，一般规定最大速度为 4℃/s。然而，通常上升速率设定为 1～3℃/s，典型的升温速率为 2℃/s。

（2）保温段。保温段是指温度从 120～150℃ 升至焊膏熔点的区域。其主要目的是使 SMD 内各元件的温度趋于稳定，尽量减少温差。在这个区域里给予足够的时间使较大元件的温度赶上较小元件，并保证焊膏中的助焊剂得到充分挥发。到保温段结束，焊盘、焊料球及元件引脚上的氧化物被除去，整个电路板的温度达到平衡。应注意的是 SMD 上所有元件在这一段结束时应具有相同的温度，否则进入到回流段将会因为各部分温度不均产生各种不良焊接现象。

（3）回流段。在这一区域里加热器的温度设置得最高，使组件的温度快速上升至峰值温度。在回流段其焊接峰值温度视所用焊膏的不同而不同，一般推荐为焊膏的熔点温度加 20～40℃。对于熔点为 183℃ 的 63Sn/37Pb 焊膏和熔点为 179℃ 的 Sn62/Pb36/Ag2 焊膏，峰值温度一般为 210～230℃，再流时间不要过长，以防对 SMD 造成不良影响。理想的温度曲线是超过焊锡熔点的"尖端区"覆盖的面积最小。

（4）冷却段。这段中焊膏内的铅锡粉末已经熔化并充分润湿被连接表面，应该用尽可能快的速度进行冷却，这样将有助于得到明亮的焊点并有好的外形和低的接触角度。缓慢冷却会导致电路板的更多分解而进入锡中，从而产生灰暗毛糙的焊点。在极端的情形下，它能引起沾锡不良和减弱焊点结合力。冷却段降温速率一般为 3～10℃/s，冷却至 75℃ 即可。

（二）再流焊设备

在电子行业中，大量的表面安装组件通过再流焊炉进行焊接，目前再流焊的热传递方式经历了远红外线、全热风、红外/热风 3 个阶段。

20 世纪 80 年代使用的远红外再流焊具有加热快、节能、运行平稳的特点，但由于印制板及各种元器件因材质、色泽不同而对辐射热吸收率有很大差异，造成电路上各种不同元器件以及不同部位温度不均匀，即局部温差。例如集成电路的黑色塑料封装体上会因辐射吸收率高而过热，而其焊接部位——银白色引线上反而温度低产生假焊。另外，印制板上热辐射被阻挡的部位，如在元器件阴影部位的焊接引脚或小元器件就会加热不足而造成焊接不良。

全热风再流焊是一种通过对流喷射管嘴或者耐热风机来迫使气流循环，从而实现被焊件加热的焊接方法。该类设备在 20 世纪 90 年代开始兴起。由于采用此种加热方式，印制板和元器件的温度接近给定的加热温区的气体温度，完全克服了红外再流焊的温差和遮蔽效应，故目前应用较广，图 3-43 为热风回流焊炉总体结构示意图。

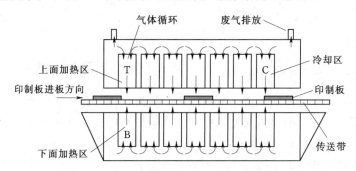

图 3-43 热风回流焊炉总体结构示意图

图 3-44 六温区全热风无铅回流焊炉 TN360C

图 3-44 所示为 TN360C 型六温区全热风无铅回流焊炉，在全热风再流焊设备中，循环气体的对流速度至关重要。为确保循环气体作用于印制板的任一区域，气流必须具有足够快的速度。这在一定程度上易造成印制板的抖动和元器件的移位，此外，采用此种加热方式就热交换方式而言，效率较差，耗电较多。

红外热风再流焊炉是在 IR 炉基础上加上热风使炉内温度更均匀，是目前较为理想的加热方式。这类设备充分利用了红外线穿透力强的特点，热效率高、节电，有效克服了红外再流焊的温差和遮蔽效应，并弥补了热风再流焊对气体流速要求过快而造成的影响，因此这种 IR 加热风的再流焊在国际上目前是使用得最普遍的。

随着组装密度的提高，精细间距组装技术的出现，还出现了氮气保护的再流焊炉。在氮气保护条件下进行焊接可防止氧化，提高焊接润湿速度，对未贴正的元件矫正力大，焊珠减少，更适合于免清洗工艺。

再流焊的核心环节是利用外部热源加热，使焊料熔化而再次流动润湿，完成印制板的焊接过程。

（三）再流焊中出现的缺陷及其解决方案

焊接缺陷可以分为主要缺陷、次要缺陷和表面缺陷。凡是导致电子器件功能丧失的缺陷被称为主要缺陷；次要缺陷是指焊点之间润湿尚好，不会引起电子器件的功能丧失，但有可能影响产品寿命的一类缺陷；表面缺陷但不影响产品的功能和寿命，它受许多参数的影响，如焊膏、基板、元器件可焊性、印刷、贴装精度以及焊接工艺等。在进行 SMT 工艺研究和生产中，合理的表面组装工艺技术在控制和提高 SMT 生产质量中起着至关重要的作用。

1. 再流焊中的锡珠问题

再流焊中锡珠形成的机理：再流焊中出现的锡珠（或称焊料球）常常藏在矩形片式元件两焊端之间的侧面或小缝隙间距的引脚之间。在元件贴装过程中，焊膏被放在片式元件的引脚与焊盘之间，随着印制板穿过再流焊炉，焊膏熔化变成液体，如果与焊盘和器件引脚等润湿性不够，部分液态焊料会从焊缝流出，形成锡珠。因此，焊料、焊盘与器件引脚间的润湿性差值是导致锡珠形成的主要原因。另外，在印刷锡膏工艺中，由于模板与焊盘对中偏移，偏移过大就会导致锅膏漫流到焊盘外，加热后容易出现锡珠。部分贴片机由于 Z 轴是根据元件的厚度来定位的，故会引起在元件贴到印制板上的瞬间将锡蕾挤压到焊盘之外，这样也会引起锡珠，这时产生的锡珠尺寸稍大，通常只要重新调节 Z 轴高度，就能防止这类锡珠的产生。

2. 立片问题（曼哈顿现象）

片式元件的一端焊接在焊盘上，而另一端则翘立，这就是立片现象，也称为曼哈顿现象，如图 3-45 所示。引起这种现象的主要原因是元件两端受热不均匀，焊膏熔化有先后所致。下面的情况可能会造成元件两端受热不均匀：

（1）元件排列方向设计不正确。在回流焊炉中有一条横跨炉子宽度的回流焊限线，一旦焊膏通过它就会立即熔化。必须使元件的两端同时进入回流焊限线，使两端焊盘上的焊膏同时熔化，形成均衡的液态表面张力，保持元件位置不变。焊盘一侧锡未熔化，两焊盘张力不平衡就会出现立碑现象。

（2）在进行气相焊接时印制电路组件预热不充分。气相焊是利用惰性液体蒸气冷凝在元件引脚和印制板焊盘上

图 3-45 立片现象的产生

时，释放出热量而熔化焊膏。气相焊分平衡区和饱和蒸气区，在饱和蒸气区焊接温度高达217℃，在生产过程中发现，如果被焊组件预热不充分，经受100℃以上的温差变化，气相焊的汽化力很容易将片式元件浮起，从而产生立片现象。通过将被焊组件在145～150℃的温度下预热1～2min，然后在气相焊的平衡区内再预热1min左右，最后缓慢进入饱和蒸气区焊接，消除立片现象。

（3）焊盘设计质量的影响。若片式元件的一对焊盘尺寸不同或不对称，也会引起印刷的焊膏量不一致，小焊盘对温度响应快，其上的焊膏易熔化，大焊盘则相反。所以当小焊盘上的焊膏熔化后，在焊膏表面张力作用下，将元件拉直竖起。焊盘的宽度或间隙过大，也都可能出现立片现象。严格按标准规范进行焊盘设计是解决这个缺陷的先决条件。

3. 桥接问题

桥接也是SMT生产中常见的缺陷之一，它会引起元件之间的短路，遇到桥接必须返修。产生的主要原因有：

（1）焊膏质量问题。锡膏中金属含量偏高，特别是印刷时间过久后。易出现金属含量增高的现象；焊膏黏度低，预热后漫流到焊盘外；焊膏坍落度差，预热后又漫到焊盘外，均会导致IC引脚桥接。解决办法是调整锡膏。

（2）印刷系统问题。由于印刷机重复精度差，对位不齐，锡膏印刷到焊盘外，这种情况多在细间距印制板上产生。钢板对位不好和印制板对位不好以及钢板窗口尺寸/厚度设计不对、与印制板焊盘设计合金镀层不均匀，导致的锡膏量偏多，均会造成桥接。解决方法是调整印刷机，改善印制板焊盘涂覆层。

（3）贴放压力过大。锡膏受压后浸沉是生产中常见的原因，应调整Z轴高度。若有贴片精度不够，元件出现移位及IC引脚变形，则应针对原因改进。

（4）预热升温速度过快，锡膏中溶剂来不及挥发。

4. 吸料/芯吸现象

芯吸现象又称抽芯现象，也是常见的焊接缺陷之一。多见于气相回流焊中。芯吸现象是焊料脱离焊盘沿引脚上行到引脚与芯片本体之间，会形成严重的虚焊现象。芯吸现象产生的原因通常被认为是元件引脚的导热率大，升温迅速，以致焊料优先润湿引脚，焊料与引脚之间的润湿力远大于焊料与焊盘之间的润湿力，引脚的上翘更会加剧芯吸现象的发生。

解决办法是：在气相回流焊时应首先将电子器件充分预热后再放入气相炉中；应认真检查和保证印制板焊盘的可焊性，可焊性不好的印制板不应用于生产；元件的共面性不可忽视，对共面性不良的器件不应用于生产。

5. 焊接后印制板上阻焊膜起泡问题

印制板组件在焊接后，会在个别焊点周围出现浅绿色的小泡，严重时还会出现指甲盖大小的泡状物，不仅影响外观质量，严重时还会影响系统性能，是焊接工艺中经常出现的问题之一。阻焊膜起泡的根本原因在于阻焊膜与基材之间存在气体/水蒸气。微量的气体/水蒸气会夹带到不同的工艺过程。当遇到高温时，气体膨胀，导致阻焊膜与基材的分层。具体的解决办法如下：

（1）严格控制各个工艺环节。购进的印制板应检验后入库。符合通常标准的情况下，不应出现起泡现象。

（2）印制板应存放在通风干燥环境下，存放期不超过 6 个月。

（3）印制板在焊接前应放在温度为 105℃的烘箱中预烘 4～6h。

6. 印制板扭曲问题

印制板扭曲问题是 SMT 大生产中经常出现的问题，它会对装配及测试带来相当大的影响，因此在生产中应尽量避免这个问题的出现。印制板扭曲的原因有以下几种：

（1）印制板本身原材料选择不当，印制板的变形极限温度低，特别是纸基印制板，如果加工温度过高，会使印制板变弯曲。

（2）印制板设计不合理，元件分布不均会造成印制板热应力过大。外形较大的连接器和插座也会影响印制电路板的膨胀和收缩，乃至出现永久性的扭曲。

（3）双面印制电路板若一面的铜箔保留过大（如地线），而另一面铜箔过少，会造成两面收缩不均匀而出现变形。

（4）回流焊中温度过高也会造成印制板的扭曲，针对上述原因，解决办法有：在价格和空间容许的情况下，选用变形极限温度高的印制板或增加印制板的厚度，以取得最佳长宽比；合理设计印制板，双面的钢箔面积应均衡，在没有电路的地方布满钢层，并以网络形式出现，以增加印制板的刚度，在贴片前对印制板进行在温度为 105℃的烘箱中预热 4h；调整夹具或夹持距离，保证印制板受热膨胀的空间，焊接工艺温度尽可能调低；已经出现轻度扭曲时，可以放在定位夹具中，升温复位，以释放应力，一般会取得满意的效果。

7. IC 引脚焊接后引脚开路/虚焊问题

IC 引脚焊接后出现部分引脚虚焊，是常见的焊接缺陷，产生的原因很多。主要原因有：共面性差，由于保管不当，造成引脚变形，有时不易被发现（部分贴片机没有检查共面性的功能）。共面性差的元件焊接后出现虚焊，因此应注意器件的保管，不要随便拿取元件或打开包装。

8. 模板窗口尺寸小导致锡膏量不够问题

通常在模板造好之后，应仔细检查模板窗口尺寸，不应太大也不应太小，并要注意与印制板焊盘尺寸相配套。

9. 片式元器件开裂问题

在生产中，片式元件的开裂常见于多层片式电容器，其原因主要是机械应力所致。对于多层片式电容器来讲，其结构上存在着很大的脆弱性。通常多层片式电容器是由多层陶瓷电容叠加而成，强度低，极不耐受热与机械力的冲击。再有，在贴片过程中，贴片机 Z 轴的吸放高度，特别是一些不具备 Z 轴软着陆功能的贴片机，吸放高度由片式元件的厚度而不是由压力传感器来决定，故元件厚度的公差会造成开裂。最后，焊接后印制板的曲翘应力容易造成元件的开裂。一些拼板的印制板在分割时，也可能会损坏元件。

预防的办法是认真调节焊接工艺曲线，特别是预热区温度不能过低；贴片时应认真调节贴片机 Z 轴的吸放高度；应注意拼板的刮刀形状；注意印制板的曲翘度，特别是焊接后的曲翘度，应有针对性的校正，如果是印制板板材质量问题，需考虑更换。

10. 其他常见焊接缺陷

（1）润湿性差。表现在印制板焊盘吃锡不好或元件引脚吃锡不好。产生的原因：元件引脚的焊盘已氧化/污染，过高的再流焊温度，锡膏的质量差。

（2）锡量很少。表现在焊点不饱满，IC 引脚面小。产生的原因：印刷模板窗口小，温度曲线差，锡膏金属含量低。

（3）引脚受损。表现在器件引脚共面性不好或弯曲，直接影响焊接质量。产生原因：运输/取放时被碰坏。

（4）污染物覆盖了焊盘。产生原因：来自现场的纸片；来自卷带的异物；人手触摸印制板焊盘或元器件；字符图位置不对。因而生产时应注意生产现场的清洁，工艺应规范。

（5）锡膏量不足。这是生产中经常发生的现象。产生原因：第一块印制板印刷/机器停止后未补足锡膏而连续进行印刷；印刷工艺参数改变；钢板窗口堵塞；锡膏品质变坏。

（6）锡膏呈角状。生产中经常发生，且不易发现，严重时会连焊。产生原因：印刷机的抬网速度过快；模板孔壁不光滑，易使锡膏呈元宝状。

第七节　电子焊接技术的发展

焊接已经从一种传统的热加工工艺发展到了集结构、力学、电子等多门类科学为一体的综合工程学科。而且，随着相关学科技术的发展和进步，不断有新的知识应用于在焊接技术之中。世界现代焊接技术以高效、节能、优质及其工艺过程数字化、自动化、智能化控制为特征。

一、逆变式焊机技术已成熟

逆变式焊机节能 20％～30％、省材 80％～90％，易实现多功能、自动化和智能化等突出的优点，而且我国研发和生产技术已成熟，产量和品种发展很快，国家已经把它列入高科技产品目录，根据不完全统计，产量连续两年以 43％～45％的速度增长，占各门类焊机总数的 7％～9％，即接近 1/10。逆变式焊接技术与发展的大体水平，可归纳如下几点：

（1）大功率逆变技术增大至 1000A 埋弧以及 630A 的手工弧焊/TIG，电弧切割以及 250A 级的空气等离子切割等工艺已成熟应用。

（2）逆变式 CO_2 焊机技术推广打开了一个新局面，逆变式 CO_2/MAG/MIG 直流、脉冲、交流方波焊接设备，通过增大功率（最大 630A）、波形控制、一元化调节，引弧收弧控制等技术的引入，减少了飞溅，改善了成型，可以部分满足高档焊接结构的需要。

（3）以 DSP 为代表的数字化控制技术已有报道，少数厂家有展出和进入市场，这标志着我国逆变式高性能焊机技术正逐步与国际水平接轨，但技术水平和性能有差距。

二、波控、智能及自动、半自动焊接技术快速发展

自动、半自动气体保护焊机、埋弧焊机、电阻焊机等产品，是实现优质、高效焊接工艺的必备条件，通过模糊控制、神经网络、传感器、数据库（专家系统）、IC 卡、数字化控制对焊接电流进行精细和智能调节，把焊接"粗活"做细、做精、做快等。

三、无铅化焊接工艺的开发

铅是一种毒性很强的物质，危害人的中枢和外周神经系统，为了保护人类生存的环境，电子元器件、产品、设备的无铅化问题变得越来越重要。无铅化法规主要限制六种材料的使用，它们是铅、汞、镉、六价铬、聚溴二苯醚（PBDE）和聚溴联苯（PBB）。

目前的电子产品中，含铅成分的分布以焊锡接点为主，约占全部铅含量的70％。其次为印制板所使用的表面处理材料约占25％，另外有5％则存在于组件、导线等的电镀层上。电子产品无铅化主要可区分为印制板及元器件无铅化、焊料无铅化以及制程无铅化3个方面。

1.印制板无铅化

印制板无铅化的困难度较低，只要基板耐热性足够、采用不含铅且耐热性佳的金属表面处理通常可满足需求。近几年由于成本考虑及无铅焊料之焊接性问题，许多新兴的表面处理方式如有机保护膜（Organic Solderability Preservatives，OSP）、浸镀银（Immersion Silver）以及浸镀锡（Immersion Tin）等都在快速发展之中。目前印制板的无铅化选择要考虑价格的因素，多采用FR4板材加上有机保护膜OSP的表面处理方法。

2.元器件的无铅化

目前元器件部分以被动元件的无铅化进展较快，在欧盟法规催化全球无铅运动中，被动器件供货商领先半导体厂商进行产品的无铅化。除了欧盟法规的直接要求以外，各大电子产品生产厂家，如摩托罗拉等早已开始向自己的元器件供货商提出产品无铅化的要求。

3.无铅焊接材料

电子产品的组装、生产所用的焊接材料主要有三种形式：回流焊接使用的锡膏，波峰焊接使用的锡条和手工焊接中使用的焊锡丝。无铅焊接材料是产品无铅化中发展最快的一部分，锡银铜合金已成为无铅焊接材料的主流产品。

4.无铅化对SMT生产的影响

向无铅焊接技术转化，使表面安装技术的方方面面都受到了影响，包括焊接设备、工艺的开发以及相应的检测方法和手段等。

四、焊接工作条件的改善

焊接一直是高污染的行业之一，改善焊接的工作条件，减少烟尘已经成为焊接工作者所面临的重要问题。随着科学的发展，低成本激光发生器的出现，必然会使激光焊等高效、高质量的洁净焊接技术日益普及，和电子束焊、等离子焊等高能束焊接一起进入普普通通的加工制造企业中。

习　　题

1. 简述焊接操作的五步法并进行练习。

2. 在印制电路板上焊接时应注意哪些问题？

3. 试叙述焊接操作的正确姿势。

4. 简述手工焊接的工艺要求。

5. 为什么焊锡量过多、过少都不好，焊剂过多为什么也不好？

6. 焊接时间太长或太短会出现什么问题？如何正确掌握焊接时间？

7. 简述虚焊产生的原因、危害及避免的方法。

8. 什么是绕焊，有哪些特点？

9. 什么情况下要进行拆焊，拆焊的方法有哪些？如何选用？

10. 常见的焊点缺陷有哪些？简述其形成原因及避免的方法。

11. 什么是再流焊、波峰焊？简述再流焊、波峰焊的工艺流程。

12. 总结导线连接的几种方式及焊接技巧。

第四章 印制电路板设计与制作工艺基础

主要内容：

本章主要介绍了印制电路板设计基础知识和制作基本工艺等基础内容，主要包括：印制电路板设计基础，印制电路板设计技巧，印制板制作工艺和印制板制作新发展和新工艺等。

基本要求：

1. 了解印制电路板和敷铜板的分类、设计制作印制电路板的基本要求。

2. 掌握印制电路板生产制作工艺及手工制作工艺和方法。

3. 了解印制电路板上元器件的安装与布局。

4. 在电子工艺实习过程中，能够独立设计制作印制电路板，掌握印制电路板设计技巧。

5. 能够及时传授印制电路板制作的新发展和新工艺。

1936 年，英国 Eisler 博士提出印制电路（Printed Circuit）的概念。他首创在绝缘基板上全面覆盖金属箔，在其金属箔上涂上耐蚀刻油墨后，再将不需要的金属箔腐蚀掉的印制电路板制造基本技术。1942 年，Eisler 博士制造出世界上第一块纸质层压绝缘基板，用于收音机的印制电路板。1943 年，美国人将该技术大量使用于军用收音机内。1948 年，美国军方正式认可这个发明用于商业用途。自 20 世纪 50 年代中期起，印制电路板技术才开始被广泛采用。在印制电路板出现之前，电子元器件之间的互连都是依靠电线连接实现的。而现在，电路面包板只是作为有效的实验工具而存在；印制电路板在电子工业中已经占据了绝对统治的地位。

第一节 印制电路板设计基础

印制电路板（PCB）简称印制板。PCB 的设计是现代电子设备、电子仪器的计算机辅助设计中不可缺少的部分。PCB 设计质量不仅关系到元器件在焊接装配、调试中是否方便，而且直接影响整机的技术性能。印制电路的设计需掌握一定的基本设计原则和技巧，在设计中具有很大的灵活性，同一张原理图，不同的设计者会有不同的设计方案。

印制电路设计的主要内容是排版设计，但排版设计之前必须考虑敷铜板板材、规格、尺寸、形状、对外连接方式等内容，以上工作称为排版设计前的准备工作。

一、印制电路板的分类

1. 按印制电路的分布分类

（1）单面板（Single - Sided Boards）。它是一种一面有敷铜，另一面没有敷铜的

PCB，只可在它敷铜的一面布线和焊接元件。因为导线只出现在其中一面，所以就称这种PCB为单面板，它通常采用层压纸板和玻璃布板加工制成。单面板的导电图形比较简单，在设计线路上有许多严格的限制（因为只有一面，布线间不能交叉而必须绕独自的路径），所以只有在比较简单的电路才使用这类的板子。

（2）双面板（Double-Sided Boards）。这种PCB的两面都有布线，不过要用上两面的导线，必须要在两面之间有适当的电路连接才行。这种电路间的"桥梁"称为过孔。过孔是在PCB上充满或涂上金属的小洞，它可以与两面的导线相连接。因为双面板的面积比单面板大了一倍，而且布线可以相互交错（可以绕到另一面），它更适合用在比单面板更复杂的电路上。它通常采用环氧纸板和玻璃布板加工制成。由于两面都有导电图形，所以一般采用金属过孔使两面的导电图形连接起来。双面板一般采用丝印法或感光法制成。

（3）多层板（Multi-Layer Boards）。为了增加可以布线的面积，多层板用上了更多单面或双面的布线板。多层板使用数片双面板，并在每层板间放进一层绝缘层后粘牢（压合）。板子的层数就代表了有几层独立的布线层，通常层数都是偶数，并且包含最外侧的两层。大部分的主机板都是4~8层的结构，不过技术上可以做到100层的PCB板。其导电图形的制作以感光法为主。

多层板的特点如下：

1）与集成电路配合使用，可使整机小型化，减少整机重量。

2）提高了布线密度，缩小了元器件的间距，缩短了信号的传输路径。

3）减少了元器件焊接点，降低了故障率。

4）由于增设了屏蔽层，电路的信号失真减少。

5）引入了接地散热层，可减少局部过热现象，提高整机工作的可靠性。

2. 按所用基材的机械特性分类

按所用基材的机械特性分为刚性电路板（Rigid PCB）、柔性电路板（Flex PCB）以及刚性柔性结合的电路板（Flex-Rigid PCB）。

3. 按表面制作分类

按表面制作可分为喷锡板、镀金板、沉金板、防氧化（ENTEK）板、碳油板、金手指板、沉锡板和沉银板。

在实际应用中使用的PCB千差万别，最简单的可能只有几个焊点和几根导线，一般应用的PCB焊点数在数十到数百个，复杂的PCB上焊点会更多。

二、敷铜板

1. 敷铜板构成

敷铜板又名覆铜板，全称为敷铜箔层压板，供生产印制板用的敷铜板主要由3个部分构成。

（1）铜箔。纯度大于99.8%，厚度18~105μm（常用35~50μm）的纯铜箔。

（2）树脂（黏结剂）。常用酚醛树脂、环氧树脂和聚四氟乙烯等。

（3）增强材料。常用纸质和玻璃布。

2. 常用敷铜板种类及特性

几种常用敷铜板规格及特性见表4-1。

表 4 - 1　　　　　　　　　　　　　　常用敷铜板规格及特性

名称	标称厚度/mm	铜箔厚/μm	特　性	应　用
酚醛纸敷铜板	1.0、1.5、2.0、2.5、3.0、3.2、6.4	50～70	价格低，阻燃强度低，易吸水，不耐高温	中低档民用品如收音机、录音机
环氧纸质敷铜板	同上	35～70	价格高于酚醛纸板，机械强度，耐高温和潮湿性较好	工作环境好的仪器、仪表及中档以上民用电器
环氧玻璃布敷铜板	0.2、0.3、0.5、1.0、1.5、2.0、3.0、5.0、6.4	35～50	价格较高，性能优于环氧酚醛纸板且基板透明	工业、军事设备、计算机等高档电器
聚四氟乙烯敷铜板	0.25、0.3、0.5、0.8、1.0、1.5、2.0	35～50	价格高，介电常数低，介质损耗低，耐高温，耐腐蚀	微波、高频、电器、航天航空、导弹、雷达等
聚酰亚胺柔性敷铜板	0.2、0.5、0.8、1.2、1.6、2.0	35	可挠性，重量轻	民用及工业电器计算机、仪器仪表等

3. 敷铜板机械焊接性能

（1）抗剥强度。铜箔与基板之间结合力取决于黏结剂及制造工艺。

（2）抗弯强度。敷铜板承受弯曲的能力取决于基板材料和厚度。

（3）翘曲度。敷铜板的平直度取决于板材和厚度。

（4）耐焊性。敷铜板在焊接时（承受融态焊料高温）的抗剥能力取决于板材和黏结剂。

以上标准都影响 PCB 成品的质量，应根据需要选择敷铜板种类及生产厂商，保证产品质量。

三、印制电路板设计基本要求

1. 正确

这是 PCB 设计最基本、最重要的要求，准确现实电路原理图的连接关系，避免出现"短路"和"断路"这两个简单而致命的错误。这一基本要求在手工设计和用简单 CAD 软件设计 PCB 中并不容易做到，一般较复杂的产品都要经过两轮以上试制修改，功能较强的 CAD 软件则有检验功能，可以保证电气连接的正确性。

2. 可靠

这是 PCB 设计中较高一层的要求。连接正确的电路板不一定可靠性好，例如，板材选择不合理，板厚及安装固定不正确，元器件布局布线不当等都有可能导致 PCB 不能可靠地工作，早期失效甚至根本不能正确工作。再如多层板和单、双面板相比，设计时要容易得多，但就可靠性而言却不如单、双面板。从可靠性的角度讲，结构越简单，使用元件越小，板子层数越少，可靠性越高。

3. 合理

这是 PCB 设计中更深一层，更不容易达到的要求。一个 PCB 组件，从 PCB 的制造、检验、装配、调试到整机装配、调试，直到使用维护，无不与 PCB 设计的合理与否息息相关，如板子形状选得不好加工困难，引线孔太小装配困难，没留测试点调试困难，板外连接选择不当维修困难等，每一个困难都可能导致成本增加，工时延长。而每一个造成困难的原因都源于设计者的失误。没有绝对合理的设计，只有不断合理化的过程。它需要设计者的责任心和严谨的工作作风，以及实践中不断地总结和丰富的经验。

4. 经济

经济是一个不难达到、又不易达到，但必须达到的目标。说"不难"，板材选低价，板子尺寸尽量小，连接用直焊导线，表面涂覆用最便宜的，选择价格最低的加工厂等，PCB 制造价格就会下降。但是，这些廉价的选择可能造成工艺性、可靠性变差，使维护费用上升，总体经济性不一定合算。

以上四条，相互矛盾又相辅相成，不同用途，不同要求的产品侧重点不同。有些产品事关国家安全、防灾救急的产品，可靠性第一。民用低价值产品，经济性首当其冲。具体产品具体对待，综合考虑以求最佳，是对设计者的综合能力的要求。

四、元器件的安装与布局

1. 安装方式

元器件在 PCB 上的安装方式分为卧式和立式两种，如图 4-1 所示。

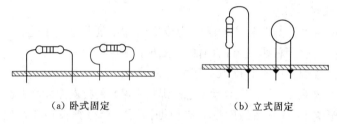

(a) 卧式固定　　　　　　　　　(b) 立式固定

图 4-1　元件安装方式

（1）立式固定。占用面积小，适合于要求排列紧凑密集的产品。采用立式固定的元器件体积，要求小型、轻巧，过大、过重会由于机械强度差，易倒伏，造成元器件的碰撞，而降低整体可靠性。

（2）卧式固定。与立式相比，具有机械稳定性好、排列整齐等特点，但占用面积较大。立式与卧式在 PCB 设计中，可根据实际情况，灵活选用，但总的原则是抗震性好、安装维修方便、排列疏密均匀、充分利用印制导线来布设。

（3）大型元器件的固定。体积大、质量重的大型元器件一般最好不要安装在 PCB 上，因这些元器件不仅占据了 PCB 的大量面积和空间，而且在固定这些元器件时，往往使 PCB 变形而造成一些不良影响。对必须安装在 PCB 上的大型元件，装焊时应采取固定措施，如图 4-2 所示，否则长期震动引线极易折断。

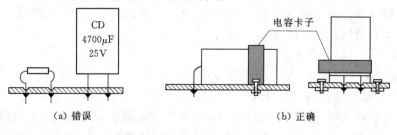

(a) 错误　　　　　　　　　(b) 正确

图 4-2　大型元件安装

2. 元器件排列格式

元器件在 PCB 上的排列格式可分为不规则和规则两种，选用时可根据电路的实际情况灵活掌握。

（1）不规则排列。如图 4-3 所示，元件轴线方向彼此不一致，在 PCB 上的排列顺序也无一定规则。这种排列方式一般元件以立式固定为主，此种方式，看起来杂乱无章，但印制导线布设方便，印制导线短，可减少线路板的分布参数，抑制干扰，特别对高频干扰极为有利。

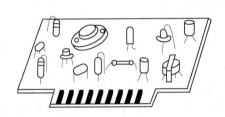

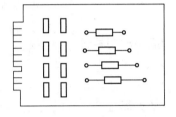

图 4-3　不规则排列　　　　　　　　图 4-4　规则排列

（2）规则排列。元器件轴线方向一致，并与 PCB 的四边垂直或平行，如图 4-4 所示，一般元件卧式固定以规则排列为主，这种方式排列规范，整齐美观，便于安装、调试、维修，但布线时受方向、位置的限制而变得复杂些。这些排列方式常用于板面宽松，元器件种类少、数量多的低频电路中。但目前一些微处理器控制的电路中，一些功能相同的元器件的排列也多采用规则排列。

3. 元器件布设原则

元器件布设决定了板面的整齐美观程度和印制导线的长度，也在一定程度上影响着整机的可靠性，布设中应遵循以下原则：

（1）元器件在整个板面疏密一致，布设均匀。

（2）元器件不要占满板面，四周留边，便于安装固定。

（3）元器件布设在板的一面，每个引脚单独占用一个焊盘。

（4）元器件的布设不得上下交叉，如图 4-5 所示，相邻元器件保持一定间距，并留出安全电压间隙 220V/mm。

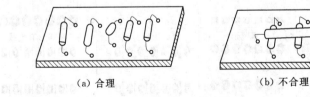

（a）合理　　　　　　　　　（b）不合理

图 4-5　元件布设

（5）元件安装高度尽量矮，以提高稳定性和防止相邻元件碰撞。

（6）根据整机中安装状态确定元器件轴向位置，为提高元件在板上的稳定性，使元件轴向在整机内处于竖立状态，如图 4-6 所示。

（7）元件两端跨距应大于元件轴向尺寸，弯脚处应留出距离，防止齐根弯曲以损坏元件。

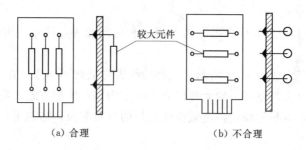

(a) 合理 　　　　　　　　　　　　　(b) 不合理

图 4 - 6 　元件布设方向

五、焊盘及印制导线

1. 焊盘的尺寸

焊盘的尺寸与钻孔孔径、最小孔环宽度等因素有关。为保证焊盘上基板连接的可靠性，应尽量增大焊盘尺寸，但同时还要考虑布线密度。一般对于双列直插式集成电路的焊盘尺寸 ϕ1.5～1.6mm，相邻的焊盘之间可穿过 0.3～0.4mm 宽的印制导线。一般焊盘的环宽不小于 0.3mm，焊盘的尺寸不小于 ϕ1.3mm。实际焊盘的大小一般以表 4 - 2 的推荐值来选用。

表 4 - 2 　　　　　　　　　　　　钻孔直径与最小连接盘直径

钻孔直径/mm		0.4	0.5	0.6	0.8	0.9	1.0	1.3	1.6	2.0
最小焊盘直径 /mm	Ⅰ级①	1.2	1.2	1.3	1.5	1.5	2.0	2.5	2.5	3.0
	Ⅱ级②	1.3	1.3	1.5	2.0	2.0	2.5	3.0	3.5	4.0

① Ⅰ级：允许偏差±0.05～±0.10，在数控钻床上钻孔。

② Ⅱ级：允许偏差±0.10～±0.15，手工钻床。

2. 焊盘的形状

焊盘的种类有圆形、方形、椭圆形、长方形、卵圆形、切割圆形、岛形等。双列直插式集成电路焊盘图形如图 4 - 7 所示。下面对常用焊盘做简单介绍。

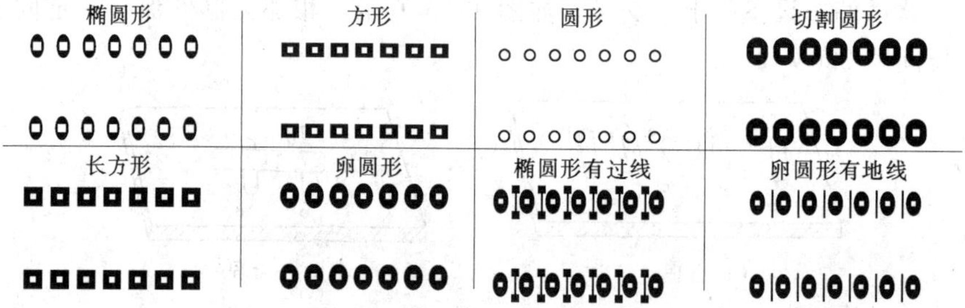

图 4 - 7 　双列直插式集成电路焊盘图形

（1）圆形焊盘。如图 4 - 8 所示，该焊盘与穿线孔为一同心圆。外径一般为 2～3 倍孔径。孔径大于引线 0.2～0.3mm。设计时，如板尺寸取一致，不仅美观，而且加工工艺方便，除非某些特殊场合。圆形焊盘使用最多，尤其在规则排列和双面板设计中。

（2）岛形焊盘。如图 4 - 9 所示，各岛形焊盘之间的连线合为一体，犹如水上小岛，故称岛形焊盘，常用在元件不规则排列中，可在一定程度上起抑制干扰的作用，并能提高焊盘与印制导线的抗剥强度。

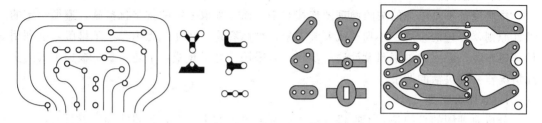

图 4-8　圆形焊盘　　　　　　　　　　图 4-9　岛形焊盘

（3）椭圆形、卵圆形、切割圆形焊盘。这些形状焊盘都是为了使印制导线容易从相邻焊盘间经过而从圆形焊盘变形经拉长或拉长切割而成的，同时，在焊盘设计时可根据实际情况做些灵活的修改，如图 4-10 所示。

3. 焊盘孔位和孔径的确定

焊盘孔位一般在印制电路网络线的交点位置上。

焊盘孔径由元器件引线截面尺寸所决定。孔径与元器件引线间的间隙，非金属化孔可小些，孔径大于引线 0.15mm 左右，金属化孔径间隙还要考虑空壁的平均厚度因素，一般取 0.2mm 左右。

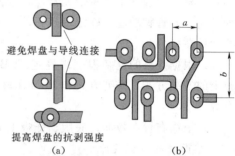

$a=2.5$mm(国内标准)；$a=2.54$mm(国际标准)；
$b=7.5$mm(引线数$\leqslant 22$)；$b=15$mm(引线数$\geqslant 24$)

图 4-10　灵活设计焊盘

4. 印制导线

印制导线由于本身可能承受附加的机械应力，以及局部高电压引起的放电作用，因此，尽可能避免出现锐角拐弯，一般优先选用和避免采用的印制导线形状，如图 4-11 所示。印制导线的宽度要考虑承受电流、蚀刻过程中的侧蚀、板上的抗剥程度，以及与焊盘的协调等因素，一般导线宽度在 0.3～1.5mm 之间。对于电源线和接地线，由于载流量大的缘故一般取 1.5～2mm。在一些对电路要求高的场合，导线宽度还可作适当调整。

图 4-11　印制导线的形状

印制导线间的距离考虑安全间隙电压为 220V/mm，最小间距不要小于 0.3mm，否则会可能引起相邻导线间的电压击穿或飞弧。在板面允许的情况下，印制导线宽度与间隙一般不小于 1mm。

六、草图的绘制

排版设计不是单纯的按照原理图连接起来，而是采取一定的抗干扰措施，遵循一定的设计原则，合理的布局，达到整机安装方便，维修容易。因此，无论是手工排版还是利用计算机布线，都要经过草图设计这一步骤。若采用计算机布线，下述步骤可根据个人的实际情况作一些灵活的调整。

1. 分析原理图

分析原理图的目的是为了在设计过程中掌握更大的主动性，且要达到以下目的：

（1）理解原理图的功能原理，找出可能引起干扰的干扰源，且做出采取抑制的措施。

（2）熟悉原理图中的每个元器件，掌握每个器件的外形尺寸、封装形式、引线方式、排列顺序、各管脚功能。确定发热元件所安装散热片的面积，以及确定哪些元件在板上，哪些元件在板外。

（3）根据线路的复杂程度来确定 PCB 到底应采取单面还是双面，根据元件的尺寸、在板上的安装方式、排列方式和 PCB 在整机内的安装方式综合确定 PCB 的尺寸以及厚度等参数。

（4）根据布置在板面、底版、侧板上的元器件的位置来具体确定对外连接方式。

2. 单面板的排版设计

排版设计具有灵活性，但在实际排版中，一般遵循以下原则：

（1）根据与板面、底版、侧板等的连接方式，确定与之有关的元器件在 PCB 上的具体位置，然后决定其他一般元件的布局，布局要均匀，有时为了排版美观和减少空间，将具有相同性质的元件布置在一起，由此可能会增加印制导线长度。

（2）元件在纸上位置被安放后，开始布置印制导线，布设导线时，要尽量使走线短、少、疏。在此基础上，关键还要解决 PCB 中存在的印制导线交叉现象，如图 4-12 所示。在十分复杂的电路中，由于解决交叉现象而导致印制导线变得很长的情况而可能产生干扰时，可用"飞线"来解决。"飞线"即在印制导线的交叉处切断一根，从板的元件面用一短接线连接。但"飞线"过多，会影响 PCB 的质量，应尽量少用。

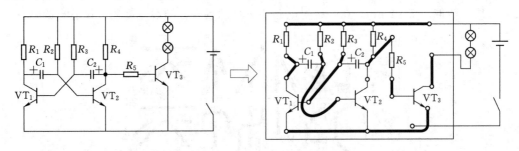

图 4-12 原理图与单线不交叉草图

要注意，一个令人满意的排版设计常常是经过多次调整元件位置和方向，多次调整印制导线的布线情况而得到的。

（3）正式排版草图的绘制。这是为了制作照相底图而必须绘制一张草图。图的要求：

版面尺寸，焊盘位置，印制导线的连接与布置，板上各孔的尺寸与位置均与实际板相同并标出，同时应注明线路板的技术要求。图的比例可根据 PCB 图形密度与精度按 1∶1、2∶1、4∶1 等不同比例设置。

如图 4-13 所示为草图的具体绘制步骤。

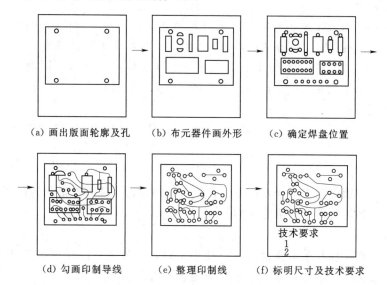

(a) 画出版面轮廓及孔　　(b) 布元器件画外形　　(c) 确定焊盘位置

(d) 勾画印制导线　　(e) 整理印制线　　(f) 标明尺寸及技术要求

图 4-13　草图绘制过程

（1）按草图尺寸取方格纸或坐标纸。

（2）画出板面轮廓尺寸，留出板面各工艺孔空间，而且还留出图纸技术说明空间。

（3）用铅笔画出元器件外形轮廓，小型元件可不画轮廓，但要做到心中有数。

（4）标出焊盘位置，勾勒印制导线。

（5）复核无误后，擦掉外形轮廓，用绘图笔重描焊盘及印制导线。

（6）标明焊盘尺寸、线宽，注明 PCB 技术要求。

技术要求包括：焊盘的内、外径；线宽；焊盘间距及公差；板料及板厚；板的外形尺寸及公差；板面镀层要求；板面助焊、阻焊要求等。

3. 双面板排版草图设计与绘制

除与上述单面板设计绘制过程相同外，双面板排版草图的设计与绘制还应考虑以下几点：

（1）元器件布在一面，主要印制导线布在另一面，两面印制导线尽量避免平行布置，力求相互垂直，以减小干扰。

（2）两面印制导线最好分布在两面，如在一面绘，则用双色区别，并注明对应层颜色。

（3）两面焊盘严格对应，可通过针扎孔法来将一面焊盘中心引到另一面。

（4）在绘制元件面导线时，注意避让元件外壳、屏蔽罩等。

（5）两面彼此连接的印制线，须用金属化孔实现。

第二节　印制电路板设计技巧

一、散热设计

设计 PCB，必须考虑发热元器件、怕热元器件及热敏感元器件的分布、板上位置及布线问题。常用元器件中，电源变压器、功率器件、大功率电阻等都是发热元器件（以下均称热源），电解电容是典型怕热元件，几乎所有半导体器件都有不同程度温度敏感性，PCB 散热设计基本原则是有利于散热、远离热源，具体设计中可采用以下措施。

1. 热源外置

将发热元器件移到机壳之外，如图 4-14（a）所示的电源将调整管置于机外，并利用机壳（金属外壳）散热。

2. 热源单置

将发热元件单独设计为一个功能单元，置于机内靠近边缘容易散热的位置，必要时强制通风，如台式计算机的电源部分［图 4-14（b）］。

3. 热源上置

必须发热元器件和其他电路设计在一块板上时，尽量使热源设置在 PCB 的上部，如图 4-14（c）所示，有利于散热且不易影响怕热元器件。

（a）　　　　　　　　　　（b）　　　　　　　　　　（c）

图 4-14　散热设计（一）

4. 热源高置

发热元器件不宜贴板安装。如果 4-15（a）所示，留一定距离散热并避免 PCB 受热过度。

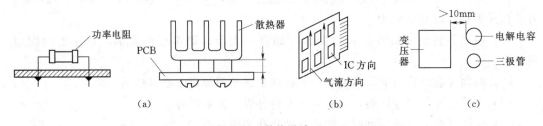

（a）　　　　　　　　　　　　（b）　　　　　　　　　　（c）

图 4-15　散热设计（二）

5. 散热方向

发热元器件放置要有利于散热，如图 4－15 (b) 所示。

6. 远离热源

怕热元器件及热敏感元器件尽量远离热源，躲开散热通道。如图 4－15 (c) 所示。

7. 热量均匀

将发热量大的元器件至于容易降温之处，即将可能超过允许温升的器件置于空气流入口外，如图 4－16 所示，LSI 较 SSI 功率大，超温则故障率高，图 4－16 (b) 所示的设置使其温升较图 4－16 (a) 所示的低，使整个电路高温下降，热量均匀。

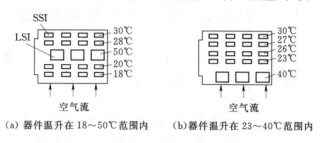

(a) 器件温升在 18～50℃ 范围内　　　(b) 器件温升在 23～40℃ 范围内

图 4－16　热量均衡

8. 引导散热

为散热应添加某些与电路原理无关的零部件。如图 4－17 (a) 所示为采用强制风冷的 PCB，人为添加了"紊流排"使靠近元件处产生涡流而增强了散热效果。图 4－17 (b) 所示，由于空气流动时选阻力小的路径，因此人为设置紊流排改变气流使散热效果改善。

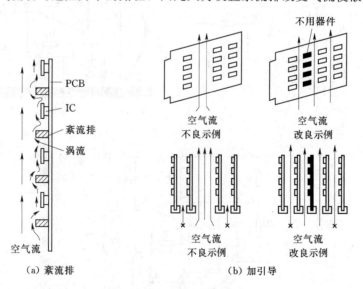

(a) 紊流排　　　　　　　　　　(b) 加引导

图 4－17　引导散热

二、地线设计

地线设计是 PCB 布线设计的重要环节，不合理的地线设计使 PCB 产生干扰，达不到设计指标，甚至无法工作。

1. 一个基本概念——地线阻抗

地线是电路中电位的参考点，又是电流公共通道。地电位理论上是零电位，实际上由于导线阻抗的存在，地线各处电位不都等于零。

例如，PCB 上宽度为 1.5mm、长为 50mm 的地线铜箔，若铜箔厚为 0.05mm，则这段导线电阻为 0.013Ω，若流过这段地线电流为 2A，则这段地线两端电位差为 26mV，在微弱信号电路中，这 26mV 足以干扰信号正常工作。

在高频电路中（几十兆以上频率）导线不仅有电阻，还有电感。以平均自感量为 $0.8\mu H/m$ 计算，50mm 长的地线上自感为 $0.04\mu H$，若电路工作频率为 60MHz，则感抗为 16Ω，在这段地线上流过 10mA 电流时即可产生 0.16V 的干扰电压。它足以将有用信号淹没。

可见，对 PCB 设计者来说，地线只要有一定长度就不是一个处处为零的等电位点。地线不仅是必不可少的电路公共通道，又是产生干扰的一个渠道。

2. 一个基本原则——一点接地

一点接地是消除地线干扰的基本原则。如图 4-18 所示的放大电路，在该放大单元上所有接地元器件应在一个接地点上与地线连接。实际设计 PCB 时，应将这些接地元器件尽可能就近接到公共地线的一段或一个区域内，也可以接到一个分支地线上，如图 4-20 所示。

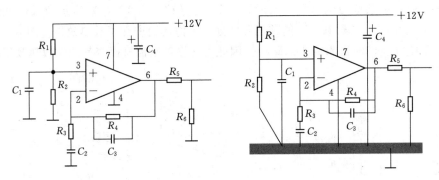

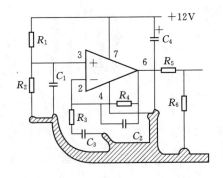

图 4-18 一点接地布线示意图

一般多单元，多板电路，一点接地方式如图 4-19 所示。

具体布线时应注意以下几点：

（1）这里所说的"点"是可以忽略电阻的几何导电图形，如大面积接点、汇流排、粗导线等。

（2）一点接地的元件不仅包括板上元器件也包括板外元器件，如大功率管、电位器等接地点。

（3）一个单元电路中接元器件较多时可采用几个分地线，这些分地线不可与其他单元地线连接。

（4）高频电路不能采用分地线，而要用大面积接地方法。

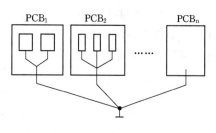

图4-19 多板多单元一点接地

3. 几种板内地线布线方式

（1）并联分路式。一块板内有几个子电路（或几级电路）时各子电路（各级）地线分别设置，并联汇集到一点接地。图4-20（a）所示电路含有4个子电路，且3、4子电路信号弱于1、2子电路，采用并联分路式地线如图。图4-20（b）所示为多单元数字电路地线形式。

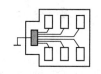

（a）并联分路布局　　（b）多单元数字电路接地布局

图4-20 PCB地线设计（一）

（2）汇流排接地。在高速数字电路中，可采用图4-21（a）所示汇流排方式布设地线。这种汇流排是由0.3～0.5mm铜箔板镀银而成，板上所有IC地线与汇流排接通。由于汇流排直流电阻很小，又具有条形对称传输线的低阻抗特性，可以有效减小干扰，提高信号传输速度。

（3）大面积接地。如图4-21（b）所示，在高频电路中将所有能用面积均布设为地线。这种布线方式元器件一般都采用不规则排列并按信号流向依次布设，以求最短的传输线和最大面积接地。

（4）一字形地线。一块板内电路不复杂时采用一字形地线较为简单明了。图4-21（c）所示为多级放大电路一字形地线布线，注意地线应有足够宽度且同一级电路接地点尽可能靠近，总接地点在最后一级。

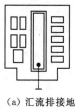

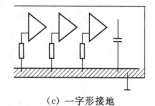

（a）汇流排接地　　　（b）大面积接地　　　（c）一字形接地

图4-21 PCB地线设计（二）

三、抗干扰设计

1. 电磁干扰的产生

PCB使元器件密集，导线规范。如果设计不合理会产生电磁干扰，使电路性能受到影响，甚至不能正常工作。电磁干扰有以下三种形式。

（1）平行线效应。根据传输理论，平行导线之间存在电感效应，电阻效应，电导效应，互感效应和电容效应。图 4 - 22 表示两根平行导线 AB 和 CD 之间等效电路。一根导线上的交变电流必然影响另一导线，从而产生干扰。

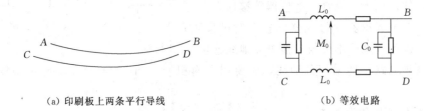

（a）印刷板上两条平行导线　　　　　（b）等效电路

图 4 - 22　平行线效应

（2）天线效应。由无线电理论可知，一定形状的导体对一定波长的电磁波可实现发射或接受。PCB 上的印制导线，板外连接导线，甚至元器件引线都可能成为发射或接收干扰信号（噪声）的天线。这种天线效应在高频电路的 PCB 设计中尤其不可忽视。

（3）电磁感应。这里主要指电路中磁性元件，如扬声器、电磁铁、永磁表头等产生的恒定磁场以及变压器、继电器等产生的交变磁场对 PCB 产生的影响。

2. 电磁干扰的抑制

电磁干扰无法完全避免，只能在设计中设法抑制。常用方法如下：

（1）容易受干扰的导线布设要点。通常低电平、高阻抗端的导线容易受干扰，布设时注意以下几点：

1）越短越好，平行线效应与长度成正比。

2）顺序排列，按信号去向顺序布线，忌迂回穿插。

3）远离干扰源，尽量远离电源线和高电平导线。

4）交叉通过，实在躲不开干扰源，不能与之平行走线，双面板交叉通过；单面板飞线过渡，如图 4 - 23（a）所示。

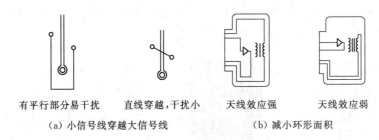

有平行部分易干扰　　直线穿越,干扰小　　天线效应强　　天线效应弱

（a）小信号线穿越大信号线　　　（b）减小环形面积

图 4 - 23　防电磁干扰布线示例

（2）避免成环。PCB 上环形导线相当于单匝线圈或环形天线，使电磁感应和天线效应增强。布线时尽可能避免成环或减小环形面积，如图 4 - 23（b）所示。

（3）反馈布线要点。反馈元件和导线连接输入和输出，布设不当容易引入干扰。如图 4 - 24（a）所示放大电路，由于反馈导线越过放大器基极电阻，可能产生寄生耦合，影响电路工作。图 4 - 24（b）所示电路布设将反馈元件置于中间，输出导线远离前级元件，避免干扰。

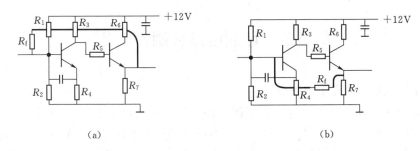

(a)　　　　　　　　　　(b)

图 4-24　放大器反馈布线

（4）设置屏蔽地线。PCB 内设置屏蔽地线有以下几种形式：

1）大面积屏蔽地，如图 4-25 所示，注意此处地线不要作信号地线，单纯作屏蔽用。

2）专置专用地线环，如图 4-26（a）所示，设置地线环避免输入线受干扰。这种屏蔽地线可以单侧、双侧，也可在另一层。

3）采用屏蔽线，高频电路中，印制导线分布参数对信号影响大且不容易阻抗匹配，可使用专用屏蔽线，如图 4-26（b）所示。

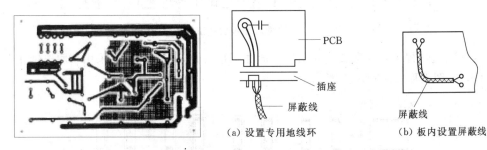

图 4-25　大面积屏蔽　　　　　图 4-26　抗干扰布线

（5）远离磁场，减少耦合。对于干扰磁场首先设法远离，其次布线时尽可能使印制导线方向不切割磁力线，最后可考虑采用无引线元件以缩短导线，避免引线干扰。

（6）设置滤波去耦电容。为防止电磁干扰通过电源及配线传播，在 PCB 上设置滤波去耦电容是常用方法。这些电容通常不在电路原理图中反映出来。

这种电容一般有以下两类：

1）在 PCB 电源入口处一般加一个大于 $10\mu F$ 的电解电容器和一只 $0.1\mu F$ 的陶瓷电容器并联。当电源线在板内走线长度大于 100mm 时应再加一组电容。

2）在集成电路电源端加 $0.1\mu F \sim 680pF$ 之间的陶瓷电容器，尤其多片数字电路 IC 更不可少。注意电容必须加在靠近 IC 电源端处且与该IC 地线连接，如图 4-27 所示。

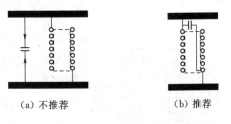

（a）不推荐　　　　　（b）推荐

图 4-27　滤波去耦电容布放

电容量根据 IC 速度和电路工作频率选用。速度越快，频率越高，电容量越小且必须选用高频电容。

第三节　印制电路板制作工艺

一、印制电路板制作工艺简介

PCB制作工艺技术在不断进步，不同条件、不同规模的制造厂采用的工艺技术不尽相同。当前使用最广泛的是铜箔蚀刻法，即将设计好的图形通过图形转移在敷铜板上形成防蚀图形，然后用化学蚀刻除去不需要的铜箔，从而获得导电图形。

1. PCB制造工艺流程

PCB规模生产过程中，制造PCB要经过几十个工序。图4-28所示为典型的双面板制造工艺流程简图。

图4-28　典型双面板制造工艺流程

PCB制造过程中，孔金属化和图形电镀蚀刻是关键，图4-29为采用干膜电镀工艺的双面板导电图形形成过程示意图。

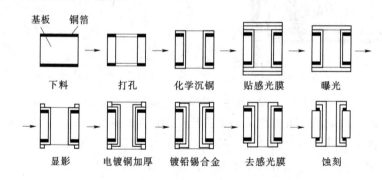

图4-29　双面板制造过程示意图

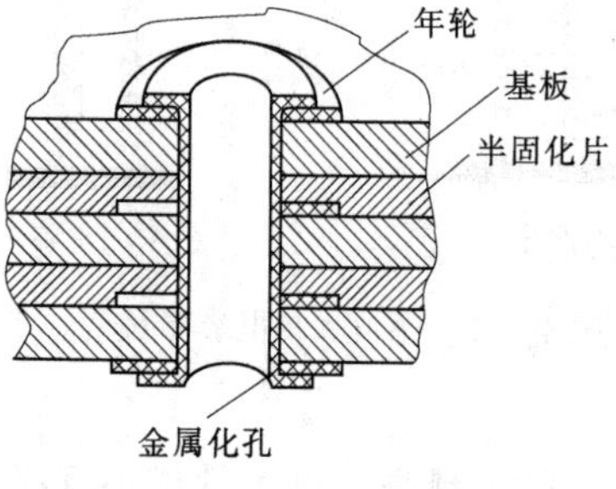

2. PCB典型工艺技术简介

（1）金属化孔。金属化孔是连接多层或双面板两面导电图形的可靠方法，是PCB制造的关键技术之一。图4-30所示为多层板中金属化孔的连通作用示意图。

金属化孔是通过将铜沉积在孔壁上实现的。实际生产中要经过钻孔、去油、粗化、浸清洗液、孔壁活化、化学沉铜、电镀铜加厚等一系列工艺过程才能完成。

金属化孔要求金属层均匀、完整，与铜箔连接可靠，电性能和机械性能符合标准。在表面安装高密度

图4-30　多层板金属化
孔连通示意图

板中这种金属化孔采用盲孔方法（即沉铜充满整个孔）以减小过孔所占面积，提高密度。

（2）金属涂覆。PCB涂覆层的作用是保护铜箔，增加可焊性和抗腐蚀抗氧化性。常用的涂覆层有金、银和铅锡合金。

1）金镀层仅用于插头（俗称金手指）和某些特殊部位。

2）银镀层用于高频电路降低表面阻抗，一般电路板基本不用。

3）铅锡合金涂覆层防护性及可焊性良好、成本低，目前应用最广泛。

（3）热熔铅锡。PCB电镀铅锡后，镀层和铜箔集合并不牢固，同时镀层中还有有机夹杂物及镀层空隙等缺陷。热熔过程实际是典型锡焊过程。经过热熔后使铅锡合金和铜之间形成牢固结合，并消除各种镀层缺陷，是目前较先进的工艺之一。

热熔过程主要通过甘油浴或红外线使铅锡合金在$190\sim220℃$温度下熔化，充分润湿铜箔而形成牢固结合层后再冷却。

（4）热风整平。热风整平是取代电镀铅锡合金和热熔工艺的一种生产工艺。它使浸涂铅锡焊接料的PCB从两个风刀之间通过，风刀中热压缩空气使铅锡合金熔化并将板面上多余的金属吹掉，获得光亮、平整、均匀的铅锡合金层。

（5）丝网漏印。丝网漏印（简称丝印）是一种古老的印制工艺，因操作简单、效率高、成本低，且具有一定精度，在PCB制造中仍在广泛使用。

丝印通过手动、半自动、自动丝印机实现，如图4-31所示为最简单的丝印装置，在丝网（真丝，涤纶丝等）上通过贴感光膜（制模、曝光、显影、去膜）等感光化学处理，将图形转移到丝网上，再通过刮板将印料印到PCB上。

蚀刻制版的防蚀材料，阻焊图形、字符标记图形等均可通过丝印方法印制。

感光丝网板
高出5~6mm
此处放入
待印的铜箔板
定位用直角靠板
抽芯铰链
公用底板

图4-31　丝网漏印示意图

二、印制板检查

PCB作为基本的重要电子部件，制成后必须通过必要的检验，才能进入装配工序。尤其是批量生产中对PCB进行检验是产品质量和后工序顺利进展的重要保证。

1. 目视检验

目视检验简单易行，借助简单工具如直尺、卡尺、放大镜等，对要求不高的PCB可以进行质量把关。主要检验内容如下：

（1）外形尺寸与厚度是否在要求的范围内，特别是与插座导轨配合的尺寸。

（2）导电图形的完整和清晰，有无短路和断路、毛刺等。

（3）表面质量，有无凹痕、划伤、针孔及表面粗糙。

（4）焊盘孔及其他孔的位置及孔径、有无漏打或打偏。

（5）镀层质量，镀层平整光亮、无凸起缺损。

（6）涂层质量，阻焊剂均匀牢固、位置准确，助焊剂均匀。

（7）板面平直无明显翘曲。

（8）字符标记清晰、干净、无渗透、划伤、断线。

2. 连通性检验

使用万用表对导电图形连通性进行检测，重点是双面板的金属化孔和多层板的连通性能，批量生产中应配专门工具和仪器。

3. 绝缘性能

检测同一层不同导线之间或不同层导线之间的绝缘电阻以确认 PCB 的绝缘性能。检测时应在一定温度和湿度下按 PCB 标准进行。

4. 可焊性

检验焊料对导电图形润湿性能，参见第三章有关内容。

5. 镀层附着力

检验镀层附着力可采用胶带试验法。将质量好的透明胶带粘到要测试的镀层上，按压均匀后快速掀起胶带一端扯下，镀层无脱落为合格。

此外还有铜箔抗剥强度、镀层成分、金属化孔抗拉强度等多种指标，根据 PCB 的要求选择检测内容。

三、印制板手工制作方法

在产品研制阶段或科技及创作活动中往往需要制作少量 PCB，进行产品性能分析试验或制作样机，为了赶时间和经济性经常需要手工制作 PCB。下面介绍的几种制作方法都是简单易行的手工制作方法。

1. 描图蚀刻法

描图蚀刻法是常用的一种制板方法，由于最初使用调和漆作为描绘图形的材料，所以也称漆图法。具体步骤如下：

（1）下料。下料按实际设计尺寸剪裁敷铜板（剪床、锯割均可），去四周毛刺。

（2）拓图。用复写纸将已设计的 PCB 布线草图拓在敷铜板的铜箔面上。印制导线用单线，焊盘以小圆点表示。拓制双面板时，板与草图应有 3 个不在一条直线上的点定位。

（3）钻孔。拓图后检查焊盘与导线是否有遗漏，然后在板上打样冲眼，以样冲眼定位打焊盘孔。打孔时注意钻床转速应取高速，钻头应刃磨锋利。进刀不宜过快，以免将铜箔挤出毛刺；并注意保持导线图形清晰。清除孔的毛刺时不要用砂纸。

（4）描图。用稀稠适宜的调和漆将图形及焊盘描好。描图时应先描焊盘，方法可用适当的硬导线蘸漆点漆料，漆料要蘸得适中，描线用的漆稍稠，点时注意与孔同心，大小尽量均匀，如图 4-32（a）所示。焊盘描完后可描印制导线图形。可用鸭嘴笔、毛笔等配合尺子，注意直尺不要与板接触，可将两端垫高，以免将未干的图形蹭坏。

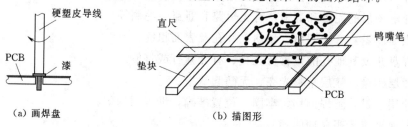

（a）画焊盘　　　　　　　　　　（b）描图形

图 4-32　描图法示意图

（5）修图。描好的图在漆未全干（不沾手）时及时进行修图，可使用直尺和小刀，沿导线边沿修整，同时修补断线或缺损图形，保证图形质量。

（6）蚀刻。蚀刻液一般使用三氯化铁水溶液，浓度在 28%～42% 之间，将描修好的板子完全浸没到溶液中，蚀刻印制图形。

为加速蚀刻可轻轻搅动溶液，亦可用毛笔刷扫板面，但不可用力过猛，防止漆膜脱落，低温季节可适当加热溶液，但温度不要超过 50℃。蚀刻完成后将板子取出用清水冲洗。

（7）去膜。用热水浸泡后即可将漆膜剥掉，未擦净处可用稀料清洗。

（8）清洗。漆膜去净后，用碎布蘸去污粉反复在板面上擦拭，去掉铜箔氧化膜，露出铜的光亮本色。为使板面美观，擦拭时应固定朝一个方向，这样可使反光方向一致，看起来更加美观。擦后，用水冲洗、晾干。

（9）涂助焊剂，冲洗晾干后应立即涂助焊剂（可用已配好的松香酒精溶液）。涂助焊剂后便可使板面得到保护，提高可焊性。

注意：此法描图不一定用漆，各种抗三氯化铁蚀刻的材料均可用，如虫胶酒精液、松香酒精溶液、蜡、指甲油等。其中松香酒精液因为本身就是助焊剂，故可省略步骤（7）和步骤（9），即蚀刻后不用去膜即可焊接，但须将步骤（8）提前到下料之后即进行。

用无色溶液描图时可加少量甲基紫，使描图便于观察和修改。

2. 贴图蚀刻法

贴图蚀刻法是利用胶带直接在铜箔上贴出导电图形代替描图，其余步骤同描图法。由于胶带边缘整齐，焊盘亦可用工具冲击，故贴成的图质量较高，蚀刻后揭去胶带即可使用，也很方便。

贴图法有以下两种方式：

（1）预制胶条图形贴制。按设计导线宽度将胶带切成合适宽度，按设计图形贴到敷铜板上。有些电子器材商店有各种不同宽度贴图胶带，也有将各种常用印制图形如 IC、PCB 插头等制成专门的薄膜，使用更为方便。无论采用何种胶条，都要注意贴粘牢固，特别是边缘一定要按压紧贴，否则腐蚀溶液浸入将使图形受损。

（2）贴图刀刻法。这种方法用于简单图形，用整块胶带将铜箔全部贴上，然后用刀刻法去除不需要的部分。此法适用于保留铜箔面积较大图形用。

3. 雕刻法

上面所述贴图刀刻法亦可用雕刻机或刀直接雕刻铜箔，不用蚀刻直接制成 PCB，用刀将铜箔划透，用镊子或钳子撕去不需要的铜箔；也可用微型砂轮直接在铜箔上磨削出所需图形，不用蚀刻直接制成 PCB。

4. 热转印法

热转印法是手工制作 PCB 常用的方法，其工作流程如下：

（1）用 Protel 或者其他的制图软件，制作好印制电路板图形（PCB 图）。

（2）用激光打印机把电路 PCB 图打印在热转印纸上。

（3）用细砂纸擦干净敷铜板，磨平四周，将打印好的热转印纸覆盖在敷铜板上，用胶带固定好，送入热转印机或照片过塑机（温度调节器到 180～200℃）来回压几次，使融化的墨粉完全吸附在敷铜板上。如果敷铜板足够平整，可用电熨斗熨烫几次，也能实现图形的转移。

（4）敷铜板冷却后揭去热转印纸，腐蚀后，即可形成做工精细的 PCB。

四、PCB 的生产工艺

工业化批量生产 PCB 时，不同的 PCB 具有不同的生产工艺流程。

1. 单面板生产工艺流程

单面板生产工艺流程为：敷铜板下料→表面去油处理→上胶→曝光→显影→固膜→修版→蚀刻→去保护膜→钻孔→成形→表面涂敷→助焊剂→检验。

单面板生产工艺简单，质量易于保证，但在焊接之前，还要进行检验。

2. 双面板生产工艺流程

双面板与单面板生产工艺流程的主要区别是增加了孔金属化工艺。由于孔金属化工艺的多样性，导致双面板制作工艺的多样性，但总的概括分为先电镀后腐蚀和先腐蚀后电镀两类。先电镀的有板面电镀法、图形电镀法、反镀漆膜法；先腐蚀的有堵孔法和漆膜法。这里只简单介绍常用的较为先进的图形电镀法生产工艺流程。

图形电镀法生产工艺流程为：下料→钻孔→化学沉铜→电镀铜加厚（不到预定厚度）→贴干膜→图形转移（曝光、显影）→二次电镀加厚→镀铅锡合金→去保护膜→腐蚀→镀金（插头部分）→成型热熔→印制阻焊剂及文字符号→检验。

第四节　印制电路板新发展

近年来，由于集成电路和表面安装技术的发展，电子产品迅速向小型化，微型化方向发展。作为集成电路载体和互连技术核心的 PCB 也在向高密度、多层化、高可靠方向发展，目前还没有一种互联技术能够取代 PCB 的作用。新的发展主要集中在高密度板、多层板和特殊印制板三方面。

一、高密度板

电子产品微型化要求尽可能缩小 PCB 的面积，超大规模集成电路的发展则是芯片对外引线数的增加，而芯片面积不增加甚至减小，解决的办法只有增加 PCB 上布线密度。增加密度的关键有以下两点：

（1）减小线宽/间距。

（2）减小过孔孔径。

这两点已成为目前衡量制板厂家技术水准的标志，目前能够达到及将要达到的水平是：线宽/间距，$0.1\sim0.2$mm→0.07mm→0.03mm；过孔孔径，0.3mm→0.25mm→0.2mm。

我国制板厂目前较为成熟的技术为线宽/间距为 $0.13\sim0.15$mm，孔径为 0.4mm。

二、多层板

多层板是在双面板的基础上发展起来的，除了双面板的制造工艺外，还有内层板的加工、层间定位、叠压、黏结等特殊工艺。图 4-33 所示为多层板的示意图。目前多层板生产多集中在 4～6 层为主，如计算机主板、工控机 CPU 板等。在巨型计算机等领域内多层板可达到几十层。

三、挠性印制电路板

挠性 PCB 也称软 PCB，是由挠性聚酯敷铜薄膜用 PCB 加工工艺制造而成。同普通（刚性）PCB 一样，也有单面、双面和多层之分，还可将挠性 PCB 和刚性 PCB 结合制成刚-挠混合多层板，如图 4-34 所示。

图 4-33　多层板示意图　　　　　图 4-34　刚-挠性复合板示意图

利用挠性 PCB 可以弯曲、折叠，可以连接活动部件，达到立体布线，三维空间互连，从而提高装配密度和产品可靠性。如笔记本电脑、移动通信、照相机、摄像机等高档电子产品中都应用到了挠性 PCB。

四、特殊印制电路板

在高频电路及高密度装配中用普通 PCB 往往不能满足要求，各种特殊 PCB 应运而生并在不断发展。

1. 微波 PCB

在高频（几百兆以上）条件下工作的 PCB 对材料和布线、布局都有特殊要求，例如，印制导线线间和层间分布参数的作用以及利用 PCB 制作出电感、电容等"印制元件"。微波电路板除采用聚四氟乙烯板以外，还有复合介质基片和陶瓷基片等，其线宽/间距要求比普通印制板高出一个数量级。

2. 金属芯印制板

金属芯 PCB 可以看作一种含有金属层的多层板，主要解决高密度安装引起的散热性能，且金属层有屏蔽作用，有利于解决干扰问题。

3. 碳膜 PCB

碳膜 PCB 板是在普通单面 PCB 上制成导线图形后再印制一层碳膜形成跨接线或触点（电阻值符合设计要求）的 PCB。它可使单面板实现高密度、低成本、良好的电性能及工艺性，适用于电视机、电话机等家用电器。

4. 印制电路与厚膜电路的结合

将电阻材料和铜箔顺序黏结到绝缘板上，用 PCB 工艺制成需要的图形，在需要改变电阻的地方用电镀加厚的方法减小电阻，用腐蚀方法增加电阻，制造成印制电路和厚膜电路结合的新的内含元器件的 PCB，从而在提高安装密度、降低成本上开辟出新的途径。

五、印制电路板的特种制造方法

1. 快速电脑雕刻法

采用电脑雕刻机可以快速制造出 PCB。在产品研制、定型阶段往往需要快速获得一两块 PCB 进行试验或电路性能参数验证，采用传统方法不仅制造周期长，成本也较高。快速电脑雕刻法省略了照相制版、图形转移等工序，直接将电脑设计好的图形输入雕刻机，直接在敷铜板上钻孔、雕刻导电图形、加工外形及异型槽孔等，再经孔金属化、镀铅锡合金等工序即可获得高质量的 PCB。

(1) 采用电脑雕刻可加工 400mm×300mm 或更大 PCB。

(2) 定位精度可达±0.02mm，最小线宽 0.2mm。

(3) 最小线间距为 0.25mm，最大切割速度可达 2m/min。

一般中等复杂程度的 PCB 整个制作过程仅几小时即可完成，对缩短产品开发周期、降低成本有一定意义。

2. 高效加成法

加成法制造 PCB 具有精度高，环境污染少的优点。但由于铜层与基板结合不良，镀层密度差等缺点，限制了这种工艺的应用。近年来，环境保护的要求和制造工艺的改进使加成法制造 PCB 重新受到关注。采用新工艺加成法制造的 PCB 具有化学镀层均匀一致、纯度高、可焊性好，且可制造高密度、细导线、小焊盘的 PCB。

典型双面板工艺流程为：配导电糊→制阳纹丝印版→真空丝印→气体保护固化→镀铜形成导电层→电镀铅锡合金→热熔→印阻焊层→检验→成品。

习　题

1. 简述 PCB 的分类和作用。

2. PCB 设计中，如何进行散热设计？

3. PCB 设计中，如何进行地线设计？

4. PCB 设计中，如何进行抗干扰设计？

5. 简述单面 PCB 和双面 PCB 的生产流程。

6. PCB 上元件是如何安装和布局的？

7. 叙述热转印法制作 PCB 的工艺流程。

8. PCB 上焊盘的尺寸是如何规定的？焊盘的形状有哪几种？

第五章 表面安装技术基础

主要内容：

本章介绍了表面安装技术方面的知识，主要包括：表面安装技术要点，表面安装元器件及材料，表面安装基本工艺及流程，表面安装设备及表面安装技术的发展等。

基本要求：

1. 了解表面安装与通孔安装的差异。
2. 能够识别并检测各种表面安装元器件。
3. 了解表面安装的工艺流程及焊接设备。
4. 掌握再流焊炉的使用方法，能够设置合理的温度曲线。
5. 了解表面安装的发展状况和新技术。

表面安装技术（Surface Mount Technology，SMT），也称表面贴装技术，是伴随着无引脚元件或引脚极短的片状元器件的出现而发展起来的，是目前已经得到广泛应用的安装焊接技术。它打破了在印制电路板上要先钻孔再安装元器件，在焊接完成后还要将多余的引脚剪掉的传统工艺，直接将表面安装器件平卧在印制电路板的铜箔表面进行安装和焊接。电子系统的微型化和集成化是当代技术革命的重要标志，也是未来发展的重要方向，从事电子技术工作的人员一定要了解这种新技术。

第一节 表面安装技术要点

一、表面安装技术的组成

在电子工业生产中，SMT 实际是包括表面安装元件（Surface Mounted Component，SMC）、表面安装器件（Surface Mounted Devices，SMD）、表面安装印制电路板（Surface Mounting Printed Circuit Board，SMB）、普通混装印制电路板（PCB）、点黏结剂、涂焊锡膏、元器件安装设备、焊接以及测试等技术在内的一整套完整的工艺技术的统称。这些内容可以归纳为三个方面：一是电子元器件，它既是 SMT 的基础，又是 SMT 发展的动力，它推动着 SMT 专用设备和装联工艺不断更新和深化；二是装联工艺，人们称它为 SMT 的软件；三是设备，人们称它为 SMT 的硬件。

当前 SMT 产品的形式有多种，SMT 涉及材料、化工、机械、电子等多学科、多领域，是一种综合性的高新技术，具体组成如下所示：

贴片元器件
- 关键技术：各种 SMD 的开发与制造技术
- 产品设计：结构设计，端子形状，尺寸精度，可焊性
- 包装：盘带式，棒式，华夫盘，散装式

SMT

装联工艺
- 贴装材料
  - 焊锡膏与无铅焊料
  - 黏结剂/贴片胶
  - 助焊剂
  - 导电胶
- 贴装印制：基板材料：有机玻璃纤维，陶瓷板，合金板
- 涂布工艺
  - 锡膏精密印刷工艺
  - 贴片胶精密点涂工艺及固化工艺
- 安装方式
  - 纯片式元件贴装，单面或双面
  - SMD 与通孔元件混装，单面或双面
- 安装工艺：最优化编程
- 焊接工艺
  - 波峰焊
    - 助焊剂涂布方式：发泡，喷雾
    - 双波峰，O 型波
  - 再流焊：红外热风式，N_2 保护再流焊，气相焊，激光焊
- 清洗技术：清洗剂，清洗工艺
- 检测技术：焊点质量检测，在线测试，功能检测
- 防静电
- 生产管理

设备：印刷机，贴片机，焊接设备，清洗设备（在较早的工艺中使用），检测设备，维修设备

二、表面安装技术的优点

1. 组装密度高

图 5-1 所示为电路板的两种安装形式，SMT 片式元器件比传统穿孔元器件所占面积和重量都大为减小。一般来说，采用 SMT 可使电子产品体积缩小 60%，重量减轻 75%。通孔安装技术可按 2.54mm 网格安装元器件，而 SMT 安装技术的网格从 1.27mm 缩小到目前的 0.63mm 网格，个别达 0.5mm 网格，元器件的安装密度更高。

（a）表面安装电路板　　　　　　　　　　（b）通孔安装电路板

图 5-1　电路板安装形式

2. 可靠性高

由于片式元器件小而轻，抗振动能力强，自动化生产程度高，故贴装可靠性高，一般不良焊点率小于 10%，比通孔插装元件波峰焊接技术低一个数量级，用 SMT 组装的电子产品平均无故障时间（MTBF）为 2.5×10^5 h，目前几乎有 90% 的电子产品采用 SMT 工艺。

3. 高频特性好

由于片式元器件贴装牢固，器件通常为无引线或短引线，降低了寄生电容的影响，提高了电路的高频特性。采用片式元器件设计的电路最高频率可达 3GHz 以上，而采用通孔元件仅为 500MHz。采用 SMT 也可缩短传输延迟时间，可用于时钟频率为 16MHz 以上的电路。若使用多芯模块 MCM 技术，计算机工作站的低端时钟可达 100MHz，由寄生电抗引起的附加功耗可降低为原来的 $1/2 \sim 1/3$。

4. 降低成本

（1）印制板使用面积减小，面积为采用通孔面积的 $1/12$，若采用 CSP 安装，则面积还可大幅度下降。

（2）频率特性提高，减少了电路调试费用。

（3）片式元器件体积小、重量轻，减少了包装、运输和储存费用。

（4）片式元器件发展快，成本迅速下降，一个片式电阻已同通孔电阻价格相当，约 0.3 美分，合 2 分人民币。

（5）便于自动化生产。自动贴片机采用真空吸嘴吸放元件，真空吸嘴小于元件外形，可提高安装密度，事实上小元件及细间距器件均采用自动贴片机进行生产，实现了全线自动化。

三、表面安装技术存在的问题

1. 表面安装元件本身的问题

表面安装元器件的规格目前在国际和国内尚无统一标准，给使用带来不便；表面安装元件的品种不齐全；表面安装元件的数值误差比较大，精度不高。

2. 表面安装元器件对安装设备要求比较高

表面安装元件在生产过程中，对生产设备有专门要求，几乎不用人工直接安装，都采用自动化装配设备。另外，对电路板的要求也比较高，元器件与印制板之间热膨胀系数（CTE）一致性差。

3. 表面安装技术的初始投资比较大

主要是生产设备结构复杂，整个生产过程涉及的技术面宽，初期投资费用昂贵。

4. 维修工作困难

元器件上的标称数值看不清楚，维修调换器件困难，并需专用工具。随着专用拆装及新型的低膨胀系数印制板的出现，它们已不再成为阻碍 SMT 深入发展的障碍。

四、表面安装技术的发展

美国是 SMT 的发明地，自 1963 年世界出现第一只表面贴装元器件和飞利浦公司推出第一块表面贴装集成电路以来，SMT 已由初期主要应用在军事、航空、航天等尖端产品逐渐广泛应用到计算机、通信、军事、工业自动化、消费类电子产品等各行各业。SMT 发展非常迅猛，进入 20 世纪 80 年代 SMT 技术已成为国际上最热门的新一代电子组装技术，被誉为电子组装技术的一次革命。

电子产品的安装技术是现代发展最快的制造技术，从安装的工艺特点可将安装技术的发展过程分为五代，见表 5-1。

表 5-1　　　　　　　　　　　安装技术的发展过程

年　代	技术缩写	代表元器件	安装基板	安装方法	焊接技术
20 世纪 50—60 年代		长引线元件、电子管	接线板铆接端子	手工安装	手工烙铁焊
20 世纪 60—70 年代	THT	晶体管、轴向引线元件	单、双面 PCB	手工/半自动插装	手工焊、浸焊
20 世纪 70—80 年代		单、双列直插 IC 轴向引线元器件	单面及多面 PCB	自动插装	波峰焊、浸焊、手工焊
20 世纪 80—90 年代	SMT	SMC、SMD 片式封装 VSI、VLSI	高质量 SMB	自动贴片机	波峰焊、再流焊
20 世纪 90 年代后	MPT	VLSIC、ULSIC	陶瓷硅片	自动安装	倒装焊、特种焊

由表 5-1 可看出，第二代与第三代安装技术，元器件发展特征明显，而安装方法并没有根本改变，都是以长引线元器件穿过印刷板上通孔的安装方式，一般称为通孔安装（THT）。

第四代表面安装技术则发生了根本性变革，从元器件到安装方式，从 PCB 板的设计到焊接方法都以全新的面貌出现，它使电子产品体积大大缩小，重量变轻，功能增强，产品的可靠性提高，极大地推动了信息产业高速发展。技术部门预计，将来 90％以上的电子产品都将采用表面安装技术。

第五代安装技术 MPT 是表面安装技术的进一步发展，从技术工艺上讲它仍属于"安装"范畴，但与我们通常所说的安装相差甚远，使用一般的工具、设备和工艺是无法完成的，目前正处于技术完善和在局部领域应用的阶段，但它代表了当前电子产品安装技术发展的方向。

第二节　表面安装元器件

表面安装元器件在功能上与传统的通孔安装元器件相同，最初是为了减小体积而制造的，最早出现在电子表中，使电子表微型化成为可能。然而，它们一经问世，就表现出强大的生命力，体积明显减小，高频特性提高、耐振动、安装紧凑等优点是传统通孔元器件所无法比拟的，从而极大地刺激了电子产品向多功能、高性能、微型化、低成本的方向发展。例如，片式器件组装的手提摄像机、掌上电脑和手机等，不仅功能齐全，而且价格低，现已在人们日常生活中广泛使用。同时，这些微型电子产品又促进了 SMC 和 SMD 向更加小型化发展。

当然，表面安装元器件也存在着不足之处，例如，元器件与 PCB 表面非常贴近，与基板间隙小，给清洗造成困难，元器体积小，电阻、电容一般不设标记，特别是元器件与 PCB 之间热膨胀系数的差异也是 SMT 产品中应注意的问题。

　　表面安装元器件品种繁多、功能各异，然而器件的片式化发展却不平衡，阻容器件、三极管、IC 发展快，异型器件、插座、振荡器发展迟缓。并且片式元器件又未能标准化，不同国家以至不同厂家均有不同的标准，因此，在设计选用元器件时，一定要弄清楚元器件的型号、厂家及性能等，以避免出现互换性差的缺陷。

一、表面安装元器件的分类

　　表面安装元器件又称无端子元器件，问世于 20 世纪 60 年代，习惯上人们把无源表面安装元器件，如片式电阻、电容、电感称之为 SMC，而将有源器件，如小外形晶体 SOT 及四方扁平组件 QFT 称之为 SMD。

　　（1）按照使用环境分类，表面安装元器件可分为非气密性封装器件和气密性封装器件。非气密性封装器件对工作温度的要求一般为 0～70℃。气密性封装器件的工作温度范围可达到 -55～125℃。气密性器件价格昂贵，一般使用在高可靠性产品中。

　　（2）根据元器件性质分类，表面安装元器件可以分成无源元件、有源元件和机电元件。

　　（3）根据元器件形状分类，表面安装元器件可以分成薄片矩形、扁平封装、圆柱形及其他形状。

　　具体分类情况见表 5-2。

表 5-2　　　　　　　　　　　　表面安装元器件的分类

类　别	封装形式	种　　类
无源表面安装元件 SMC	矩形片式	厚膜和薄膜电阻器、热敏电阻、压敏电阻、单层或多层陶瓷电容器、钽电解电容器、片式电感器、磁珠等
	圆柱形	碳膜电阻器、金属膜电阻器、陶瓷电容器、热敏电容器、陶瓷晶体等
	异形	电位器、微调电位器、铝电解电容器、微调电容器、线绕电感器、晶体振荡器、变压器等
	复合片式	电阻网络、电容网络、滤波器等
有源表面安装器件 SMD	片式	二极管、三极管
	圆柱形	二极管
	陶瓷组件（扁平）	无引脚陶瓷芯片载体 LCCC、有引脚陶瓷芯片载体 CBGA
	塑料组件（扁平）	SOT、SOP、SOJ、PLCC、QFP、BGA、CSP 等
机电元件	异形	继电器、开关、连接器、延迟器、薄型微电机等

二、表面安装元器件的尺寸

　　从电子元件的功能特性来说，SMC 特性参数的数值系列与传统元件的差别不大，长方体 SMC 是根据其外形尺寸的大小划分成几个系列型号的，现有两种表示方法：欧美产品大多采用英制系列，日本产品大多采用公制系列。我国还没有统一标准，两种系列都可以使用。无论哪种系列、型号的片状元器件的尺寸都是以四位数字来表示的，前面两位数字代表片状元器件的长度，后面两位数字代表片状元器件的宽度。例如，公制系列 3216（英制 1206）的矩形贴片元件，长 $L=3.2mm(0.12in)$，宽 $W=1.6mm(0.06in)$。

SMC 的元件种类用型号加后缀的方法表示，例如，3216C 是 3216 系列的电容器，2012R 表示 2012 系列的电阻器。

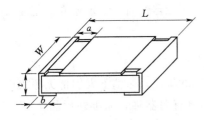

图 5-2　SMC 系列的外形标注

表面安装元器件的结构、尺寸和包装形式都与传统的元器件不同，表面安装元器件的发展趋势是元件尺寸逐渐小型化。表面安装元器件的系列、型号的发展变化也反映了其小型化进程：5750（2220）→4532（1812）→3225（1210）→3216（1206）→2520（1008）→2012（0805）→1608（0603）→1005（0402）→0603（0201），典型 SMC 系列的外形尺寸见图 5-2 和表 5-3。

表 5-3　　　　　　　　　典型 SMC 系列的外形尺寸　　　　　　　　　单位：mm/in

公制/英制型号	L	W	a	b	t
3216/1206	3.2/0.12	1.6/0.06	0.5/0.02	0.5/0.02	0.6/0.024
2012/0805	2.0/0.08	1.25/0.05	0.4/0.016	0.4/0.016	0.6/0.016
1608/0603	1.6/0.06	0.8/0.03	0.3/0.012	0.3/0.012	0.45/0.018
1005/0402	1.0/0.04	0.5/0.02	0.2/0.008	0.25/0.01	0.35/0.014
0603/0201	0.6/0.02	0.3/0.01	0.2/0.005	0.2/0.006	0.25/0.01

注　公制/英制转换，1in（英寸）=1000mil（密尔）；1in=25.4mm，1mm≈40mil。

三、无源表面安装元件

在表面安装元件中使用最广泛、品种规格最齐全的是电阻和电容，他们的外形结构、标识方法、性能参数都和普通的安装元件有所不同，在选用时应注意其差别。

片状元器件可以用三种包装形式提供给用户，即散装、管状料斗和盘状纸编带。SMC 的阻容元件一般用盘状纸编带包装，便于采用自动化设备装配。

（一）表面安装电阻

表面安装电阻主要有矩形片状和圆柱形两种。

1. 矩形片状电阻

矩形片状电阻大都采用陶瓷（Al_2O_3）制成，具有较好的机械强度和电绝缘性。其内部结构、外形如图 5-3 所示。电阻膜采用 RuO_2 制作的电阻浆料印制在基片上，再经过烧结制成。由于 RuO_2 的成本较高，近年来又开发出一些低成本的电阻浆料，如氮化系材料（TaN-Ta），碳化物系材料（WC-W）和 Cu 系材料。

电阻膜的外面有一层保护层，采用玻璃浆料印制在电阻膜上，在经过烧结成釉状，所以片状元件看起来都亮晶晶的。片状电阻的电极由三层材料构成：内层是 Ag-Pd 合金，以保证与电阻膜接触良好，并且电阻小、附着力强；中层为 Ni 材料，主要作用是防止端头电极脱落；外层为可焊层，采用电镀 Sn 或 Pb-Sn 合金。

（1）命名及外形尺寸。片式电阻、电容常以它们的外形尺寸的长宽命名来标志它们的

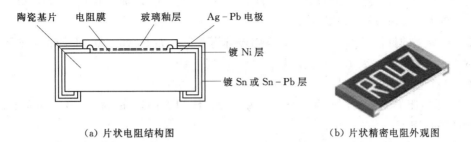

（a）片状电阻结构图　　　　　　（b）片状精密电阻外观图

图 5-3　矩形片状电阻

大小，以英寸（1in＝0.0254m）及 SI 单位制（m）为单位，如外形尺寸为 0.12in×
0.06in，记为 1206；SI 单位制记为 3.2mm×1.6mm。片式电阻外形尺寸见表 5-4。

表 5-4　　　　　　　　　　　矩形片状电阻的外形尺寸

尺寸号	长 L/mm	宽 W/mm	高 H/mm	端头宽度 T/mm
RC0201	0.6±0.03	0.3±0.03	0.3±0.03	0.15～0.18
RC0402	1.0±0.03	0.5±0.03	0.3±0.03	0.3±0.03
RC0603	1.56±0.03	0.8±0.03	0.4±0.03	0.3±0.03
RC0805	1.8～2.2	1.0～1.4	0.3～0.7	0.3～0.6
RC1206	3.0～3.4	1.4～1.8	0.4～0.7	0.4～0.7
RC1210	3.0～3.4	2.3～2.7	0.4～0.7	0.4～0.7

　　（2）额定功率与外形尺寸的对应关系。矩形片状电阻的额定功率系列有 1、1/2、
1/4、1/8、1/10、1/16、1/32，单位是 W。片式电阻的额定功率是电阻在环境温度为
70℃时承受的电功率，超过 70℃时承受的功率将下降，直到 125℃时负载功率为零。额定
功率与外形尺寸的对应关系见表 5-5。

表 5-5　　　　　　　　　　　不同的外形尺寸对应的额定功率

参 数 名 称	参 数 值		
功率/W	1/16	1/8	1/4
型号	0805	1206	1210

　　片状电阻的包装一般都是编带包装，片状电阻的焊接温度要控制在 235℃±5℃，焊
接时间为 3s±1s，最高的焊接温度不得超过 260℃。

　　（3）标记识别方法。

　　1）元件上的标注。矩形片状电阻的阻值范围在 1Ω～10MΩ 之间，有各种规格。电阻
值采用数码法直接标在元件上，当片式电阻阻值精度为 5% 时，采用三个数字表示，0R
为跨接片，电流容量不超过 2A。阻值小于 10Ω 的，用 R 代替小数点，例如，4.7Ω 记为
4R7，0Ω（跨接片）记为 000；阻值在 10Ω 以上的，则最后一数值表示增加的零的个数，
例如，100Ω 记为 101，1MΩ 记为 105。

　　当片式电阻值精度为 1% 时，则采用四个数字表示，前面三个数字为有效数字，第四

位表示增加的零的个数。阻值小于 10Ω 的，仍在第二位补加 "R"。例如，8R2 表示 8.2Ω；1004 为 1MΩ；10R0 为 10Ω。

2）料盘上的标注。华达电子片状电阻器标识含义，如 RC05K103JT 的含义如下：

RC 为产品代号，表示片状电阻器。

05 表示型号：02(0402)、03(0603)、05(0805)、06(1206)。

K 表示电阻温度系数：F 为±25；G 为±50；H 为±100；K 为±250；M 为±500。

103 表示阻值。

J 表示电阻值误差：F 为±1%；G 为±25%；J 为±5%；0 为跨接电阻。

T 表示包装：T 为编带包装；B 为塑料盒散包装。

(4) 精度及分类。在片式电阻中，RN 型电阻精度高、电阻温度系数小、稳定性好，但阻值范围比较窄，适用于精密和高频领域；RK 型电阻则是电路中应用得最广泛的。

根据 IEC3 标准中 "电阻器和电容器的优选值及其公差" 的规定，电阻值允许偏差为±10%，称为 E12 系列；电阻值允许偏差为±5%，称为 E24 系列；电阻值允许偏差为±1%，称为 E96 系列。

2. 圆柱形电阻

圆柱形固定电阻，即金属电极无端子面元件，简称 MELF (Metal Electrode Face Bonding Type) 电阻。MELF 主要有碳膜 ERD 型，高性能金属膜 ERO 及跨接用的 0Ω 电阻三种。它与片式电阻相比，无方向性和正反面性，包装使用方便，装配密度高，固定到印制板上有较高的抗弯能力，特别是噪声电平和三次谐波失真都比较低，常用于高档音响电器产品中。

(1) 结构。图 5-4 所示为 MELF 电阻结构示意图及外观图，MELF 电阻是在高铝陶瓷基体上覆上金属膜或碳膜，两端压上金属帽电极，采用刻螺纹槽的方法调整电阻值，表面涂上耐热漆密封，最后根据电阻值涂上色码标志。

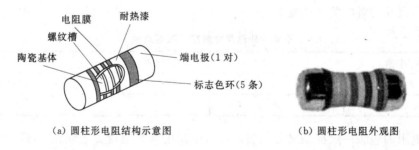

（a）圆柱形电阻结构示意图　　　　　　　（b）圆柱形电阻外观图

图 5-4　MELF 电阻

(2) 性能。MELF 电阻的主要技术特性和额定值见表 5-6。

(二) 电阻网络

电阻网络是将多个电阻按一定要求，有规律地连接后封装在一起组成的器件。电阻网络上的所有元件都是在相同条件下制成，因此它们的阻值精度、温度特性都非常一致，广泛用于各种数字电路、梯形网络、分压电路、终端电路中。图 5-5 所示为几种常见的电阻网络电路。

表 5-6　　　　　　　　　　MELF 电阻的主要技术特性和额定值

型　号	碳　　膜			金　属　膜		
项目	ERD-21TL	RED-10TLO (CC-12)(0Ω)	RED-25TL (RD41B2E)	ERO-21L	ERQ-10L (RN41C2B)	ERO-25L (RN41C2E)
使用环境温度/℃	−55～+155			−55～+150		
额定功耗/W	0.125	最高额定 电流 2A	0.25	0.125	0.125	0.25
最高使用电压/V	150		300	150	150	150
最高过载电压/V	200		600	200	300	500
标称阻值范围/Ω	1～1M		1～2.2M	100～200k	21～301k	1～1M
阻值允许偏差/%	(J±5)	≤50 名 MΩ	(J±5)	(F±1)	(F±1)	(F±1)
电阻温度系数 /(10⁻⁶/℃)	−3.71428571		−3.71428571	±10	±100	±100
质量/(g/1000 个)	10	17	66	10	17	66

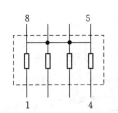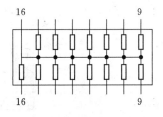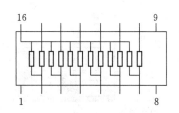

　（a）芯片阵列电阻网络示例　　（b）15 元件并联电路(1/24)W 元件　　（c）12 元件、分压电路

图 5-5　几种常见的 SOP 电阻网络电路

电阻网络按结构分，有 4 种结构，外形如图 5-6 所示。

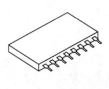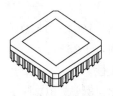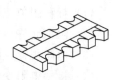

　（a）小型扁平封装　　　（b）芯片功率型　　　　（c）芯片载体型　　　　（d）芯片阵列型

图 5-6　电阻网络外形图

（1）小型扁平封装（SOP 型）。外引出端子结构与 SOP 集成电路相同，模塑封装，主要为厚膜或薄膜电阻，可组成高密度电路。

（2）芯片功率型。基板带"]"形端子，主要为氮化钽薄膜或厚膜电阻，功率大，形状也大些，适合专用电路。

（3）芯片载体型。电阻芯片贴于载体基板上，基板侧面四个方向有电极，可做成小型、薄型、高密度电路，仅适应再流焊接。

（4）芯片阵列型。电阻芯片以阵列排列，在基板两侧有电极，适于小型、薄型简单网络电路。

（三）片式电位器

表面安装电位器又称片式电位器（Chip Potentiometer）。它包括片状、圆柱状、扁平矩形结构等各类电位器，它在电路中起调节分电路电压和分路电阻的作用，故分别称为分压式电位器和可变电阻器。

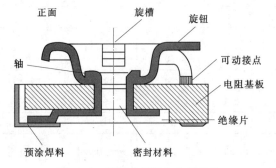

图 5-7　敞开式微调电位器结构

1. 结构

片式电位器有 4 种不同的外形结构，分别为敞开式结构（图 5-7）、防尘式结构、微调式结构和全密封式结构。密封式微调电位器按密封方式可分为密封薄膜式和密封剂密封式两种，其结构如图 5-8 所示。这种结构的电位器有外壳或护罩，可以防止灰尘及潮气侵入，同时还可以防止电阻单元与焊料、清洁溶剂接触。

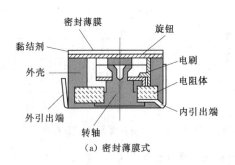
（a）密封薄膜式

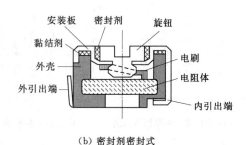
（b）密封剂密封式

图 5-8　密封式微调电位器结构

2. 性能

（1）标称阻值范围：$100\Omega \sim 1M\Omega$。

（2）阻值允许范围：$\pm 25\%$。

（3）电阻规律：线性。

（4）接触电阻变化：3% 或 3Ω。

（5）电阻温度系数：$250 \times 10^{-6}/℃$。

（6）最大电流：100mA。

（7）使用温度范围：$-55 \sim 100℃$。

（8）额定功耗系列：0.05W、0.1W、0.125W、0.2W、0.25W、0.5W。

3. 外形尺寸

片状电位器型号有 3 型、4 型和 6 型，其外形尺寸见表 5-7。

表 5-7　　　　　　　　　　片状电位器外形尺寸　　　　　　　　　单位：mm×mm×mm

型号	尺　　寸		型号	尺　　寸	
3 型	3×3.2×2	3×3×1.6	4 型	4.5×5×2.5	4×4.5×2.2
4 型	3.8×4.5×2.4	4×4.5×1.8	6 型	6×6×4	φ6×4.5

（四）片式电感器

表面安装电感器的种类有片状铁氧体电感器、片状陶瓷电感器、片状高频电感器、片状铁氧体磁珠和磁珠排。电感量为 $100\mu H \sim 47mH$。片式电感器同插装式电感一样，在电路中起扼流、退耦、滤波、调谐、延迟、补偿等作用。

（1）分类。片式电感器的种类较多，按形状可分为矩形和圆柱形；按磁路可分为开路和闭路形；按电感量可分为固定的和可调的；按结构的制造工艺可分为绕线型、多层的卷绕型。

（2）性能。绕线型电感器的范围宽、值高、工艺简单，因此在片式电感器中使用最多，但体积较大、热性较差。绕线型片式电感器的品种很多。表 5-8 列出了国外一些公司生产的绕线型片式电感器的型号及主要性能参数。

表 5-8　　　　　国外厂商制造的绕线型片式电感器的型号及主要性能参数

厂　家	型　号	尺寸/(mm×mm×mm)	L/h	Q	磁路结构
TOKO	43CSCROL	4.5×3.5×3.0	1～410	50	—
Murata	LQNSN	5.0×4.0×3.15	10～330	50	—
TDK	NL322522	3.2×2.5×2.2	0.12～100	20～50	开磁路
TDK	NL453232	4.5×3.2×3.2	0.12～100	20～50	开磁路
TDK	NFL453232	4.5×3.2×3.2	1.0～1000	20～50	闭磁路
Siemens	—	4.8×4.0×3.5	0.1～470	50	闭磁路
Coiecraft	—	2.5×2.0×1.9	0.1～1	3～50	开磁路
Pieonics	—	4.0×3.2×3.2	0.01～1000	20～50	闭磁路

注　Q 为品质因数。

（3）识别标志。以 HDW 2012 UC R10 K G T 为例，国产华达电子绕线型片式电感器的标识含义如下：

HDW 表示产品代码。

2012 表示规格。

UC 表示芯子类型：UC 陶瓷芯；UF 铁氧体芯。

R10 表示电感量：R10 为 0（1H）；2N2 为 033（0.33H）。

K 表示公差：J 为 5%；K 为 10%；M 为 20%。

G 表示端头：G 为金端头；S 为锡端头。

T 表示包装方法：B 为散包装；T 为编带包装。

（五）表面安装电容

表面安装电容器已发展为多品种、多系列，按外形、结构和用途来分类，可达数百种，在实际应用中，表面安装电容器中大约有 80% 是多层片状瓷介电容器，其次是表面安装铝电解电容器，表面安装有机薄膜和云母电容器则很少。

1. 多层片状瓷介电容器

瓷介电容器少数为单层结构，大多数为多层叠状结构，又称 MLCC（Multilayer Caramic Capacity）。

（1）结构。MLCC 通常是无引线矩形结构，外层电极同片式电阻相同，也是三层结构，即 Ag-Ni、Cd-Sn、Pb，其内部结构及外观如图 5-9 所示。片式瓷介电容有三种不同的电解质，分别命名为 COG/NPO、X7R 和 Z5V，它们有不同的容量范围及温度稳定性。其温度和电解特性相比较，以 COG/NPO 为介质的电容，其温度和电解特性较好。由于片式电容的端电极、金属电极、介质三者的热膨胀系数不同，因此在焊接过程中升温速度不能过快，特别是波峰焊时预热温度应足够高，否则易造成片式电容的损坏，客观上片式电容损坏率明显高于片式电阻损坏率。

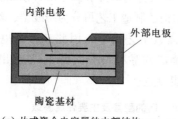

（a）片式瓷介电容器的内部结构　　　　（b）片式瓷介电容器的外观

图 5-9　片式瓷介电容器

（2）性能。MLCC 根据用途分为 I 类陶瓷（国内型号为 CC41）和 II 类陶瓷（国内型号为 CT41）两种：I 类是温度补偿型的电容；II 类是高介电常数类电容器，其特点是体积小、容量大，适用于旁路、滤波或对损耗、容量稳定性要求不太高的鉴频电路中。表5-9 列出了介质与国内外型号的对照关系。

表 5-9　　　　　　　　　　　　　**介质与国内外型号对照表**

介 质 名 称	COG/NPO	X7R	Z5V
国产陶瓷分类型号	CC41	CT41-2X1	CT41-2E6
美国	I 类陶瓷	II 类陶瓷	
日本	CH 系列	B 系列	F 系列

（3）外形尺寸。片式电容的外形标注、尺寸见图 5-10 和表 5-10。

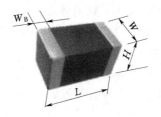

图 5-10　片式电容的外形标注

表 5-10　　　　　　　　　　　　　**片式电容的外形尺寸**　　　　　　　　　　　单位：mm

电容型号	尺　　寸			
	L	W	H	W_B
CC0805	1.8~2.2	1.0~1.4	1.3	0.3~0.6
CC01206	3.0~3.4	1.4~1.8	1.5	0.4~0.7
CC01210	3.0~3.4	2.3~2.7	1.7	0.4~0.7
CC01812	4.2~4.8	3.0~3.4	1.7	0.4~0.7
CC01825	4.2~4.8	6.0~6.8	1.7	0.4~0.7

（4）标注识别方法。

1）元件表面标注值表示法。有些厂家在片式电容表面印有英文字母及数字，它们均代表特定的数值，只要查到表格就可以估算出电容的容值，其具体对应关系见表 5-11。

表 5-11　　　　　　　　　　　片 式 电 容 容 量 系 数

字母	A	B	C	D	E	F	G	H	J	K	L
容量系数	1	1.1	1.2	1.3	1.5	1.6	1.8	2	2.2	2.4	2.7
字母	M	N	P	Q	R	S	T	U	V	W	X
容量系数	3	3.3	3.6	3.9	4.3	4.7	5.1	5.6	6.2	6.8	7.5
字母	Y	Z	a	b	c	d	e	f	m	n	t
容量系数	8.2	9.1	2.5	3.5	4	4.5	5	6	7	8	9

2）外包装表示法。一般标识于电容外包装上。

产品命名方法　$\underset{Ⅰ}{\underline{CL}}\ \underset{Ⅱ}{\underline{21}}\ \underset{Ⅲ}{\underline{B}}\ \underset{Ⅳ}{\underline{102}}\ \underset{Ⅴ}{\underline{K}}\ \underset{Ⅵ}{\underline{B}}\ \underset{Ⅶ}{\underline{N}}\ \underset{Ⅷ}{\underline{C}}$

Ⅰ表示产品型号：CL 表示多层片式瓷介电器。

Ⅱ表示尺寸代号：尺寸代号与尺寸之间的关系见表 5-12。

表 5-12　　　　　　片式电容尺寸代号与尺寸之间的关系

尺寸代号	5	10	21	31	32	43
EIA 代码	402	603	805	1206	1210	1812
$L×W/mm×mm$	1.0×0.5	1.6×0.8	2.0×1.25	3.2×1.6	3.2×2.55	4.5×3.2

Ⅲ表示电容量温度特性代号。C＝COH/COG，$-55\sim125℃$；B＝X7R，$-55\sim125℃$；F＝Z5V，$-30\sim85℃$。

Ⅳ表示容量代号。前两位表示有效数，第三位表示零的个数，单位为 pF。例如，102 表示 $10×10^2＝1000pF$；1R5＝1＋0.5pF。

Ⅴ表示误差代号。误差代号与误差之间的关系见表 5-13。

表 5-13　　　　　　片式电容误差代号与误差之间的关系

误差代号	B	C	D	J	K	M	Z
误差	±0.1pF	±0.25pF	±0.5pF	±5%	±10%	±20%	80%～20%

注　一般 COH 在 10pF 以下为 C；10pF 以上为 J；X7R 为 K；Z5V 为 Z。

Ⅵ表示额定电压：额定电压代号与额定电压值之间的关系见表 5-14。

表 5-14　　　　片式电容额定电压代号与额定电压值之间的关系

代　　　号	O	A	B	C
额定电压值/V	16	25	50	100

Ⅶ表示厚度形式。N 为标准厚度；A 为小于标准厚度。

Ⅷ表示包装形式。包装形式代号与包装形式之间的关系见表 5-15。

表 5 - 15　　　　　　　　　　**片式电容包装形式代号与包装形式之间的关系**

包装形式代号	B	C	E	P
包装形式	塑料袋装	纸带卷盘	塑料带卷盘	盒装

2. 钽电解电容器

钽电解电容器简称钽电容，单位体积容量大，在容量超过 0.33F 时，大都用钽电解电容器，由于其电解质响应速度快，因此在需要高速运算处理的大规模集成电路中应用广泛。

（1）结构。片式钽电解电容采用高纯度的钽粉末与胶黏剂混合，埋入钽端子后，在 1800～2000℃ 的真空炉中烧结成多孔性的烧结体作为阳极，用硝酸锰热解反应，在烧结体表面形成固体电解质的二氧化锰作为阴极，经石墨层、导电涂料层涂敷后，进行阴极、阳极引出线的边接，然后用模型封装成型。

片式钽电解电容器早已大量生产，它主要有四种结构，即裸片型、模塑封装型、端帽型和圆柱型。T 型、塑封型、端帽型又统称为矩形钽电解电容器。

1）裸片型即无封装型，成本低，但对环境的适应性差，开关不规则，不宜自动安装。

2）模塑封装型即常见的矩形钽电解电容，成本较高，阴极和阳极与框架端子的连接导致热应力过大，对机械强度影响较大，广泛应用于通信类电子产品中。

3）端帽型也称树脂封装型，主体为树脂封装，两端有金属电极，体积小，高频特性好，机械强度高，常用于投资类电子产品中。

4）圆柱型结构阳极采用非磁性金属，阴极采用磁性金属，封装采用环氧树脂，制作时将作为阳极引线的钽金属线放入钽金属粉末中，加压成型。圆柱型钽电解电容金属电极附着牢固，耐焊接，适宜波峰焊、再流焊。

（2）性能。片式钽电解电容的主要性能见表 5 - 16。

表 5 - 16　　　　　　　　　　　　**钽电解电容的主要性能**

特　征		标　准
容量/μF		0.1～270
容量误差		$K(\pm10\%)$，$M(\pm20\%)$
额定直流电压/V		4、6、3、10、16、20、25、35、50
损耗角正切 $\tan\delta$		$\leqslant4\%(C\leqslant1.0\mu F)$、$\leqslant6\%(1.0\mu F<C<6.8\mu F)$、$\leqslant8\%(C>6.8\mu F)$
室温漏电流 I_0		$0.01C_R U_R$（μA）或 0.5A（取大者）
端面镀层的结合强度		测试后无可见损伤，电容量的减少应不超过 10%
可焊性		覆盖率不少于 80% 的，焊接后无可见损伤
耐焊性	℃	265±5
	S	5±1
	%	≥75
	$(\Delta C/C)/\%$	≤5

（3）标志。矩形钽电解电容外壳为有色塑料封装，一端印有深色标志线，为正极，在封面上有电容量的数值及耐压值，一般有醒目的标志，以防用错。图 5 - 11 所示为矩形钽电解电容器的内部结构及外观。

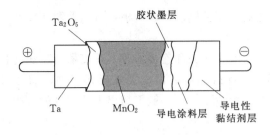

（a）内部结构模型　　　　　　　　　（b）CA45 型钽电解电容

图 5-11　矩形钽电解电容器

3. 铝电解电容器

铝电解电容器主要应用于各种消费类电子产品中，价格低廉，按外形和封装材料的不同，可分为矩形铝电解电容器（树脂封装）和圆柱形电解电容器（金属封装）两类。

（1）结构。将高纯度的铝箔（含铝 99.9%～99.99%）电解腐蚀成高倍率的附着面，然后在硼酸、磷酸等弱酸性的溶液中进行阳极氧化，形成电介质薄膜，作为阳极箔。将低纯度的铝箔（含铝 99.5%～99.8%）电解腐蚀成高倍率的附着面，作为阴极。电解纸将阳极箔和阴极箔隔离后绕成电容器芯子，经电解液浸透，根据电解电容器的工作电压及电导率的差异，分成不同的规格，然后用密封胶铆接封口，最后用金属铝壳或耐热性环氧树脂封装。由于铝电解电容器中采用非固体介质作为电解材料，因此在再流焊工艺中，应严格控制焊接温度，图 5-12（a）所示为铝电解电容器内部结构示意图。

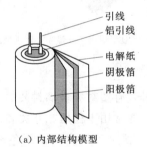

（a）内部结构模型　　　　　　　（b）圆柱形封装铝电解电容器

图 5-12　铝电解电容器

（2）性能。圆柱形封装铝电解电容器性能见表 5-17。

表 5-17　　　　　　　　　　圆柱形铝电解电容器的主要性能

项　　目		性　　能			
工作温度/℃		$-40\sim+105$			
工作直流电压/V		$4\sim50$			
电容量/μF		$0.1\sim120$			
电容量允许偏差/%		±20(120Hz, 20)			
漏电流/μA		$0.01CU$ 或 3（试验温度 20℃，试验时间 25min）			
$\tan\delta$	U/V	4	6.3	16	25	50
	$\tan\delta$	0.35	0.26	0.16	0.14	0.12

（3）识别标志。铝电解电容器外壳上的深色标志代表负极，容量及耐压值在外壳上也有标注，如图 5 - 12（b）所示。

无源表面安装元件还有滤波器、继电器、开关和连接器等。连接器有边缘连接器、条形连接器、扁平电缆连接器等多种形式。此外还有表面安装敏感元器件，如片状热敏电阻、片状压敏电阻等，但就其封装与安装特性而言，一般不超出上述元件的范围。

四、有源表面安装器件

有源表面安装器件主要是二极管、三极管、场效应管和集成电路等，这些器件与无源表面安装器件的主要区别在于外形封装。

（一）分立器件的封装

二极管类器件一般采用二端或三端 SMD 封装，小功率三极管类器件一般采用三端或四端 SMD 封装，四端～六端 SMD 器件内大多封装了两只三极管或场效应管。

1. 二极管

表面安装二极管封装形式主要有圆柱形和矩形片状。片状二极管又包括二引线型和 SOT - 23 封装以及无引线型，如发光二极管等，图 5 - 13 所示为二极管封装图。

　（a）二引线型　　　（b）片状发光二极管　　（c）圆柱形通用二极管　　（d）玻璃封装稳压二极管

图 5 - 13　二极管封装图

（1）无引线圆柱形二极管。无引线圆柱形二极管有塑封和玻璃封装的。玻璃封装的是将管芯封装在细玻璃管内，两端以金属帽为电极。通常用于稳压、开关和通用二极管，常见的有 $\phi1.5 \times 3mm$ 和 $\phi2.7 \times 5.2mm$ 两种，功耗一般为 $0.5 \sim 1W$。用色环表示二极管的极性，与普通封装二极管的标志方法相同。

（2）二引线型。二引线型二极管有两根翼形短引线，一般用塑料封装管芯，做成矩形片状。额定电流为 $0.15 \sim 1A$，耐压为 $50 \sim 400V$，可用在 VHF 频段到 S 频段。

（3）SOT - 23 封装。SOT - 23 封装形式的片状二极管，多用于封装复合型二极管，也用于速开二极管和高压二极管。

SOT - 23 封装形式的片状二极管内部结构和封装代号如图 5 - 14 所示，A× 表示型号，如 A3 表示 1S2835，A5 表示 1S2837，A7 表示 1SS123，A3～A6 两只二极管可以并联使用，增大工作电流，A7、C3 两只二极管可以串联使用，也可以单独使用。

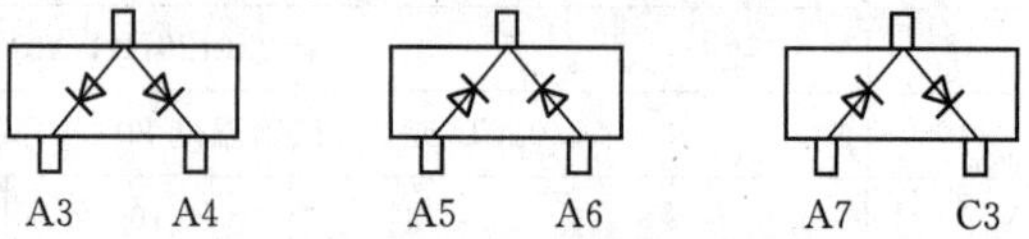

　　A3　　A4　　　　A5　　A6　　　　A7　　C3

图 5 - 14　二极管内部结构和封装代号

2. 晶体管

晶体管的封装形式主要有 SOT - 23、SOT - 89、SOT - 143、TO - 252 等，如图 5 - 15 所示。

图 5 - 15　晶体管的封装图

（1）SOT - 23。SOT（Short Out - line Transistor）为带有翼形短引线的塑料封装结构。SOT - 23 封装有三条"翼形"引脚，引脚材质为 42 号合金，强度好，但可焊性差。三极管的封装一般都采用这种三端片式封装，双二极管元件也采用这种封装，常见的尺寸有 2.1mm×2.0mm，功耗一般在 300mW～2W 之间。

SOT - 23 在大气中的功耗为 150mW，在陶瓷基板上的功耗为 300mW，常见的有小功率晶体管、场效应管和带电阻网络的复合晶体管。小功率管额定功率为 100～300mW，电流为 10～700mA；大功率管额定功率为 0.3～2W，两条连在一起的引脚是集电极。各厂家产品的电极引出方式不同，在选用时必须查阅手册资料，典型的 SMD 封装三极管和场效应管的引脚如图 5 - 16 所示。

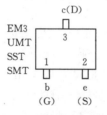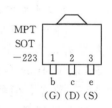

图 5 - 16　典型的三极管和场效应管的引脚图

SOT - 23 表面印有标记，通过相关半导体器件手册可以查出对应的极性、型号与性能参数，部分标记与型号见表 5 - 18。

表 5 - 18　　　　　　　　小型电子设备配套塑封管

型　　号	极　　性	外　　形	打印标记
9011STP	NPN	SOT - 23	L
9012ST	PNP	SOT - 23	Y
9013ST	NPN	SOT - 23	X
8050SP	NPN	BT - 40	S80
8550SP	PNP	BT - 40	S85
2SA608SP	PNP	BT - 40	S608
2SC2458	NPN	BT - 40	S2458
2SA1048	PNP	BT - 40	S1048

（2）SOT - 89。SOT - 89 具有三条薄的短引脚分布在晶体管的一端，晶体管芯片粘贴在较大的铜片上，以增加散热能力。SOT - 89 在大气中的功耗为 500mW，在陶瓷板上的功耗为 1W，这类封装常见于硅功率表面安装晶体管。

（3）SOT-143。SOT-143 有四条"翼形"短引脚，引脚中宽大一点的是集电极，它的散热性能与 SOT-23 基本相同，这类封装常见于双栅场效应管及高频晶体管。

（4）TO-252。TO-252 的功耗在 2～5W 之间，各种功率晶体管都可以采用这种封装。

（二）集成电路的封装

由于集成电路（IC）的规模不断发展，集成电路的外引线数目不断增加，促使其封装形式不断向小间距方向发展。目前常用的有 SOP、QFP、PLCC、BGA、PGA、COB 等封装形式，集成电路常用封装形式见附录五。

1. 双列扁平封装

双列扁平封装 SOP（Small Outline Package）是由双列直插封装 DIP（Dual-In-line Package）演变来的，这类封装有两种形式：J 形（又叫钩形）和 L 形（又称翼形）。L 形封装的安装和焊接及检测比较方便，但占用 PCB 板的面积较大；J 形封装的则与之相反。

目前常用的双列扁平封装集成电路的引线间距有 1.27mm 和 0.8mm 两种，引线数为 8～32 条，最新的引线间距只有 0.76mm，引线数可达 56 条。

2. 方形扁平封装

方形扁平封装 QFP（Quad Flat Package）可以使集成电路容纳更多的引线。方形扁平封装有正方形和长方形两种，引线间距有 1.27mm、1.016mm、0.8mm、0.65mm、0.5mm、0.4mm 等数种，外形尺寸从 5mm×5mm～44mm×44mm 有数种规格，引线数从 32～567 条，但最常用的是 44～160 条。

目前最新推出的薄形方形扁平封装（又称 TQFP）的引线间距小至 0.254mm，厚度仅有 1.2mm。

3. 塑封有引线芯片载体封装

塑封有引线芯片载体封装 PLCC（Plastic Leaded Chip Carriers）的四边都有向封装体底部弯成"J"形的短引线，其外形通常有正方形或矩形，显然这种封装比方形扁平封装更节省 PCB 板的面积，但同时也使器件的检测和维修更为困难。

塑封有引线芯片载体封装的典型引脚中心间距为 1.27mm，引线数为 18～84 条，主要用于计算机电路和专用集成电路（ASIC、GAL）等芯片的封装。

4. 针栅阵列与焊球阵列封装 PGA/BGA（Pin-Grid Array/Ball Grid Array）

针栅阵列 PGA（Pin-Grid Array）与焊球阵列 BGA（Ball Grid Array）封装是针对集成电路引线增多、间距缩小、安装难度增加而另辟蹊径的一种封装形式。它让众多拥挤在器件四周的引线排列成阵列，引线均匀分布在集成电路的底面。采用这种封装形式使集成电路在引线数很多的情况下，引线的间距也不必很小。针栅阵列封装通过插座与印制板电路连接，用于可更新升级的电路，如台式计算机的 CPU 等，阵列的间距一般为 2.54mm，引线数为 52～370 条或更多。焊球阵列封装则直接将集成电路贴装到印制板上，阵列间距为 1.5mm 或 1.27mm，引线数为 72～736 以上。在手机、笔记本电脑、快译通的电路里，多采用这种封装形式。

5. 板载芯片封装

板载芯片封装 COB（Chip On Board）即通常所称的"软封装"，它是将集成电路芯片直接粘在 PCB 板上，同时将集成电路的引线直接焊到 PCB 的铜箔上，最后用黑塑胶包封。这种封装形式成本最低，主要用于民用电子产品，例如各种音乐门铃所用的芯片都采用这种封装形式。

除上述 5 种常用封装形式外，还有 LCCC（无引线陶瓷芯片载体）及 LDCC（有引线陶瓷芯片载体）等封装形式，但由于这种封装形式成本太高，安装也不方便，目前仅在要求高可靠性的领域如军工和航天产品上采用。

第三节　表面安装材料

一、表面安装印制电路板

表面安装用的印制电路板（SMB）包括了较简单的单面板、较为复杂的双面印制板，也包括难度高、更为复杂的多层板。表面安装元器件和表面安装工艺的出现，导致了印制电路板装联革命。表面安装用的印制电路板，与普通的 PCB 在基板要求、设计规范和检测方法方面都有很大差异。

1. 表面安装印制电路板的特点

（1）高密度布线。随着表面安装元件的引线间距由 $1.27 \rightarrow 0.762 \rightarrow 0.635 \rightarrow 0.508 \rightarrow 0.38 \rightarrow 0.305$（mm）不断缩小，SMB 普遍要求在 2.54mm 的网络间过双线（线宽减到 $0.23mm \rightarrow 0.18mm$）甚至过三线（线宽及线间距 $0.20mm \rightarrow 0.12mm$），并且向过 5 根导线（线宽及线间距减小到 $0.15mm \rightarrow 0.08mm$）的方向发展。

（2）小孔径、高板厚孔径比。在 SMB 上由于"通孔"已不再用于插装元件（混装的 THT 除外）而只起"过孔"作用，因而孔径也日益减小。一般 SMB 上金属化孔的直径为 $0.6 \sim 0.3mm$，发展方向为 $0.3 \sim 0.1mm$。同时 SMB 特有的"盲孔"与"埋孔"直径也小到 $0.3 \sim 0.1mm$。减小孔径与 SMB 布线密度相适应，孔径越小制造难度越高。

由于板上的孔径减小，而 SMB 板的厚度一般并不能减小，且由于用多层板，所以 SMB 的板厚孔径比一般在 5 以上（THT 一般在 3 以下），甚至高达 21。

（3）多层数。为提高 SMT 的装配密度，SMB 板的层数不断增加，在大型电子计算机中用的 SMB 板竟多达 68 层。

（4）高电气性能。由于 SMT 元件多用于高频电路和高速信号传输电路，电路的工作频率由 100MHz 向 1GHz 甚至更高频段发展，对 SMB 的阻抗特性、表面绝缘性、介电常数、介电损耗等高频特性提出了更高要求。

（5）高平整光洁度和高稳定性。在 SMB 板上，即使微小的翘曲，不仅影响元件自动贴装的定位精度，而且会使片状元器件及焊点产生缺陷而失效。另外板表面的粗糙或凸凹不平也会引起焊接不良，基板本身的热膨胀系数如果超过一定限制也会使元器件及焊点受热应力而损坏，因此 SMB 对基板的要求远远超过普通 PCB。

（6）高质量基板。SMB 的基板必须在尺寸稳定性、高温特性、绝缘介电特性及机械特性上满足安装质量和电气性能的要求；一般在制作 PCB 板常用的环氧玻璃布板仅能适应制作安装密度不高的 SMB，高密度多层板都采用聚四氟乙烯、聚酰亚胺、氧化铝陶瓷等高性能基板。

2. SMT 对 PCB 设计的要求

由于 SMT 的特殊性，传统的 PCB 设计方法也应针对其特点作一些改变。

（1）网络尺寸。PCB 设计中的网络距应采用 2.54mm（用于英制器件）或者 2.5mm（用于公制器件），以及它们的倍数值。如 2.54mm 的倍数值为 1.27、0.635、…、2.5mm 的倍数值为 1.25、0.625、…。

（2）布线区域。印制电路板的布线区域主要取决于以下各因素：

1）元器件选型及其接脚。选性价比高的元器件是保证系统性能和经济指标的首要条件。但相同型号、相同性能的元件，又有不同的封装形式和包装形式，而 SMT 生产线设备的技术性能恰好又对元器件的这些形式做出了一些限制，故了解和掌握承担产品生产的 SMT 生产线的技术条件对 SMT 产品设计中元器件的选择及 PCB 的设计优化很重要。

2）元器件形状、尺寸及间距。产品设计时考虑此项因素即能更好地利用现有设备，如贴片机、焊接检测设备等，同时又为元器件的合理布局（如对电气性能、生产工艺的考虑等）提供依据，往往因设计而引起的质量问题在产品生产中很难得以克服。

3）连通元器件的布线通道及布线设计。线宽不宜选得太细，在布线密度允许的条件下，应将连线设计得尽量宽，以保证机械强度、高可靠性及方便制造。

4）装联要求及导轨槽尺寸。元器件的排列方向与顺序，对再流焊的焊接质量有着直接的影响，一个好的布局设计，除了要考虑热容量的均匀设计外，另一点要考虑元器件的排列方向与顺序。当导轨槽用于接地线或供电线时，与它们没有电气联系的印制板最外边缘的导电线应与导轨槽外缘保持有 2.5mm 以上的距离。

5）安装空间要求及制造要求。为防止印制板加工时触及印制导线造成层间短路，内层和外层最外边缘的导电线距离印制板边缘应大于 1.25mm。当印制板外层的边缘布设接地线时，接地线可以占据边缘位置。对因结构要求已占据的印制板板面位置，不能再布设元器件和印制导线。

（3）布线要求。由于 SMT 提高了 PCB 上的组装密度，在通过 CAD 系统进行布线设计时，线宽和线间距、线与过孔、线与焊盘、过孔与过孔、线与穿孔焊盘之间的距离都要考虑好。当元器件尺寸较大、布线密度较疏松，应适当加大印制导线宽度及其间距，并尽可能把空余的区域合理地设置接地线和电源线。一般来说，功率（电流）回路的线宽、间距应大于信号（电压）回路；模拟回路的电线宽、间距应大于数字回路。

对于多层印制板，当内层不需电镀时，则内层线路应多于外层且采用较细的线条布线；在双层或多层印制板中，相邻两层的印制导线走向宜相互垂直、斜交，应尽量避免平行走向以减少电磁干扰；印制板上同时布设模拟电路和数字电路时，宜将它们的地线系统分开，电源系统分开；高速数字电路的输入端和输出端的印制导线，也应避免平行布线，必要时，其间应加设地线，同时数字信号线应靠近地线布设，以减小干扰；模拟电路输入线应加设保护环，以减小信号线与地线之间的电容。

印制电路上装有高压或大功率器件时，应尽量和低压小功率器件分开，并要确保其连接设计的合理、可靠。

大面积导线（如电源或接地区域），应在局部开设窗口。

（4）元器件布置。

1）贴装元器件的线脚间距应与元器件尺寸一致以保证贴装后焊脚尺寸与之吻合。元器件的布置应尽可能均匀分布，以避免相互干扰。

2）SMD 不应跨越插装元件。

3）元件的极性排列应尽量一致。

4）大功率元件附近应避开热敏元件，并与其他元件留有足够的距离；较重的元器件应安排在印制板的支撑点附近，以减小印制板变形；元器件排列应有利于空气的流通。

5）元器件位置的改动，特别是多层板上的元器件位置的任何改动，都应经认真分析和试验，以免造成错误的布线。

（5）焊盘设计及印字符号。

1）阻焊膜孔应稍大于焊盘。

2）丝网漏印的元件符号位置应避免元件贴装或插装后遮盖符号，以便识别。

3）焊盘应设置钻孔的导向点，导向点应与焊盘同心并小于钻孔尺寸。

（6）基准点。SMT 所用印制板应设计和制作基准作为定位点和公共测量点，以便印制板的层间定位和元件定位。但基准点的设置既不能覆盖阻焊膜，也不能接近布线。印制板的基准点最好在板的边缘，一般为 2～3 个；元器件的基准点可设置在元器件的布置区域内或在区域外的边缘处，一般为 1～3 个，可根据需要设置。

二、表面安装的其他材料

1. 黏结剂

常用的黏结剂有三类：按材料分有环氧树脂、丙烯酸树脂及其他聚合物黏结剂；按固化方式分有热固化、光固化、光热双固化及超声波固化黏结剂；按使用方法分有丝网漏印、压力注射、针式转移所用的黏结剂。除对一般黏结剂要求外，SMT 使用的黏结剂要求要快速固化（固化温度小于 150℃，时间不大于 20min）、触变特性好（触便性是胶体物质的黏度随外力作用而改变的特性）、耐高温（能承受焊接时 240～270℃ 的温度）、化学稳定性和绝缘性好。

2. 焊锡膏

焊锡膏简称焊膏或锡膏，是由焊料合金粉末和助焊剂组成，主要材料及作用见表 5-19。锡膏由专业工厂生产成品，使用者应掌握选用方法。

表 5-19　　　　　　　　　　焊 锡 膏 的 成 分

成　分		主　要　材　料	作　用
焊料合金粉末		Sn/Pb Sn/Pb/Ag	SMD 与电路的连接
助焊剂	活化剂	松香，甘油硬脂酸酯盐酸，联氨，三乙醇酸	金属表面的净化
	增黏剂	松香，松香脂，聚丁烯	净化金属表面，与 SMD 保持黏性
	溶剂	丙三醇，乙二醇	对焊膏特性的适应性
	摇溶性附加剂	Castor 石蜡（蜡乳化液） 软膏基剂	防离散，塌边等焊接不良

（1）焊膏的活性，根据 SMB 的表面清洁度确定，一般可选中等活性，必要时选高活性或无活性级、超活性级。

（2）焊膏的黏度，根据涂覆法选择，一般液料分配器用 100～200Pa·s，丝印用 100～300Pa·s，漏模板印刷用 200～600Pa·s。

判断锡膏具有正确黏度的一种经济和实际的方法：搅拌锡膏 30s，挑起一些高出容器 3～4in，锡膏自行下滴，如果开始时像稠的糖浆一样滑落，然后分段断裂落下到容器内为良好。反之，黏度较差。

（3）焊料粒度选择，图形越精细，焊料粒度应越高。

（4）电路采用双面焊时，板两面所用的焊膏熔点应相差 30～40℃。

（5）电路中含有热敏感元件时宜选用低熔点焊膏。

3．助焊剂和清洗剂

SMT 对助焊剂的要求和选用原则，基本上与 THT 相同，只是更严格，更有针对性。

SMT 的高密度安装使清洗剂的作用大为增加，至少在免清洗技术尚未完全成熟时，还离不开清洗剂。目前常用的清洗剂有两类，即 CFC－113（三氟三氯乙烷）和甲基氯仿，在实际使用时，还需加入乙醇酯、丙烯酸酯等稳定剂，以改善清洗剂的性能。

清洗方式除了浸注清洗和喷淋清洗外，还可用超声波清洗、气相清洗等方法。

第四节　表面安装设备与操作工艺

SMT 生产线的一般设备构成包括装料机、焊膏印刷机、贴片机、自动检测装置、再流焊炉、在线检测装置和卸料机。SMT 生产线基本组成如图 5－17 所示。

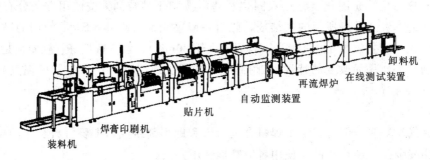

图 5-17　SMT 生产线基本组成图

SMT 的工艺过程为：由上料机将 PCB 装在生产线上，输送到焊膏印刷机上后，按已经编好的程序和预制的检板，将焊膏（同时含有黏结剂、助焊剂和焊料）刷在 PCB 上；进入贴片机后，按照设计要求由机械手自动地将所需的元器件放置在指定位置，由于焊膏中含有黏合剂，元器件可暂时定位、固定；自动检测装置对元器件的安装进行检验；进入再流焊炉时，先预热，再逐步升温至焊接温度，经保温后，元器件的焊接任务也就完成了；经过在线检测合格后，由卸料机将已装联好元器件的 PCB 板卸下，从此完成了全部的 PCB 装联工作。

一、表面安装设备

表面安装设备主要有四大类：涂布设备、贴片设备、焊接设备、检测及维修设备。

1. 涂布设备

涂布设备可以涂布黏结剂和焊锡膏，它直接影响表面组装组件的功能和可靠性。黏结剂涂布通常采用自动点胶机，焊膏涂布通常采用丝网印刷机。

（1）点胶机。在表面安装的某些情况下，为了使元器件牢固地粘在印制板上，并在焊接时不会脱落，需要在被焊电路板的贴片元器件安装处涂布黏结剂。

工作原理：压缩空气送入胶瓶（注射器），将胶压进与活塞室相连的进给管中，当活塞处于上冲程时，活塞室中填满胶，当活塞向下推进滴胶针头时，胶从针嘴压出。滴出的胶量由活塞下冲的距离决定，可以手工调节，也可以在软件中控制。

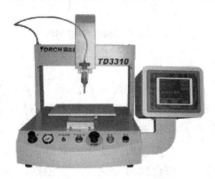

目前的表面安装生产中，普遍采用点胶机分配黏结剂，图 5-18 所示为 TD3310 型全自动点胶机。

（2）焊膏印刷机。丝印方法精确度高、涂布均匀、效率高，是目前 SMT 生产中主要的涂布方法。焊膏印刷机可涂布黏结剂和焊锡膏，生产设备有手动、半自动、自动式的各种型号规格商品焊膏印刷机，如图 5-19 所示。

图 5-18 全自动点胶机

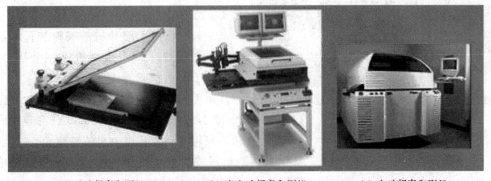

（a）手动焊膏印刷机　　　　（b）半自动焊膏印刷机　　　　（c）自动焊膏印刷机

图 5-19 焊膏印刷机

2. 贴片设备

贴片设备是 SMT 的关键设备，也是在设备投资中占比例最大的一项设备，一般称为贴片机。贴片机有小型、中型和大型之分。一般小型机有 20 个以内的 SMC/SMD 料架，采用手动或自动送料，贴片速度较低。中型机有 20～50 个材料架，一般为自动送料，贴片速度为低速或中速。大型机则有 50 个以上的材料架，贴片速度为中速或高速。

贴片机主要由材料储运装置、工作台、贴片头和控制系统组成，图 5-20 为贴片机构成及外观图。

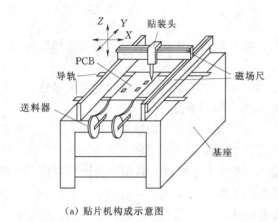

(a) 贴片机构成示意图　　　　　　　　(b) 高速转塔式贴片机

图 5-20　贴片机

（1）材料储运装置。由于 SMC/SMD 有散装、编带包装、盘式和管式包装等多种类型，所以储藏材料的支架也各不相同。运送装置由电机及传动机构组成，将材料按要求送到贴片头拾取的位置上。

（2）工作台。工作台大都由两台电机及传动机构组成 X—Y 方向可快速移动和准确定位，工作台的移动速度和定位精度制约了贴片机的主要指标。

图 5-21　工作中的高速旋转贴片机

（3）贴片头。贴片头由真空吸附系统、贴装角度旋转系统和检测定位系统构成。图 5-21 所示为工作中高速旋转贴片机的贴片头。

一般中型以上贴片机的吸附装置都是复合式，即用 4～10 个吸嘴组成一个贴片头，吸嘴的形状根据元器件形状选择。

角度旋转系统根据贴片机的档次可有 0°和 90°两方向旋转以及 0°～360°任意角度的旋转，采用气动或步进电机装置驱动。

检测贴片头拾取元器件是否正常，采用测负压或光电传感器方法。负压测试简单可靠，是大部分贴片机采用的方法，两种方式并用则是高档机的模式。

定位系统也有机械和光学校正两种，用于不同档次的机器。最新的设备则带有人工智能视觉系统。

（4）控制系统。控制系统一般由计算机及多路传感系统构成，随机器档次的不同而异，一般都配有专门的程序，须根据不同的产品进行编程。

（5）贴片机的技术指标。贴片机的技术指标有多项，其中主要的有三项：

1）PCB 板的尺寸，反映贴片机可贴最大 PCB 尺寸，一般最大可达 508×380mm。

2）贴片精度，有两种表示方式，一种直接给出贴装精度和重复精度，现在已可达到 0.05mm 贴装精度和 0.02mm 的重复精度；另一种用可贴装元器件最小尺寸表示，现在可达到贴装片式元件 1.0mm×0.5mm 或更小。

3）贴片速度，一般用贴装一个片式元件所需时间来表示，目前高速机可做到 0.25s，最快可达 0.1s 以下。

3．焊接设备

在 SMT 生产中采用的焊接方法主要有波峰焊和再流焊，其焊接设备主要包括波峰焊机和再流焊炉，具体内容参见第三章第六节。

4．SMT 电路板的焊接检测设备

目前在电路组装工艺中使用的检测技术主要包括人工目检（MVI）、自动视觉检测（AVI）、自动光学检测（AOI）、自动钎料检验（API/SPI）、自动激光/红外检测、在线电路检测（ICT）、声学显微镜检测边界扫描、自动 X 射线检测（AXI）、功能检测（FT）、飞针测试（FP）、系统测试（ST）和环境应力屏蔽（ESS）等。

SMT 电路的小型化和高密度化，使检验的工作量越来越大，依靠人工目视检验的难度越来越高，判断标准也不能完全一致。目前，生产厂家在大批量生产过程中检测 SMT 电路板的焊接质量，广泛使用自动光学检测（AOI）或 X 射线检测技术及设备。这两类检测系统的主要差别在于对不同光信号的采集处理方式的差异。

5．SMT 电路板维修设备

表面安装维修工作系统是用于表面安装电路板的维修，或者对品种变化多而批量不大的产品进行生产的时候，表面安装维修系统能够发挥很好的作用。

图 5-22 所示为 BGA3000 型精密维修系统。维修系统由一个小型化的贴片机和焊接设备组合而成，SMT 维修系统都备有与各种元器件规格相配的红外线加热炉、电热工具或热风焊枪，不仅可以用来拆焊那些需要更换的元器件，还能熔融焊料，把新贴装的元器件焊接上去。

图 5-22　精密维修系统 BGA3000

大多维修系统装备了高分辨率的光学检测系统和图像采集系统，操作者可以从监视器的屏幕上看到放大的电路焊盘和元器件电极的图像，使元器件能够高精度地定位贴装。高档的维修工作站甚至有两个以上摄像镜头，能够把从不同角度摄取的画面叠加在屏幕上。操作者可以看着屏幕仔细调整贴装头，让两幅画面完全重合，实现多引脚的 SOJ、PLCC、QFP、BGA、CSP 等器件在电路板上准确定位。

二、表面安装技术的基本工艺

（一）涂布工艺

1．黏结剂的涂布

在混合组装中常用黏结剂把表面元器件暂时固定在印制板的焊盘上，使片式元器件在后续工序和波峰焊作业时不会偏移或掉落；在双面组装时，也要采用黏结剂辅助固定表面组装集成电路，以防止翻板和工序间操作振动时，表面组装集成电路掉落。因此，在贴装表面组装元器件之前，要在 PCB 上设定焊盘位置涂布黏结剂。涂敷黏结剂的方法主要有三种：滴涂器滴涂（注射法）、针板转移式滴涂（针印法）、用丝网漏印机印刷（丝网漏印法）。

（1）针印法。针印法是利用针状物浸入黏结剂中，在提起时针头就挂上一定的黏结剂，将其放到 SMB 的预定位置，使黏结剂点到板上。当针蘸入黏结剂中的深度一定且胶水的黏度一定时，重力保证了每次针头携带的黏结剂的量相等，如果按印制板上元件安装的位置做成针板，并用自动系统控制胶的黏度和针插入的深度，即可完成自动针印工序，图 5-23 所示为针印法示意图。

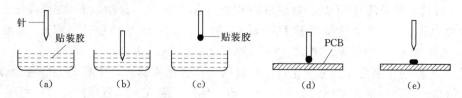

图 5-23　针印法示意图

（2）注射法。注射法如同用医用注射器一样的方式将黏结剂或焊锡膏注射到 SMB 上，通过选择注射孔的大小和形状，调节注射压力就可改变注射胶的形状和数量。

（3）丝网印刷法。用丝网漏印的方法涂布黏结剂或焊膏，是现在常用的一种方法。

丝网漏印与油印机类似，就是在丝网上粘附一层漆膜或胶膜，然后按技术要求将印制电路图制成镂空图形。利用已经制好的网板，用一定的方法使丝网和印刷机直接接触，并使黏结剂在网板上均匀流动，由掩膜图形注入网孔。当丝网脱开印制板时，黏结剂就以掩膜图形的形状从网孔脱落到印制板的相应焊盘图形上，从而完成黏结剂在印制板上的印刷。

丝网漏印时，丝网与 PCB 刮板之间保持一定距离，刮板以一定的速度和角度向前移动，对黏结剂产生一定的压力，推动黏结剂在刮板前滚动，产生将黏结剂注入网孔所需的压力。当刮板完成压印动作后，丝网回弹脱开 PCB 板。结果在 PCB 板表面就产生一个低压区，由于丝网黏结剂上的大气压与这一低压区存在压力差，所以就将黏结剂从网孔中推向 PCB 板表面，形成印刷的黏结剂形状。

2. 焊锡膏的涂布

焊锡膏涂布是将焊锡膏涂布在 PCB 的焊盘图形上，为表面组装元器件的贴装、焊接提供粘附和焊接材料。焊锡膏涂布主要有非接触印刷和直接接触印刷两种方式。非接触印刷常指丝网漏印，直接接触印刷则指模板漏印。

（1）丝网印刷法。焊锡膏的涂布也可采用丝网印刷法。丝网印刷是一种古老的印制工艺，操作简单，成本低，丝网是用 80～200 目的不锈钢金属网通过涂感光膜形成感光漏孔，制成丝印网板。但在实际生产中使用的网板往往是不锈钢或黄铜模板，而不是丝网。

（2）模板漏印法。模板漏印属直接印刷技术，它是用金属漏模板代替丝网漏印机中的网板。所谓漏模板是在一块金属片上，用化学方式蚀刻出漏孔或用激光刻板机刻出漏孔。此时，焊膏的厚度由金属片的厚度确定，一般比丝网漏印的厚，制作模板的材料主要有不锈钢和黄铜。

常用模板包括激光切割模板、电铸成型模板及化学蚀刻模板。激光切割成型的不锈钢模板通常为梯形开口，如图 5-24 所示，梯形开口有利于锡膏的印刷和印刷后锡膏从网板的脱模。

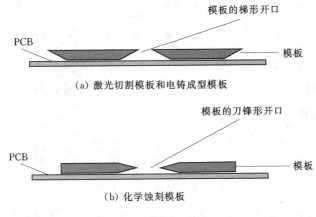

图 5-24　模板开口剖面图

图 5-25 所示为模板漏印的内部示意图。工作时只需将覆铜板在底板上定位，印制材料放到固定丝网的框内，再用硅胶/橡皮板刮压焊膏，使模板与覆铜板直接接触，在覆铜板上形成由焊锡膏组成的图形，然后脱模。

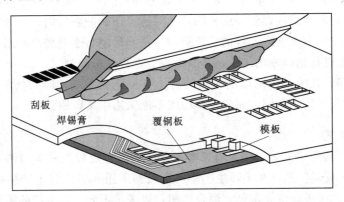

图 5-25　模板漏印内部示意图

图 5-26 所示为模板漏印过程图，刮刀以 60 度角推扫锡膏进行印刷。

（3）丝网漏印和模板漏印的比较。

1）丝网漏印和柔性金属模板印刷都是非接触印刷。印刷时，丝网或模板绷紧在金属网框上，并与印制板上的焊盘图形对准。焊膏印刷时，刮板行程后面的丝网或模板恢复起始位置，焊膏从开孔处脱落到焊盘上。因此，印刷顶面和丝网或模板之间有一个间隔，这个间隔称为印刷间隙，这种有印刷间隙的印刷操作称为非接触印刷。网目/乳胶模板漏印也属此类印刷。全金属模板漏印操作时没有印刷间隙，称为接触漏印。所以，丝网漏印是非接触印刷，而模板漏印有接触和非接触两种类型。

2）丝网漏印是一种印刷转移技术，印刷分辨率和厚度受诸如乳剂厚度、网孔密度、印刷间隙和刮板压力等因素的影响，这必然会降低焊膏印刷的可靠性，也不适合细间距印

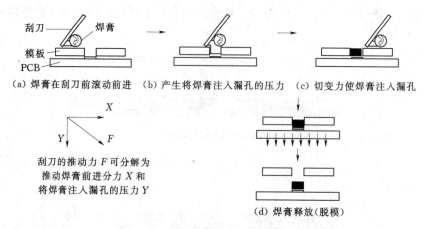

（a）焊膏在刮刀前滚动前进　（b）产生将焊膏注入漏孔的压力　（c）切变力使焊膏注入漏孔

刮刀的推动力 F 可分解为
推动焊膏前进分力 X 和
将焊膏注入漏孔的压力 Y

（d）焊膏释放（脱模）

图 5-26　模板漏印过程图

刷。模板漏印是一种直接印刷技术，金属模板具有优良的稳定性和耐磨性，适合于高精度要求的细间距印刷。

3）在模板漏印中，模板上的直通开孔提供了较高的可见度，容易进行对准，并且开孔不会堵塞，容易得到优良的印刷图形，并易于清洗。

4）模板漏印可进行选择印刷，而丝网漏印则不行。当细间距器件和普通器件组装在一块印制板上时，所要求的焊膏厚度不同，此时选择印刷能满足同一块印制板上不同厚度焊膏印刷的要求。随着细间距器件的广泛应用，选择印刷将逐渐普及。用选择印刷时可在网目/乳胶模板上进行选择蚀刻，或在金属模板上进行分步蚀刻。

5）这两种印刷技术采用的印刷机在结构上有一定的差距，印刷技术方面也不相同。另外模板漏印可采用手工印刷，而丝网漏印则不能采用手工印刷。

（二）安装工艺

SMT 工艺按其焊接方式，主要有两类最基本的工艺流程：一类是贴片-波峰焊工艺；另一类是锡膏-再流焊工艺。在实际生产中，应根据所用元器件和生产装备的类型以及产品的需求，选择单独进行或者重复、混合使用，以满足不同产品生产的需要，基本的工艺流程如下。

1. 采用波峰焊的工艺流程

采用波峰焊的工艺流程基本上是五道工序：点胶、贴片、烘干固化、波峰焊接、清洗及测试，如图 5-27 所示。

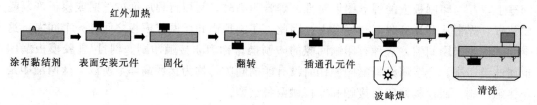

涂布黏结剂　　表面安装元件　　固化　　　翻转　　　插通孔元件　　波峰焊　　　清洗

图 5-27　贴片-波峰焊工艺流程

（1）点胶：将胶水点到要安装元件的中心位置。

方法：用手动／半自动／自动点胶机。

（2）贴片：将无引线元件放到电路板上。

方法：用手动／半自动／自动贴片机。

（3）固化：使用相应的固化装置将无引线元件固定在电路板上。

（4）焊接：将固化了无引线元件的电路板经过波峰焊机，实现焊接。

这种生产工艺适合于大批量生产，价格低廉，但要求设备多，对贴片的精度要求比较高，对生产设备的自动化程度要求也很高，难以实现高密度安装。

2. 采用再流焊的工艺流程

采用再流焊的工艺流程基本上是四道工序，如图 5-28 所示。

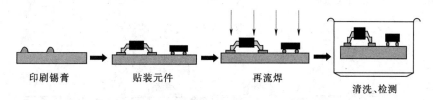

印刷锡膏　　　　贴装元件　　　　再流焊　　　　清洗、检测

图 5-28　锡膏-再流焊工艺流程

（1）涂焊膏：将专用焊膏涂在电路板上的焊盘上。

方法：丝印／涂膏机。

（2）贴片：将无引线元件放到电路板上。

方法：手动／半自动／自动贴片机。

（3）再流焊：将电路板送入再流焊炉中，通过自动控制系统完成对元件的加热焊接。

方法：使用再流焊炉。

这种生产工艺比较灵活，既可用于中小批量生产，又可用于大批量生产，而且这种生产方法由于无引线元器件没有被胶水定位，经过再流焊时，元件在液态焊锡表面张力的作用下，会使元器件自动调节到标准位置。

（4）清洗及测试：再流焊接过程中，由于助焊剂的挥发，助焊剂不仅会残留在焊接点的附近，还会沾染电路基板的整个表面。通常采用超声波清洗机，把焊接后的电路板浸泡在无机溶液或去离子水中，用超声波冲击清洗，然后进行电路检验测试。

锡膏-再流焊又包括单面再流焊、双面再流焊工艺。双面再流焊如图 5-29 所示，A 面布有大型工件，B 面以片式元件为主。该工艺流程能充分利用 PCB 空间，并实现安装面积最小化，工艺控制复杂，要求严格，常用于密集型或超小型电子产品，移动电话是典型产品之一。

3. 混合安装工艺流程

若将上述两种工艺流程混合与重复，则可以演变成多种工艺流程供电子产品组装之用，如混合安装。如图 5-30 所示，该工艺流程特点是充分利用 PCB 双面空间，是实现安装面积最小化的方法之一，并仍保留通孔元件价廉的优点，多用于消费类电子产品的组装。

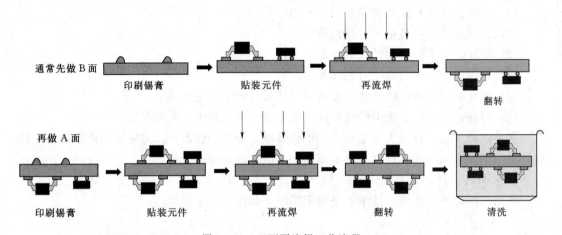

通常先做 B 面　印刷锡膏　→　贴装元件　→　再流焊　→　翻转

再做 A 面　印刷锡膏　→　贴装元件　→　再流焊　→　翻转　→　清洗

图 5-29　双面再流焊工艺流程

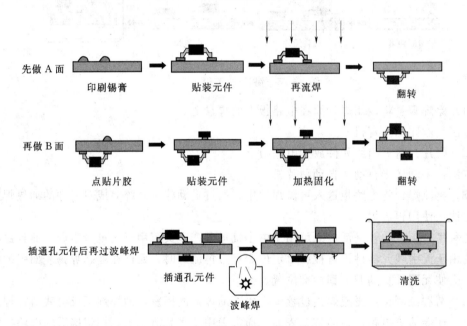

先做 A 面　印刷锡膏　→　贴装元件　→　再流焊　→　翻转

再做 B 面　点贴片胶　→　贴装元件　→　加热固化　→　翻转

插通孔元件后再过波峰焊　插通孔元件　→　波峰焊　→　　　　→　清洗

图 5-30　混合安装工艺流程

（三）焊接工艺

焊接是表面安装中的主要工艺技术。在一块表面安装组件上少则有几十个，多则有成千上万个焊点，一个焊点不良就会导致整个产品失效，因此焊接质量直接影响电子设备的性能。焊接质量取决于所用的焊接方法、焊接材料、焊接工艺和焊接设备。表面安装采用软钎焊技术，它将表面安装元器件焊接到 PCB 的焊盘图形上，使元器件与 PCB 电路之间建立可靠的电气和机械连接，从而实现具有一定可靠性的电路功能。根据熔融焊料的供给方式，在 SMT 中采用的软钎焊技术主要有波峰焊和再流焊。一般情况下，波峰焊用于混合安装方式，再流焊用于全表面安装方式。

波峰焊技术与再流焊技术是印制电路板上进行大批量焊接元器件的主要方式。波峰焊与再流焊之间的基本区别在于热源与钎料的供给方式不同。在波峰焊中，钎料波峰有两个作用，一是供热，二是提供钎料；在再流焊中，热是由再流焊炉自身的加热机理决定的，焊膏首先是由专用的设备以确定的量涂布的。就目前而言，再流焊技术与设备是焊接表面组装元器件的主选技术与设备，但波峰焊仍不失为一种高效自动化、高产量、可在生产线上使用的焊接技术。

采用波峰焊对无引线元件焊接时，由于焊点上无插件孔，因而助焊剂在高温气化时所产生的大量蒸气无法排放，在印制电路板和锡峰表面交接处会产生"锡爆炸"，无数个细小的锡珠会溅到印制电路板上的铜锡线和元器件之间，形成"桥连"电路。为了解决这个问题，现在的波峰焊工艺对焊锡波峰采用双 T 形波峰，较好地解决了这个问题。

采用再流焊对无引线元件焊接时，在元器件的焊接处都已经预焊上锡，印制电路板上的焊接点也已涂上焊膏，通过对焊接点加热，使两种工件上的焊锡重新融化到一起，实现了电气连接，所以这种焊接也称为重熔焊。常用的再流焊加热方法有热风加热、红外线加热和激光加热，其中红外线加热方法具有操作方便、使用安全、结构简单等优点，在实际生产中使用得较多。表 5 - 20 为各种设备焊接 SMT 电路板的性能比较。

表 5 - 20　　　　　　　　各种设备焊接 SMT 电路板的性能比较

焊接方法		初始投资	生产费用	生产效率	温度稳定性	工 作 适 应 性				
						温度曲线	双面装配	工装适应性	温度敏感元件	焊接误差率
再流焊	红外	低	低	中	取决于吸收	尚可	能	好	要屏蔽	①
	气相	中-高	高	中-高	极好	②	能	很好	会损坏	中等
	热风	高	高	高	好	缓慢	不能	好	会损坏	很低
	热板	低	低	中-高	好	极好	不能	差	影响小	很低
	激光	高	中	低	要精确控制	实验确定	能	很好	极好	低
波峰焊		高	高	高	好	难建立	③	不好	会损坏	高

①　经适当夹持固定后，焊接误差率低。

②　温度曲线改变时间停顿容易，改变温度困难。

③　一面插装普通元件，SMD 在另一面。

除了波峰焊接和再流焊接技术之外，为了确保 SMA 的可靠性，对于一些热敏感性强的 SMD 常采用局部加热方式进行焊接。

三、手工 SMT 的基本操作

尽管在现代化生产过程中自动化和智能化是必然趋势，但在研究、试制、维修领域，手工操作方式还是无法取代的，不仅有经济效益的因素，而且所有自动化、智能化方式的基础仍然是手工操作，因此电子技术人员应该了解手工 SMT 的基本操作方法。

手工 SMT 所用的 SMC／SMD 及 SMB 与自动安装没有什么两样，涂布黏结剂和焊膏、贴片、焊接是其技术关键。

1. 涂布黏结剂和焊膏

最简单的涂布是用焊膏分配器或人工用针状物直接点胶或涂焊膏，经过训练，技术高超的人同样可以达到机械涂布黏结剂的效果。

手动丝网印刷机及手动点胶机可满足小批量生产的要求，我国已有这方面的专用设备生产，可供使用单位选择。

2. 贴片

贴片机是 SMT 设备中最昂贵的设备。手工 SMT 操作最简单的方法，是用镊子借助于放大镜，仔细将片式元器件放到设定的位置。由于片式元器件的尺寸太小，特别是窄间距的 QFP 引线很细，用夹持的办法很可能损伤元器件，采用真空吸笔（一种带有负压吸嘴的手工贴片装置）是最好的选择，这种装置一般备有尺寸形状不同的若干吸嘴以适应不同形状和尺寸的元器件，有的装置上自带视像放大装置。

3. 焊接

（1）手工烙铁焊接是最简单的焊接，最好采用恒温或电子控温的烙铁，焊接的技术要求和注意事项同普通印制板的焊接相同，但更强调焊接的时间和温度。短引线或无引线的元器件较普通长引线元器件的焊接技术难度大。合适的电烙铁加上正确的操作，可以达到同自动焊接相媲美的效果。

图 5-31 热风拔放台上四边夹具
可调的加热工具

（2）利用热风拔放台。图 5-31 所示为热风拔放台上四边夹具可调的加热工具，焊接时，要在焊点涂上极少量的焊油，然后用镊子夹住元件的侧面压在焊点上，用热风枪加热，当焊锡融化后热风枪撤离，焊锡凝固后镊子松开撤离。如需在热容量较大的电路板上焊接时可与热板配合使用。

（3）有一台桌面式小型再流焊机是比较理想的。手工再流焊工具有小型化、模块化、操作简便、易于维护等特点。一般包括热风焊笔、集成块拆装工具，烙铁、点胶工具、温度控制器、热板等。

4. 焊剂

相对于贴片机而言，焊剂的投资不是很大，手工操作 SMT 对焊膏、黏结剂、焊剂及清洗剂的要求一点不能降低。

5. 拆焊

维修系统包括具有真空提取功能的集成电路拆装工具、进行非接触焊装的热风枪、用来快速摘除表贴元器件的镊子式烙铁、提取元器件用的真空吸笔等。

（1）对耐高温性能较好的电阻等元器件，可用热风枪拆焊。温度不要太高，时间不要太长，以免损坏相邻元件或使电路板的另一面的元件脱落。风量不要太大，以免吹跑元件或使相邻元件移位。拆焊时，调好热风枪的温度和风量，尽量使热气流垂直于电路板并对正要拆的电阻加热，手拿镊子在电阻旁等候，当元件两端的焊锡融化时，迅速用镊子从元件的两侧面夹住取下，注意不要碰到相邻元件以免使其移位。

（2）对于上表面为银灰色侧面为多层深灰色的涤纶电容和其他不耐高温的电容等元器

件，不要用热风枪处理，以免损坏。拆焊这类元器件时要用两个或多个电烙铁同时加热焊点使焊锡融化，在焊点融化状态下用烙铁尖向侧面拨动使焊点脱离，然后用镊子取下。

手工操作可借助工具、设备进行，图5-32所示为适合SMT手工操作的设备。

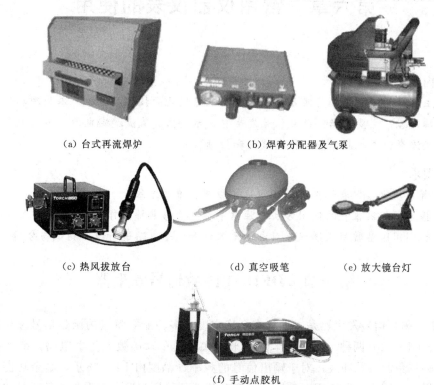

（a）台式再流焊炉　　　　　　　　（b）焊膏分配器及气泵

（c）热风拔放台　　　　　（d）真空吸笔　　　　　（e）放大镜台灯

（f）手动点胶机

图5-32　适合SMT手工操作设备

习　　题

1. 什么是SMT？SMT有何特点？

2. 表面安装中的涂布技术包含几项内容，各采用何种方式？

3. 简述丝网漏印的原理和作用。

4. 简述点胶原理和作用。

5. 贴装的精度、速度主要由哪些指标来衡量？

6. 为什么说贴装技术是SMT的关键技术？

7. 表面安装技术中主要使用哪些软钎焊方法？

8. SMT元器件与THT元器件有哪些异同点？

9. 表面安装元器件有哪几种基本外形？

10. SMC、SMD各代表什么意思？

11. 电阻网络有什么特点和用途？

12. 片式电解电容器如何区分正负极？

13. 片式集成电路有哪几种封装形式，各有什么特点？

第六章　常用仪器仪表的使用

主要内容：

本章主要介绍了电子工艺实习过程中常用仪器仪表的技术指标、基本原理和维护使用方法等基础内容，主要包括：函数信号发生器、示波器、直流稳定电源、万用电表、数字频率计、交流毫伏表、晶体管特性测试仪和扫频仪。

基本要求：

1. 了解常用仪器仪表的技术指标、基本原理和维护方法。

2. 掌握常用仪器仪表的使用方法和注意事项并能够熟练操作。

3. 能够利用这些常用仪器仪表对电子元器件和电子电路进行技术测试与分析。

第一节　DF1641 函数信号发生器

DF1641 函数信号发生器是一种具有高稳定度，多功能等特点的函数信号发生器，有 DF1641B、DF1643B 两种。信号产生部分采用大规模单片函数发生器电路，能产生正弦波、方波、三角波、脉冲波；对于输出信号的频率、幅度由 LED 显示，其余功能则由发光二极管指示，用户可以直观、准确地了解到仪器的使用状况。仪器的机箱设计采用了塑料面框、金属结构，外型设计典雅坚固，操作方便性能可靠。

一、技术指标

1. 频率范围

DF1641B、DF1643B：0.3Hz～3MHz，分 7 挡，5 位 LED 显示。

2. 波形

(1) 波形：正弦波、方波、三角波、正向或负向脉冲波、正向或负向锯齿波。

(2) 对称度调节范围：80：20～20：80。

3. 正弦波

(1) 失真：10Hz～100kHz 不大于 2％；

(2) 频率响应：频率低于 100kHz 不大于 ±0.5dB，其余不大于 ±1dB。

4. 方波前沿、后沿

方波前、后沿不大于 100ns。

5. TTL 输出

(1) 电平：高电平不小于 2.4V，低电平不大于 0.4V，能驱动 20 只 TTL 负载。

(2) 上升时间：不大于 40ns。

6. 输出

(1) 阻抗：$50\Omega\pm5\Omega$；

(2) 幅度：不小于 20V（空载）；3 位 LED 显示。

(3) 衰减：20dB、40dB、60dB。

(4) 直流偏置：$0\sim\pm10V$，可调。

(5) 幅度显示误差：$\pm10\%\pm2$ 个字（输出幅度值大于最大输出幅度 1/10 时）。

7. VCF 输入

(1) 输入电压：$-5\sim0V$。

(2) 最大压控比：100：1。

(3) 输入信号：DC，1kHz。

8. 功率输出

DF1641C 具有此功能，频率范围 0.3Hz～200kHz。

(1) 幅度：不小于 20V。

(2) 输出功率：不小于 5W。

9. 频率计

(1) 测量范围：1Hz～100MHz。

(2) 输入阻抗：$1M\Omega/20pF$。

(3) 灵敏度：100mV（rms）。

(4) 最大输入：150V（AC＋DC）（按下输入衰减）。

(5) 最大衰减：20dB。

(6) 测量误差：不大于 $3\times10^{-5}\pm1$ 个字。

10. 电源适应范围

(1) 电压：$220V\pm22V$。

(2) 频率：$50Hz\pm2Hz$。

(3) 功率：10VA。

11. 工作环境

(1) 温度：$0\sim40℃$。

(2) 湿度：小于 90％RH。

(3) 大气压力：86～104kPa。

12. 尺寸

280mm×255mm×100mm（$L\times B\times H$）；重量：3kg。

二、工作原理

函数信号发生器 DF1641 的方框图如图 6-1 所示。

1. 波形发生电路

波形发生电路由 MAX8038 函数发生器及频率、占空比控制电路组成，波形的选择、频率、占空比的调节都是由单片机来控制。

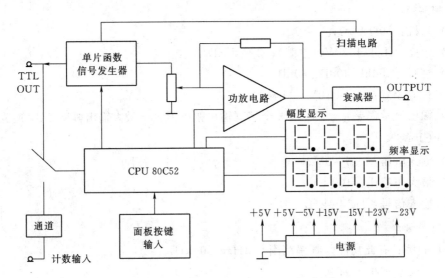

图 6-1　函数信号发生器 DF1641 原理框图

2. 单片机智能控制电路

单片机智能控制电路由单片机 80C52、面板按键输入、频率、幅度显示器及其他各种控制信号的输出及指示电路组成。其主要功能是：控制输出信号的波形、调节函数信号的频率、测量输出信号或外部输入信号的频率并显示输出波形的幅度。

3. 频率计数通道

频率计数通道电路由宽带放大器及方波整形器组成，主要功能用于外测频率时对于信号的放大整形。

4. 功率放大器

为了保证功率放大电路具有非常高的压摆率和良好的稳定性，功放电路采用双通道形式，整个功放电路具有倒相特性。

5. 电源

本机采用±23V、±15V、±5V 和 +5V 共 4 组电源组成。±23V 电源供功放使用，±15V、±5V 电源供波形发生电路使用，+5V 主要供单片机智能控制电路使用。

三、结构特性

本机采用了塑料面框、全金属结构，外型新颖美观，体积小，结构坚固，操作方便，性能可靠，电路元件分别安装在两块印制电路板上，各调整元件均置于明显位置，当仪器进行调整和维修时，拧下后面框下部的两个螺钉，拆去上、下盖板即可。

四、使用与维护

1. 面板标志说明及功能

面板标志说明及功能见图 6-2 和表 6-1。

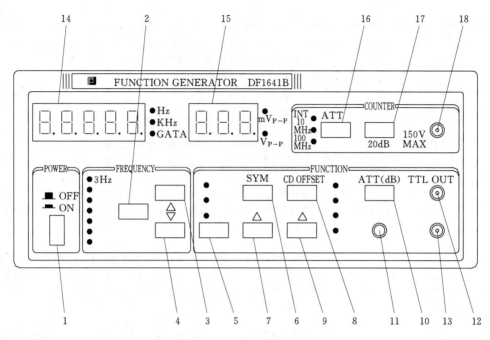

图 6-2 面板布局图

表 6-1			功 能 说 明
序号	面板标志	名称	作　　用
1	POWER	电源开关	按下开关，机内电源接通，整机工作。此键释放为关掉整机电源
2	RANGE	频率范围选择	按一下此按键，可改变输出信号频率的频段。同时与此对应的指示灯亮。与"3""4"配合选择工作频率
3	△	频率增加	频率增加调节按钮，每按一下按键，频率增加约为2‰，连续按下，1s以上频率增加2%，2s以上频率增加5%，频率增加的步进由低速步进到高速步进。到了本频段内最高频率时，按增加键无效。注意：①要细调频率时，应按一下按钮，然后马上松开，这样步进量约为2‰；②频率显示将要到你所需的频率时，应提前释放按钮
4	▽	频率减低	频率减低调节按钮，每按一下按键，频率减低约为2‰，连续按下1s以上频率减低2%，2s以上频率减低5%，频率减低的步进由低速步进到高速步进。到了本频段内最低频率时，按减低键无效。注意：①要细调频率时，应按一下按钮，然后马上松开，这样步进量约为2‰；②频率显示将要到你所需的频率时，应提前释放按钮
5		波形选择	按此按键可选择正弦波、方波、三角波，同时与此对应的指示灯亮。与"6""7"配合使用可选择正向或负向脉冲波、正向或负向斜波
6	SYM	对称度	对称度控制按钮，指示灯亮时有效
7	△	对称度调节	当对称度控制（指示灯亮）有效时，按此按键对称度将从20：80～80：20变化。连续按时，变化的步进量由小到大
8	DC OFFSET	直流偏置	输出信号直流偏置控制按钮，指示灯亮时有效
9	△	直流偏置调节按钮	当输出信号直流偏置（指示灯亮）有效时，按此按键时，直流偏置从－10～＋10V变化。连续按时，变化的步进量由小到大

续表

序号	面板标志	名称	作 用
10	ATT（dB）	输出衰减	按此按键，可选择输出信号幅度的衰减量，分别为 0dB、20dB、40dB、60dB。同时与此对应的指示灯亮
11	AMPL	输出幅度调节	函数信号输出幅度调节旋钮
12	TTL OUT	TTL 输出	TTL 幅度的脉冲信号输出端，输出阻抗为 50Ω
13	OUTPUT	输出	函数信号输出，阻抗为 50Ω，最大输出幅度为 $20V_{P-P}$
14		频率显示	显示输出信号的频率，或外测频率信号的频率
15		幅度显示	显示输出信号幅度的峰—峰值（空载）。若负载阻抗为 50Ω 时，负载上的值应为显示值的 1/2。当需要输出幅度小于幅度电位器置于最大时的 1/10，建议使用衰减器
16	INT/EXT1/EXT2	内接/外接 1/外接 2	频率计的内测、外测选择按键，指示灯亮时有效。当选择外测时，EXT1 灯亮时外测频率范围为 1Hz～10MHz，EXT1、EXT2 同时亮时外测频率范围为 10～100MHz。如输入端无信号，约 10s 后，频率计显示为 0
17	ATT	衰减	当计数器选择外接时，如果输入信号幅度较大，那么按一下此键输入信号衰减 20dB，指示灯亮有效
18	INPUT	计数器输入	外测频率时，信号从此输入

2. 后面板各部分的名称

后面板布局如图 6-3 所示。

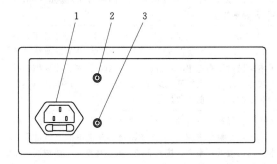

图 6-3 后面板布局图
1—电源插座；2—保险丝座；3—插座

（1）电源插座：为交流市电 220V 输入插座。

（2）保险丝座：电源保险丝插座，保险丝容量为 0.5A。

（3）插座：为 VCF 插座，是外接电压控制频率输入端。

3. 维护与校正

（1）校失真：将仪器输出幅度旋至最大，选择正弦波，频率为 1kHz，将输出接至失真度计，调节 $R_{P_{101}}$ 使失真符合技术要求。

（2）校输出幅度：在（1）状态测此时输出幅度峰-峰值，调节 $R_{P_{103}}$ 使指示值与输出幅度值符合技术要求。

（3）校频率：将外部标准振荡器的 10MHz 信号输入到"外接计数器"端口，调节 C_5 使 LED 显示 9999.9kHz，将标准振荡器的幅度调至 100mV（rms），调节 $R_{P_{401}}$ 使 LED 稳定显示 9999.9kHz。

第二节　DF4321 示波器

DF4321 示波器是便携式双通道示波器，垂直系统最小垂直偏转因数为 1mV/DIV，水平系统具有 0.2s/DIV 到 0.2μs/DIV 的扫描速度，并设有扩展×10，可将扫速提高到 20ns/DIV。

DF4321 示波器具有的特点：便携式稳定可靠；偏置输出功能；可以方便地观察幅度较大波形的任何部分；具有电视信号同步功能；交替触发功能可以观察两个频率不相关的信号波形。

一、技术参数

各项技术参数见表 6-2～表 6-12。

表 6-2　　　　　　　　　　　　垂 直 系 统

项　目	技 术 指 标
灵敏度	5mV/DIV～5V/DIV 按 1—2—5 顺序分 10 挡。 扩展×5：1mV/DIV～1V/DIV
精度	±3%：通常。 ±5%：扩展×5
微调范围	＞2.5：1
带宽（−3dB）	DC−20MHz
输入阻抗	直接：1MΩ±2%，25pF±5pF。 接 10：1 探头 1MΩ±5%，16pF±2pF
最大输入电压	300V（DC＋AC 峰值）
幅度线性误差	≤5%
工作方式	CH1、CH2、ALT、CHOP、ADD

表 6-3　　　　　　　　　　　　触 发 系 统

项　目	技 术 指 标
触发系统	内触发：DC～10MHz，1.00DIV； 　　　　DC～20MHz，1.50DIV。 外触发：DC～10MHz，0.3V； 　　　　DC～20MHz，0.5V； 　　　　TV Signal，0.5V
自动方式下限频率	25Hz
外触发最大输入电压	300V（DC＋AC 峰值）
触发源	内、外
内触发源	CH1、CH2、VERT、MODE、LINE
触发方式	常态、自动、电视场

表 6 - 4 水 平 系 统

项　目	技 术 指 标
扫描速度	0.2s/DIV～0.2μs/DIV　按 1—2—5 顺序分 19 挡。 扩展×10，最快扫描 20ns/DIV
精度	±3%；扩展×10 时：±10%
扫描线性	×1 时：±5%；×10 时：±10%

表 6 - 5 X—Y 方 式

项　目	技 术 指 标
灵敏度	同垂直系统
精度	同垂直系统
X 带宽 （−3dB）	DC：0～1MHz，AC：10Hz～1MHz
相位差	＜3°（DC−50kHz）

表 6 - 6 Z 轴 系 统

项　目	技 术 指 标
灵敏度	5V 低电平加亮
输入阻抗	33kΩ
带宽	DC−2MHz
最大输入电压	30V（DC＋ACpeak）

表 6 - 7 校 正 信 号

项　目	技 术 指 标
波形	对称方波
幅度	0.5V±2%
频率	1kHz±2%

表 6 - 8 CH1 垂 直 信 号 输 出

项　目	技 术 指 标
带宽	50Hz～5MHz
输出电压	≥20mV/DIV（输出端配 50Ω 负载）

表 6 - 9 示 波 管

项　目	技 术 指 标
有效工作面	8cm×10cm
发光颜色	绿色

表 6 - 10   电　源

项　目	技 术 指 标
电压范围	110V：99～121V。 220V：198～242V
频率	48～62Hz
功耗	30W

表 6 - 11   物 理 特 性

项　目	技 术 指 标
重量	6.5kg
尺寸	370mm×310mm×130mm（$L×B×H$）

表 6 - 12   环 境 条 件

项　目	技 术 指 标
工作温度	0～40℃
工作湿度	35％～85％RH

二、操作说明

1. 面板各控制件位置

前、后面板布局如图 6 - 4 和图 6 - 5 所示，其功能见表 6 - 13。

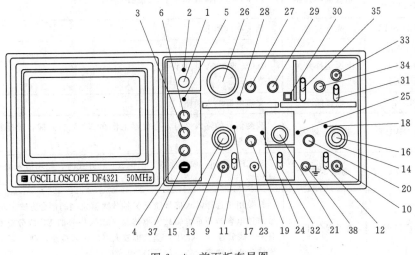

图 6 - 4　前面板布局图

173

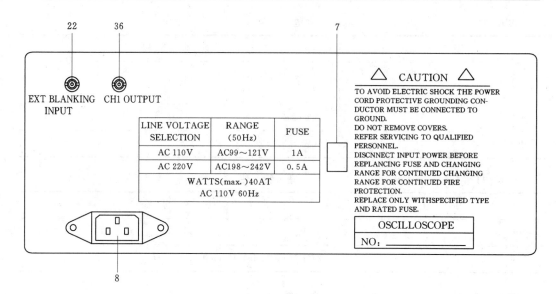

图 6-5　后面板布局图

表 6-13　　　　　　　　　　示波器面板功能说明

序号	面板标志	名　称	作　　用
1	POWER	电源开关	按下时电源接通，弹出时关闭
2	POWER LAMP	电源指示灯	当电源在"ON"状态时，指示灯亮
3	FOCUS	聚焦控制	调节光点的清晰度，使其圆又小
4	SCALE ILLUM	刻度照明控制	在黑暗的环境或照明刻度线时调节此钮
5	TRACE ROTATION	轨迹旋转控制	用来调节扫描线和水平刻度线的平行
6	INTEN SITY	亮度控制	轨迹亮度调节
7	POWER SOURCE SELECT	电源选择开关	110V 或 220V 电源设置
8	AC INLET	电源插座	交流电源输入插座
9	CH1 INPUT	通道 1 输入	被测信号的输入端口，当仪器工作在 $X—Y$ 方式时，此端输入的信号变为 X 轴信号
10	CH2 INPUT	通道 2 输入	与 CH1 相同，但当仪器工作在 $X-Y$ 方式时，此端输入的信号变为 Y 轴信号
11 12	AC - GND - DC	输入耦合开关	开关用于选择输入信号馈至 Y 轴放大器之间的耦合方式。AC：输入信号通过电容器与垂直轴放大器连接，输入信号的 DC 成分被截止，且仅有 AC 成分显示。GND：垂直轴放大器的输入接地。DC：输入信号直接连接到垂直轴放大器，包括 DC 和 AC 成分
13 14	VOLTS/DIV	灵敏度选择开关	CH1 和 CH2 通道灵敏度调节，当用 10∶1 的探头与仪器组合使用时，读数乘 10 倍

序号	面板标志	名　称	作　用
15 16	VAR PULL×5	微调扩展控制开关	当旋转此旋钮时，可小范围地改变垂直偏转灵敏度，当逆时针旋转到底时，其变化范围应大于 2.5 倍，通常将此旋钮顺时针旋转到底。当旋钮位于 PULL 位置时（拉出状态），垂直轴的增益扩展 5 倍，且最大灵敏度为 1mV/DIV
17 18	UNCAL	衰减不校正灯	亮表示微调旋钮没有处在校准位置
19	POSITION PULL DC OFFSET	旋钮	此旋钮用于调节垂直方向位移。当旋钮拉出时，垂直轴的轨迹调节范围可通过 DC 偏置功能扩展，可测量大幅度的波形
20	POSITION PULL INVERT	旋钮	位移功能与 CH1 相同，但当旋钮处于 PULL 位置时（拉出状态）用来倒置 CH2 上的输入信号极性。此控制件方便地用于比较不同极性的两个波形，利用 ADD 功能键还可获得（CH1）−（CH2）的信号差
21	MODE	工作方式选择开关	此开关用于选择垂直偏转系统的工作方式。CH1：只有加到 CH1 的信号才能出现在屏幕上。CH2：只有加到 CH2 的信号才能出现在屏幕上。ALT：加到 CH1 和 CH2 通道的信号能同时显示在屏幕上，这个工作方式通常用于观察加到两通道上信号频率较高的情况。CHOP：加到 CH1 和 CH2 的信号受 250kHz 自激振荡电子开关的控制，同时显示在屏幕上。这个方式用于观察两通道信号频率较低的情况，ADD：加到 CH1 和 CH2 输入信号的代数和出现在屏幕上
22	CH1 OUTPUT	通道 1 输出插口	输出 CH1 通道信号的取样信号
23	DC OFFSET VOLT OUT	直流电压偏置输出口	当仪器设置为 DC 偏置方式时，该插口可配接数字万用表，读出直流电压值
24 25	DC BAL	直流平衡调控制件	用于直流平衡调节
26	TIME/DIV	扫速选择开关	扫描时间为 19 挡，从 0.2μs/DIV～0.2s/DIV。X‐Y：此位置用于仪器工作在 X‐Y 状态，在此位置时，X 轴的信号连接到 CH1 输入，Y 轴信号加到 CH2 输入，并且偏转范围从 1mV/DIV～5V/DIV
27	SWP	扫描微调控制	（当开关不在校正位置时）扫描因素可连续改变。当开关按箭头的方向顺时针旋转到底时，为校正状态，此时扫描时间由 TIME/DIV 开关准确读出。逆时针旋转到底扫描时间扩大 2.5 倍
28	SWEP UNCAL LAPM	扫描不校正灯	灯亮表示扫描因素不校正
29	POITTON PULL 10MAG	控制旋钮	此旋钮用于水平方面移动扫描线，在测量波形的时间时适用。当旋钮顺时针旋转，扫描线向右移动，逆时针向左移动。拉出此旋钮，扫描倍乘 10
30	CH1 ALT MAG	通道 1 交替扩展开关	CH1 输入信号能以×1（常态）和×10（扩展）两种状态交替显示
31	INT LINE EXT	触发源选择开关	内（1NT）：取加到 CH1 和 CH2 上的输入信号为触发源。电源（LINE）：取电源信号为触发源。外（EXT）：取加到 TRIG INTPUT 上的外接触发信号为触发源，用于垂直方向上特殊的信号触发

续表

序号	面板标志	名　称	作　　用
32	INT TRIG	内触发选择开关	此开关用来选择不同的内部触发源。取加到 CH1 和 CH2 上的输入信号为触发源。CH1：取加到 CH1 上的输入信号为触发源。CH2：取加到 CH2 上的输入信号为触发源。组合方式 $\frac{VERT}{MODE}$ 用于同时观察两个不同频率的波形，同步触发信号交替取自于 CH1 和 CH2
33	TRIG INPUT	外触发输入连接器	输入端用于外接触发信号
34	TRIG LEVEL	触发电平控制旋钮	通过调节本旋钮控制触发电平的起始点，且能控制触发极性。按进去（常用）是正极性，拉出来是负极性（图 6-4）
35	TRIG MODE	触发方式选择开关	自动（AUTO）：仪器始终自动触发，并能显示扫描线。当有触发信号存在时，同正常的触发扫描，波形能稳定显示。该功能使用方便。 常态（NORM）：只有当触发信号存在时，才能触发扫描，在没信号和非同步状态情况下，没有扫描线。该工作方式，适合信号频率较低的情况（25Hz 以下）。 电视场（TV-V）：本方式能观察电视信号的场信号波形（图 6-4）。 电视行（TV-H）：本方式能观察电视信号的行信号波形（图 6-4）。 注：TV-V 和 TV-H 同步仅适用于负的同步信号
36	EXT BLANKING	外增辉插座	本输入端用于辉度调节。它是直流耦合，加入正信号辉度降低，加入负信号辉度增加
37	PROBE ADJUST	校正信号	提供幅度为 0.5V，频率为 1kHz 的方波信号，用于调整探头的补偿和检测垂直和水平电路的基本功能
38	GND	接地端	示波器的接地端

2. 控制件的作用

同步极性选择说明如图 6-6 和图 6-7 所示。

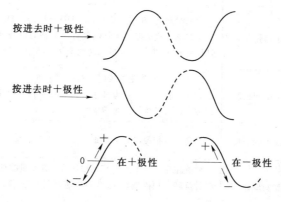

图 6-6　同步极性选择

三、操作方法

1. 测定前的检查

为了使本仪器能经常保持良好的使用状态，请进行测定前的检查。这种检查方法也适用以后的操作方法及应用测量。

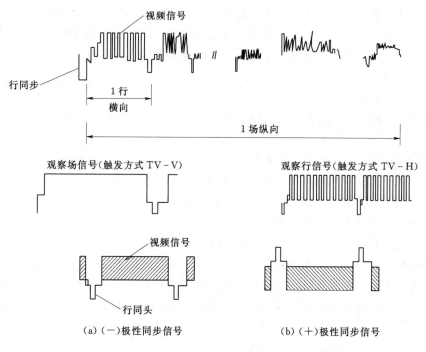

图 6-7　同步信号

（1）使用前请先将各调整钮按表 6-14 进行预设。

表 6-14　　　　　　　　　　　　　　调 整 钮 预 设

电源（POWER）	关
辉度（INTEN）	逆时针旋到底
聚焦（FOCUS）	居中
AC－GND－DC	GND
↑↓位移（POSITION）	居中（旋钮按进）
垂直工作方式（V. MODE）	CH1
触发（TRIG）	自动
触发源（TRIG SOURCE）	内
内触发（INT TRIG）	CH1
TIME/DIV	0.5ms/DIV
←→位移（POSITION）	居中

　　在完成了所有上面的准备工作后，打开电源。15s 后，顺时针旋转辉度旋钮，扫描线将出现。并调聚焦旋钮置扫描线最细，接着调整 TRACE ROTATION 以使扫描线与水平刻度保持平行。

　　如果打开电源而仪器不使用，应反时针旋转辉度旋钮，降低亮度。

　　注意：在测量参数过程中，应将带校正功能的旋钮置"校正"位置，为使所测得数值正确，预热时间至少应在 30min 以上。若仅为显示波形，则不必进行预热。

（2）电源电压设置。本示波器具有两种电源设置，在接通电源前应根据当地标准参见仪器后盖提示将开关置合适挡位，并选择合适的保险丝装入保险丝盒。

2.操作方法

（1）观察一个波形。

1）当不观察两个波形的相位差或除 $X-Y$ 工作方式以外的其他工作状态，可用 CH1 或 CH2。

2）当选用 CH1 时，控制键位置如下：

a.垂直工作方式（MODE）：通道 1（CH1）。

b.触发方式（TRIG MODE）：自动（AUTO）。

c.触发信号源（TRIG SOURCE）：内（INT）。

d.内触发（INT TRIG）：通道 1（CH1）。

在此情况下，可同步所有加到 CH1 通道上，频率在 25Hz 以上的重复信号。调节触发电平旋钮可获得稳定的波形。因为水平轴的触发方式处在自动位置，当没有信号输入或当输入耦合开关处在地（GND）位置时，亮线仍然显示。这就意味着可以测量直流电压。当观察低频信号（小于 25Hz）时，触发方式（TRIG MODE）必须选择常态（NORM）。

3）当用 CH2 通道时，控制键位置如下：

a.垂直工作方式（MODE）：通道 2（CH2）。

b.触发源（INT SOURCE）：内（INT）。

c.内触发（INT TRIG）：通道 2（CH2）。

（2）观察两个波形。当垂直工作方式开关置交替（ALT）或断续（CHOP）时就可以很方便地观察两个波形。当两个波形的频率较高时，工作方式用交替（ALT），当两个波形的频率较低时，工作方式用断续（CHOP）。

（3）信号馈接。

1）探头的使用。当高精度测量高频波形时，使用附件中探头。然而应注意到，当输入信号接到示波器输入端被探头衰减到原来的 1/10 时，对小信号观察不利，但却扩大了信号的测量范围。

注意事项：①不要直接加大于 400V（直流加交流峰峰值）的信号；②当测量高速脉冲信号或高频信号时，探头接地点要靠近被测点，较长接地线能引起振铃和过冲之类波形的畸变，良好的测量必须使用经过选择的接地附件。

V/DIV 读数的幅值应乘以 10。例如：如果 V/DIV 的读数在 50mV/DIV，则读出的波形幅值 50mV/DIV×10＝500mV/DIV 是为了避免测量误差，在测量前应按进行校正和检查以消除误差：将探头探针接到校正方波 0.5V（1kHz）输出端，正确的电容值将产生如图 6-8（a）所示的平顶波形；如果波形出现图 6-8（b）所示波形，可调整探头上校正孔的电容补偿，直至获得平顶波形。

2）直接馈入。当不使用探头 AT-10Ak1.5（10∶1）而直接将信号接到示波器时，应注意下列几点，以最大限度减少测量误差：

a.使用无屏蔽层连接导线时，对于低阻抗，高电平电路不会产生干扰。但应注意到，

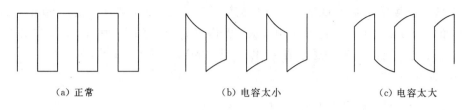

(a) 正常　　　　　　　　　　(b) 电容太小　　　　　　　　　(c) 电容太大

图 6-8　波形

其他电路和电源线的静态寄生耦合可能引起测量误差。即使在低频范围，这种测量误差也是不能忽略的。通常为使可靠而不采用无屏蔽导线。使用屏蔽线时将屏蔽层的一端与示波器接地端连接，另一端接至被测电路的地线。最好是使用具有 BNC 连接头的同轴电缆线。

　　b. 当进行宽频带测量时，必须注意：①当测量快速上升波形和高频信号波形时，需使用终端阻抗匹配的电缆，特别在使用长电缆时，当终端不匹配时，将会因振铃现象导致测量误差；②有些测量电路还要求端电阻等于测量的电缆特性阻抗，而 BNC 型电缆的终端电阻（50Ω）可以满足此目的。

　　c. 为了对具有一定工作特性的被测电路进行测量，就需要用终端与被测电路阻抗相当的电缆。

　　d. 使用较长的屏蔽线进行测量时，屏蔽线本身的分布电容要考虑在内。因为通常的屏蔽线具有 100pF/m 的分布电容，它对被测电路的影响是不能忽略的。使用探头能减少对被测电路的影响。

　　e. 当所用的屏蔽线或无终端电缆的长度达到被测信号的 1/4 波长或它的倍数时，即使使用同轴电缆，在 5mV/DIV（最灵敏挡）范围附近也能引起振荡。这是由于外接线高 Q（品质因数）值电感和仪器输入电容谐振引起的。避免的方法是降低连接线的 Q 值，可将 100~1000Ω 的电阻串联到无屏蔽线或电缆中加到仪器的输入端，或在其他 V/DIV 挡进行测量。

　　3) 观察 X-Y 工作方式下的波形。置时基开关 TIME/DIV 到 X-Y 状态。此时示波器工作在 X-Y 方式。加到示波器各输入端的情况如下：

　　a. X 轴信号：由 CH1 输入。

　　b. Y 轴信号：由 CH2 输入。

同时，水平扩展开关（PULL×10MAG 旋钮）关闭。

四、测量

1. 测量前的准备工作

（1）调节亮度和聚焦于适当的位置。

（2）最大可能地减少显示波形的读出误差。

（3）使用探头时应检查电容补偿。

2. 直流电压的测量

（1）置 AC-GND-DC 输入开关 GND 位置，确定零电平的位置。

（2）置 V/DIV 开关于适当位置（避免信号过大或过小而观察不出），置 AC-GND-DC 开关于 DC 位置。这时扫描亮线随 DC 电压的大小上下移动（相对于零电平时），信号的直流电压是位移幅值与 V/DIV 开关标称值的乘积。当 V/DIV 开关指在 50mV/DIV 挡时，位移的幅值是 4.2DIV，则直流电压是 50mV/DIV×4.2DIV＝210mV，如果使用了 10：1 探头，则直流电压为上述值的 10 倍。即 50mV/DIV×4.2DIV×10＝2.1V，如图 6-9（a）所示。

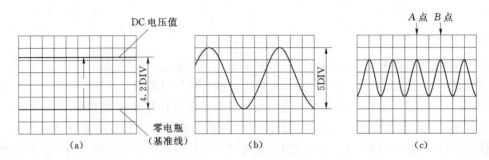

图 6-9　电压频率周期测量

3. 交流电压的测量

与前述"直流电压的测量"相似。但在这里不必在刻度上确定零电平，可以按方便观察的目的调节零电平。

如图 6-9（b）所示，当 V/DIV 开关是 1V/DIV，图形显示 5DIV 时，则 1V/DIV× 5DIV＝5V$_{p-p}$（当使用 10：1 的探头测量时是 50V$_{p-p}$）。当观察叠加在较高直流电平上的小幅度交流信号时，置 AC-GND-DC 开关于 AC，这样就截断了直流电压，能大大提高 AC 电压测量的灵敏度。

4. 频率和周期的测量

一个周期的 A 点和 B 点在屏幕上的间隔为 2DIV（水平方向），如图 6-9（c）所示。

当扫描时间定为 1ms/DIV 时：周期是 1ms/DIV×2.0DIV＝2ms；频率是 1/(2ms) ＝500Hz。

然而，当扩展乘 10 旋钮被拉出时，TIME/DIV 开关的读数必须乘 1/10，因为扫描扩展 10 倍。

5. 时间差的测量

触发信号源"SOURCE"为测量两信号之间的时间差提供选择基准信号源。假如脉冲如图 6-10（a）所示，则图 6-10（b）所示为 CH1 信号作触发信号源的波形图，图 6-10（c）所示为 CH2 信号作触发信号的波形图。

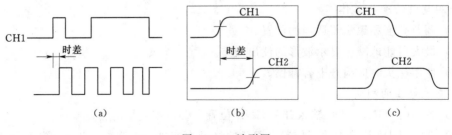

图 6-10　波形图

这就说明当研究 CH1 信号与滞后它的 CH2 信号时间间隔时，以 CH1 信号作触发信号；反之，则以 CH2 信号作触发信号。换句话说，总是以相位超前的信号作为触发信号源的；否则，被测部分波形有时会超出屏面外。

另外，使屏面上显示的两信号波形调节到幅度相等或者垂直方向叠加。则两信号各自50%幅度点间的时间间隔即为时间差。就操作规则而言，叠加法有时较方便，如图 6-11 所示。

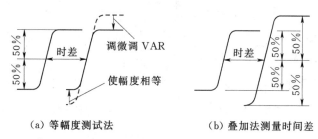

(a) 等幅度测试法　　　　　(b) 叠加法测量时间差

图 6-11　时间差、幅度测量

注意：因为脉冲波形包含有许多决定本身脉宽和周期的高频分量（高次谐波），在处理这类信号时要像对待高频信号那样，要使用探头和同轴电缆，并尽量缩短地线。

6. 上升（下降时间的测量）

测量上升时间不仅要注意上述条款，还要注意测量误差。

被测波形上升时间 T_{rx}，示波器上升时间 T_{rs} 和在荧光屏上显示的上升时间 T_{ro} 存在下列关系

$$T_{ro}^2 = T_{rx}^2 + T_{rs}^2$$
$$T_{ro} = \sqrt{T_{rx}^2 + T_{rs}^2}$$

当被测脉冲的上升时间比示波器的上升时间足够长时，示波器本身的上升时间在测量中可以忽略。如果两者相差不多，测量引起的误差将是不可避免的。实际的上升时间应是 $T_{ro}^2 = T_{rx}^2 + T_{rs}^2$。

通常在一般情况下，在无过冲和下凹类畸波形的电路里，频宽和上升时间之间有下列关系

$$f_e t_r = 0.35$$

式中　f_e——频带度，Hz；

　　　t_r——上升时间，s。

上升时间和下降时间均由脉冲为 10%～90% 幅度之间的宽度（时间距离）确定。示波器在内刻度面板上标有 0、10%、90%、100% 的位置，便于测量。

7. 复杂波形的同步

在图 6-12（a）所示波形的情况下，波形有两个不同的幅度，如果触发电平选择不当，波形显示将再现双线（两个波形）。当触发电平是选择 Y 线时，将再现一个起自 A 点，经过 B、C、E、F、…的波形和另一个起自 E 点经 F、G、H、I、…的波形交替叠加显示在屏幕上。这就是图 6-12（b）所示的双线波形，不能称为同步。

如果顺时针旋转"电平"旋钮，触发电平达到 Y' 线时，图 6-12（a）所示将只有一个波形从 B 点到 C、E、F、…同步显示在屏幕上，如图 6-12（c）所示。

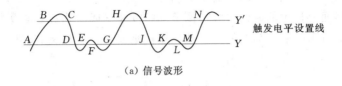

（a）信号波形

（b）当触发电平选在 Y 线时　　　　　　　　（c）当触发电平选在 Y′ 线时

图 6-12　同步

8. 两个波形的同步观察

当 CH1 和 CH2 通道的两个信号具有相同的频率，或频率之间成整数倍，或频率之间具有个时间差时，内触发（INT TRIG）选择开关可以任意选 CH1 或 CH2 的信号作为基准信号。CH1 位移旋钮可选择 CH1 信号作基准信号，CH2 位移旋钮可选择 CH2 信号作基准信号。

为了同时观察不同频率的信号，置内触发选择开关于组合方式（VERT MODE），这样同步信号交替选择，每个通道都能稳定触发。

（1）组合触发方式的触发源选择。在下列状况下可获得触发信号：

1）置触发源开关（SOURCE）：（31）至内（INT）。

2）置内触发开关（INT TRIG）：（32）至组合（VERT MODE）。

3）选择垂直工作方式开关（MODE）：（21）。

触发信号源和垂直工作方式开关之间的关系见表 6-15。

表 6-15　　　　　　　　　　触发信号源和垂直工作方式之间的关系

触发源（SOURCE）		内			电源	外
内触发（INT TRIG）	CH1	CH2	组合方式（VERT MODE）			
垂直工作方式	CH1	CH1	CH2	CH1	电源	外
	CH2	CH1	CH2	CH2		
	交替（ALT）	CH1	CH2	CH1 和 CH2 交替		
	断续（CHOP）	CH1	CH2	相加（ADD）		
	相加（ADD）	CH1	CH2	相加（ADD）		

当触发源（SOURCE）开关置内（INT），内触发选择（INT TRIG）开关置组合（VERT MODE），垂直工作方式开关置交替（ALT），加到 CH1 和 CH2 两通道的输入信号各自触发扫描，也就是当不同频率的两个波形同时观察时，每个通道的波形都能稳定

触发。

在这种情况下，信号必须同时加到 CH1 和 CH2 通道上，并且两信号各自的幅值必须超过一个相同的电平，也就是有一个共同的电平包含在 CH1 和 CH2 信号的幅值中。

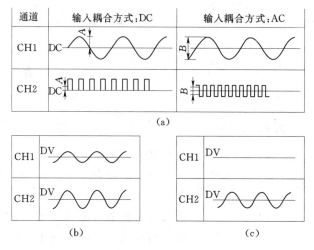

图 6-13　通道信号

当正弦波加到 CH1 通道，方波加到 CH2 通道，如图 6-13（a）中 A 点是可以同步的电平。

为了扩大同步范围，当 CH2 采用交流耦合，同步电平范围就从 A 增加到 B。当 CH1 或 CH2 中的任一个输入信号如图 6-13（b）所示大小，调节 V/DIV 开关（13）或（14）以达到足够的幅度。

组合触发方式（VERT MODE）观察 CH1 或 CH2 通道时至少需要 1.5DIV 的幅度才可触发。

如图 6-13（c）所示当只有一个通道加有信号时，使用组合触发方式（VERT MODE）是不合适的。

注意：当微调（VAR）×5（PULL×5GAIN）旋钮（15）和（16）被拉出时（扩展×5状态下），内触发（INT TRIG）方式不要用组合方式。

（2）交替触发器。在内触发源开关（INT TRIG）选在组合方式（VERT MODE），垂直工作方式（MODE）选择开关置交替（ALT）的情况下，当显示一个倾斜极性信号时，还可同时显示 10 个周期以下的三角波。但为了精确和清楚地观察每个信号，应分别置垂直工作方式（MODE）开关到 CH1 和 CH2。

9. 电视信号的同步

普通示波器把电视信号直接接到触发电路，如图 6-14 所示，视频信号直接作为触发信号，因此难以同步。

图 6-15 所示电路滤去了电视信号的高频分量，较图 6-14 所示电路容易同步，但显示不稳定。本系列产品采用了专用的电视信号同步分离电路，如图 6-16 所示能稳定地显示电压信号。

图 6-14　普通示波器的专有电路

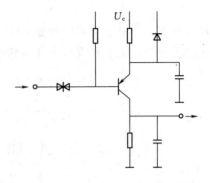

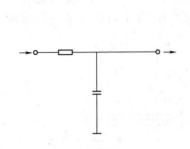

图6-15 简单同步电路

图6-16 电视专用同步分离电路

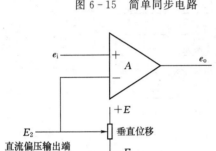

图6-17 测量原理图

10. 直流偏置

本仪器设有一个直流偏置电压输出端，配上数字万用表能测$\pm 1 \sim 100$V 的直流偏置电压。因此，通过调节直流偏置可用数字万用表测出被测波形电压值。测量原理如图6-17所示。

注意：该功能在扩展$\times 5$及幅度微调不校正除外。

图6-17 所示运算放大器输出电压e_o、输入电压e_i和E_2之间的关系如下

$$e_o = A(e_i - E_2)$$

$$e_i = E_{DC} + E_{AC}$$

式中　　E_{DC}——输入的直流分量；

E_{AC}——输入的交流分量。

当控制图6-17中的电位器使$E_2 = E_{DC}$，则$e_o = A E_{AC}$。

11. 用数字万用表测量图6-18所示波形的直流偏置电压和交流分量

连接数字万用表至直流偏置（DC OFFSET）输出端，并置示波器工作在直流偏置状态［拉前面板上的旋钮（19）］。

（1）测量直流分量。

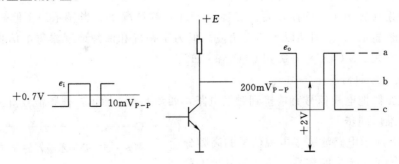

图6-18 晶体管放大器

调节垂直位移电位器，将电平 b 与刻度中心成一条线，并读出数字万用表电压值，根

据 V/DIV 位置将该电压值乘上表 6 - 16 中括号中相对应的倍数，得到偏置电压 2V。

表 6 - 16　　　　　　　　　　V/DIV 挡位与偏置电压范围的关系表

V/DIV	直流偏置电压
5～50mV/DIV	$E_2 \times 1$（倍乘 1）
0.1～0.5V/DIV	$E_2 \times 10$（倍乘 10）
1～5V/DIV	$E_2 \times 100$（倍乘 100）

注　E_2 为数字万用表测量值。

（2）测量交流分量。当衰减开关（13）旋钮处在 50mV 灵敏度挡时，在示波器屏幕上可以显示 4DIV 的幅度。将电平 a 移至中心刻度线重合，读出数字万用表上显示的值称为 U_a，然后将电平 c 移至中心刻度线重合，读出 U_c、U_a 与 U_c 之间的电压差（即交流峰峰值）就可以用数字万用表读出。换句话说，"DC OFFSET" 输出端的直流偏置功能提供了一种方便和高精确测量波形任何部分幅值的方法。

12. 带延迟扫描的信号时基的操作过程（DF4325、DF4355）

此仪器具有一种方便的功能，可放大波形的任何部分，便于观察。

（1）用常态方式显示出稳定的信号。

（2）用 DELAY TIME（40）设置延迟时间，在这种情况下将 DELAY TIME 设置到 $1\mu s$～100ms 范围，并将 DISPLAY 设置为 INTEN 方式。

（3）延迟后被延迟的波形被加亮，调节 DELAY VAR（41），可设置所需延迟的起始点。

（4）将 DISPLAY 开关设置在 DELAY 位置，用 TIME/DIV 扩大显示。

注意：当显示开关置于 INTEN，加亮的显示线较粗。

当 TIME/DIV 显示快速扫描，显示的亮度会变弱。

13. 设定值显示（DF4325、DF4355）

当扫描开关不在 X - Y，垂直方式选择开关设置于 ADD 或 CH1 ALT MAG 开关关闭时，显示以下设定值。

（1）CH1 显示。CH1 信号的设定值显示（当垂直方式为 CH1、ALT 或 CHOP 时）如下：

1）扩展 5 倍：显示 "*"。

V/DIV 不在校准位位置时：显示 "＞"。

正常状态：空白。

注意：＞显示先于 *。

2）V/DIV：按 V/DIV 不同位置，显示 "1mV～5V"。

（2）TIME 显示。当 TIME、DIV 选择开关置于 X - Y 之外的任何挡位时，显示扫描时间。

1）扩展 10 倍：显示 "*"。

TIME、DIV 不在校准位置时：显示 "＞"。

正常状态：空白。

2）TIME/DIV：按 TIME/DIV 不同位置，显示 "20ns～0.2s"。

（3）△V 游标测量值显示。

1）极性显示："＋"或"－"。

注意：当虚线游标在实线游标之上，极性显示为"＋"。

2）测量值显示：0.00mV～40.0V。

注意：①当垂直方式选择开关置于 CH2 时，测量值显示 0.00～8.00DIV；②当 CH1 选择开关置于非校准位置，显示"UNCAL"。

（4）△T 游标测量值显示。

1）极性显示"＋"或"－"。

注意：当屏幕上的虚线游标在实线游标右边时，极性显示方式为"＋"。

2）测量值显示：0.0ns～2.000s。

注意：当 SWP VAR 控制件置于非校准位置时，显示"UNCAL"。

（5）用游标测量。电压差（△U）和时间差（△T）可用虚线游标和实线游标同时测量，测量值显示在屏幕上。

1）游标选择。用 TCK/C2 开关选择实线游标和虚线游标，已选游标的左端或上端会现三角亮点。若同时选择实线和虚线游标，两种游标可同时偏移。

2）游标偏移。分别将 F1 键或 F2 键，配合使用 CURSOR 移动开关，将实线游标置于所需位置，以实线游标作为参考游标，实线游标和虚线游标之差可测出。

若每按下 CURSOR 偏移开关，游标偏移一个分辨率，连续按下，游标可连续偏移。

3）量值显示。电压差（△U）或时间差（△T）能显示在屏幕的上，如果游标偏移，△T 的显示也能同时改变。

CH1 的 VOLTS/DIV 开关和 TIME/DIV 开关转动时，测量值可自动转换，×5GAIN 和×10MAG 也能进行自动转换。

注意：①当垂直线选择开关置于 CH2，△U 测量值是以 DIV 为单位显示的，扫描开关和 CH1 衰减开关设置各自的非校准位置时，测量值显示为"UNCAL"；②若电源开启或 CH1 ALT MAG 开关释放，测量值复位到最初设定值。

五、垂直通道中直流平衡调节

（1）设置 CH1 和 CH2 的输入耦合开关到 GND，并设置触发方式为 AUTO，将扫描线置于中心。

（2）将衰减开关在 5～10mV 之间变换，调节直流平衡（DC BAL）电位器（24）、（25）使扫描线不上下移动。

六、维护

（1）示波器中采用了许多精密部件和半导体元件，工作和存储中要十分注意。

（2）定期用柔软的干布清洁滤色片。

（3）储存示波器的环境温度为－10～60℃。

七、注意事项

1. 放置与操作

（1）避免将仪器置于过热和过冷的地方。

（2）避免将仪器长时间暴露于阳光下，炎热夏季不要放在密闭汽车里或靠近有热源的房间内（如加热炉）。

（3）工作时的最大环境温度为40℃。

（4）在冬季，仪器不要置于室外使用，仪器的最低工作环境温度为0℃。

（5）避免迅速将仪器从热的地方移入寒冷的地方，反之亦然。

（6）使仪器远离高温、潮湿的空气、水、灰尘，当仪器置于潮湿或有灰尘的地方，会引起意想不到的故障。

（7）不要将仪器置于振动强烈的地方，避免在强烈振动的地方使用仪器，因为示波器为精密仪器，过分强烈的振动会引起机件损坏。

（8）不要将仪器置于接近磁场或磁性物体附近，示波器是一种使用示波管的设备，因此，不要将磁铁接近示波器。不要在产生强磁场设备的周围使用仪器。

（9）不要将重的物体放于示波器上。

（10）不要阻塞通风孔。

（11）不要猛烈撞击示波器。

（12）不要将电线、插针等物体塞入通风孔。

（13）不要将电烙铁放在机箱或屏幕前。

（14）不要试图将仪器倒置，否则旋钮会破裂。

（15）不要将仪器直立使用，否则易损坏连到后面板上的外消隐输入同轴电缆。

2. 存放

当不使用时，用防尘罩罩住仪器，存放在清洁的环境中。

3. 出现故障

出现故障时，应重新查看操作过程，如果问题依然存在，请与厂家联系。

4. 机壳的清洁

（1）当外壳有污点时，首先用浸有中性洗涤剂的湿布轻轻擦去污点，然后再用干布擦抹表面。

（2）切勿使用强烈的化学物质。

（3）当面板表面有污点时，用一块干净、柔软的布擦去污点，当有过多的污渍时，首先用浸有中性洗涤剂的湿布擦拭表面，然后用干布擦干。

（4）当灰尘堆积在内部时，用一个干毛刷或使用真空吸尘器将灰尘吸掉，或请专业人士服务。

注意：打开机箱时，将电源插头拔掉；清洁内部时，应确保电源电路的元器件上无残存的电荷，并不能损坏零件和连线，并由专业人士操作。

5. 示波管的清洁

（1）示波管屏幕上的灰尘会引起测量误差，因此，要定期清洁。

（2）清除示波管和滤色片上的灰尘，请使用干净且柔软的干布，注意切勿使其划伤。

（3）当灰尘特别多时，用浸有中性洗涤剂的湿布轻轻擦拭，并将示波器直立，直至湿气自然消失。

（4）当荧光屏受潮时，会形成水痕，波形可能会模糊而至难以观察。注意不要将手指尖放在上面，以免潮湿影响荧光屏。

6. 使用前注意事项

（1）检查电源电压。示波器的电源电压范围见表 6 - 17，在打开电源开关之前请检查电源电压是否符合规定。

在使用之前，电源选择器置适合的位置，当示波器用于其他规定电源电压时，可拨动电压选择开关。（电源电压范围标准在后面板上）

（2）保险丝的使用。为防止过载采用保险丝，一个 1A（使用 AC 110V）或 0.5A（使用 AC 220V）保险丝用于电源变压器的初级。当保险丝熔断时，请仔细检查原因，排除故障，然后按规定替换保险丝。不要使用超出规定值的保险丝，否则，会引起故障或造成危险（尤其不要使用电流容量和长度与规定值不同的保险丝）。保险丝的标准见表 6 - 18。

表 6 - 17　示波器电源电压范围

额定值	线电压（50/60Hz）
AC 110V	AC 99～121V
AC 220V	AC 198～242V

表 6 - 18　　　保险丝标准

名称	形状（直径×长度）/(mm×mm)
1A	$\phi 5.2 \times 20$
0.5A	$\phi 5.2 \times 20$

（3）不要将辉度调太亮。不要将光点或扫描线调的太亮以免观察者的眼睛过度疲劳和示波管荧光层表面灼伤。

（4）测量电压不要超过规定值。各输入端和经探头输入的最大输入电压值如下所示，千万不要高于规定值的电压。

CH1、CH2 输入直接：300V（DC＋AC$_{P-P}$，1kHz 时）。

CH1、CH2×10 探头输入：400V（DC＋AC$_{P-P}$，1kHz 时）。

CH1、CH2×1 探头输入：300V（DC＋AC$_{P-P}$，1kHz 时）。

外触发输入：300V（DC＋AC$_{P-P}$）。

外消隐：30V（DC＋AC$_{P-P}$）。

第三节　DF1731SC3A 可调式直流稳压、稳流电源

DF1731SC3A 直流稳定电源是由两路可调输出电源和一路固定输出电源组成的高精度电源。其中两路可调输出电源具有稳压与稳流自动转换功能，其电路由调整管功率损耗控制电路、运算放大器和带有温度补偿的基准稳压器等组成。因此电路稳定可靠，电源输出电压能从 0～标称电压值之间任意调整，在稳流状态时，稳流输出电流能从 0～标称电流值之间连续可调。两路可调电源间又可以任意进行串联或并联，在串联和并联的同时又可由一路主电源进行电压或电流（并联时）跟踪。串联时最高输出电压可达两路电压额定值之和，并联时最大输出电流可达两路电流额定值之和。另一路固定输出 5V 电源，控制部分是由单片集成稳压器组成。三组电源均具有可靠的过载保护功能，输出过载或短路都不会损坏电源。具有体积小、性能好、款式新颖等特点。

一、技术参数

1. 输入电压

AC 220V±10％，50Hz±2Hz（输出电流小于5A）。

2. 双路可调整电源

(1) 额定输出电压：$2×(0～30V)$（连续可调）。

(2) 额定输出电流：$2×(0～3A)$（连续可调）。

(3) 电源效应：CV 不大于 $1×10^{-4}+0.5mV$；

　　　　　　　CV 不大于 $2×10^{-4}+1mV$；

　　　　　　　CC 不大于 $2×10^{-3}+6mV$；

　　　　　　　CC 不大于 $2×10^{-3}+10mV$。

(4) 负载效应：CV 不大于 $1×10^{-4}+2mV$（额定电流不大于3A）；

　　　　　　　CV 不大于 $1×10^{-4}+10mV$（额定电流大于5A）；

　　　　　　　CC 不大于 $2×10^{-4}+5mV$（额定电流不大于10A）；

　　　　　　　CC 不大于 $2×10^{-3}+10mV$。

(5) 纹波与噪声：CV 不大于 1mV（rms）；

　　　　　　　　CV 不大于 1.5mV（rms）（额定电流不大于10A）；

　　　　　　　　不大于 $20mV_{P-P}$。

　　　　　　　　CC 不大于 3mA（rms）；

　　　　　　　　CC 不大于 10mV（rms）（额定电流不大于10A）；

　　　　　　　　不大于 $50mA_{P-P}$。

(6) 保护：电流限制保护。

(7) 指示表头：电压表和电流精度2.5级；

　　　　　　　或3位半数字电压表和电流表；

　　　　　　　精度：电压表±1％＋2个字；

　　　　　　　电流表±2％＋2个字。

(8) 其他：双路电源可进行串联和并联，串联或并联时可由一路主电源进行输出电压调节，此时从电源输出电压严格跟踪主电源输出电压值。并联稳流时也可由主电源调节稳流输出电流，此时从电源输出电流严格跟踪主电源输出电流值。

3. 固定输出电源

(1) 额定输出电压：5V±3％。

(2) 额定输出电流：3A。

(3) 电源效应：不大于 $1×10^{-4}+1mV$。

(4) 负载效应：不大于 $1×10^{-3}$。

(5) 纹波与噪声：不大于 0.5mV（rms）；

　　　　　　　　不大于 $10mV_{P-P}$（rms）。

(6) 保护：电流限制及短路保护。

4. 工作环境

(1) 温度：0～40℃。

（2）相对湿度：小于 RH90％。

5. 外形尺寸

360mm×265mm×165mm（$L×B×H$）。

6. 工作时间

8h 连续工作。

二、工作原理

可调电源由整流滤波电路；辅助电源电路；基准电压电路；稳压、稳流比较放大电路；调整电路及稳压稳流取样电路等组成。其方框图如图 6－19 所示。

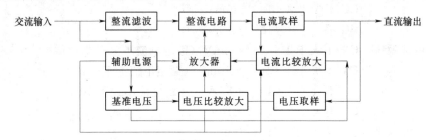

图 6－19　可调电源组成框图

当输出电压由于电源电压或负载电流变化引起变动时，则变动的信号经稳压取样电路与基准电压相比较，其所得误差信号经比较放大器放大后，经放大电路控制调整管使输出电压调整为给定值，因为比较放大器由集成运算放大器组成，增益很高，因此输出端有微小的电压变动，也能得到调整，以达到高稳定输出的目的。

稳流调节与稳压调节基本一样，因此同样具有高稳定性。

电路内各主要元件的作用如下：

（1）输入的 220V/50Hz 交流市电，经变压器降压后分别供给主回路整流器和辅助电源整流器。主回路整流器是通过变压器绕组选择电路（即调整管功率损耗控制电路）接到与输出电压相对应的变压器绕组上。整流滤波电路由 $V_7 \sim V_{10}$、C_6 所构成，采用桥式整流，大容量电容滤波，因此输出的直流电压交流分量较少。

（2）辅助电源是由 N_3、$V_1 \sim V_4$、V_6、$C_1 \sim C_3$，及有关电阻构成辅助电源电路，它主要作为集成运算放大器正负电源和 V_5 集成基准稳压器使用，变压器绕组选择电路是由 N_4（LM324 四运算放大器）、$V_{23} \sim V_{28}$ 及 $R_{20} \sim R_{34}$、K_1 和 K_2 等组成，稳压电源的输出电压经电阻分压，分别加到两个运算放大器的同相端，两个运算放大器的反相端分别接两个基准电压，当输出电压在 0～7.5V、7.5V～15V、15V～22.5V、22.5V～30V 范围变化时，两个运算放大器的输出有 4 种不同的组合，即继电器 K_1、K_2 有 4 种不同的通断组合，也就是使加在主整流滤波回路上的交流电压有 4 个不同的值，它们与稳压电源的输出电压相对应，当输出电压高时交流电压高，当输出电压低时交流电压也相应的低。从而保证了大功率调整管的功耗不会过高。

基准电压电路是由 V_5 和 R_1、C_4 组成，由辅助电源产生的＋12V 电压经过限流电阻 R_1 在带有温度补偿的集成稳压器上产生，因此基准电压非常稳定。

输出电压取样、电压比较放大电路是由 N_1 电压比较器和有关电阻电容等组成。取样电压直接取自输出接线端子 X_2，接到 N_1 电压比较放大器的反相端。基准电压经由电阻 R_{16}，电位器 R_{P_2}、R_{P_5}，分压后接到 N_1 电压比较器的同相端。由于是二级稳压且带有温度补偿，因此该基准电压具有很好的稳定性。R_{P_5} 电位器是装在面板上，调节 R_{P_5}，电位器的阻值就可以改变比较放大器同相输入端的基准值，从而起到调节输出电压值的作用。

稳流取样及比较放大电路是由 N_2 和电阻 $R_9 \sim R_{12}$ 及电位器 R_{P_1}、R_{P_4} 等组成。输入运算放大器 N_2 反相端的电压是输出电流流过 R_{10}、R_{12} 后产生的电压降，所以 N_2 运算放大器反相输入端电压高低反映了输出电流的大小。同相端的输入电压是由基准电压分压后产生的。当同相端电压高于反相端电压时，运算放大器输出高电平，稳流电路不起作用，电源处于稳压状态。当同相端电压低于反相端电压时，运算放大器输出低电平，稳流电路起作用，电路进入稳流状态。例如，负载电阻减小时，输出电流就要增加，同时 R_{10}、R_{12} 电阻两端的电压降也将增大，即运算放大器 N_2 反相端输入电压上升，由于同相端基准电压未变，所以运算放大器输出端电压将下降，使输出电压降低，从而保证了输出电流恒定。因此，改变 R_{P_4} 的阻值即改变了基准电压，就可以改变恒定输出电流值。

V_{17}、V_{18} 是两只并联的调整管，为维持一定的输出电流且保证足够的功率，选择了具有相同参数的大功率三极管并联，并且在发射极串入了均衡电阻（R_{10}、R_{12}）以免因电流分配不均而损坏调整管。

本电源采用电压表和电流表对输出电压和电流进行适时显示。因此可以适时对各路输出的电压、电流值进行观察。

三、使用说明

DF1731SC3A 可调式直流稳压电源面板排列如图 6 - 20 所示。

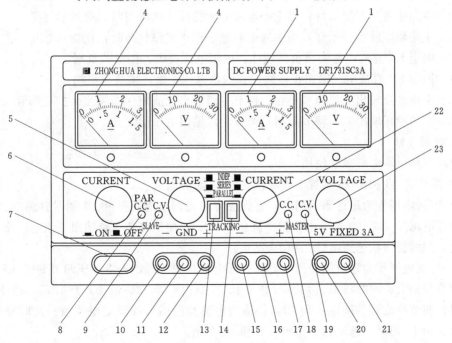

图 6 - 20 DF1731SC3A 可调式直流稳压电源面板排列图

1. 面板各元件的作用

1—电表：指示主路输出电压、电流值。

2—主路输出指示选择开关（DF1731SD3A 型号有，而 DF1731SC3A 型号没有）：选择主路的输出电压或电流值。

3—从路输出指示选择开关（DF1731SD3A 型号有，而 DF1731SC3A 型号没有）：选择从路的输出电压或电流值。

4—电表：指示从路输出电压、电流值。

5—从路稳压输出电压调节旋钮：调节从路输出电压值。

6—从路稳流输出电流调节旋钮：调节从路输出电流值（即限流保护点调节）。

7—电源开关：当此电源开关被置于"ON"时（即开关被撤下时），机器处于"开"状态，此时稳压指示灯亮或稳流指示灯亮。反之，机器处于"关"状态（即开关弹起时）。

8—从路稳流状态或两路电源并联状态指示灯：当从路电源处于稳流工作状态时或两路电源处于并联状态时，此指示灯亮。

9—从路稳压状态指示灯：当从路电源处于稳压工作状态时，此指示灯亮。

10—从路直流输出负接线柱：输出电压的负极，接负载负端。

11—机壳接地端：机壳接大地。

12—从路直流输出正接线柱：输出电压的正极，接负载正端。

13、14—两路电源独立、串联、并联控制开关。

15—主路直流输出负接线柱：输出电压的负极，接负载负端。

16—机壳接地端：机壳接大地。

17—主路直流输出正接线柱：输出电压的正极，接负载正端。

18—主路稳流状态指示灯：当主路电源处于稳流工作状态时，此指示灯亮。

19—主路稳压状态指示灯：当主路电源处于稳压工作状态时，此指示灯亮。

20—固定5V直流电源输出负接线柱：输出电压负极，接负载负端。

21—固定5V直流电源输出正接线柱：输出电压正极，接负载正端。

22—主路稳流输出电流调节旋钮：调节主路输出电流值（即限流保护点调节）。

23—主路稳压输出电压调节旋钮：调节主路输出电压值。

2. 使用方法

（1）双路可调电源独立使用。

1）将开关13和14分别置于弹起位置（即 ▄ 位置）。

2）可调电源作为稳压源使用时，首先应将稳流调节旋钮6和22顺时针调节到最大，然后打开电源开关7，并调节电压调节旋钮5和23，使从路和主路输出直流电压至需要的电压值，此时稳压状态指示灯9和19发光。

3）可调电源作为稳流源使用时，在打开电源开关7后，先将稳压调节旋钮5和23顺时针调节到最大，同时将稳流调节旋钮6和22反时针调节到最小，然后接上所需负载，再顺时针调节稳流调节旋钮6和22，使输出电流至所需要的稳定电流值。此时稳压状态指示灯9和19熄灭，稳流状态指示灯8和18发光。

4）在作为稳压源使用时稳流电流调节旋钮6和22一般应该调至最大，但是本电源也可以任意设定限流保护点。设定办法为，打开电源，反时针将稳流调节旋钮 6 和 22 调到最小，然后短接输出正、负端子，并顺时针调节稳流调节旋钮 6 和 22，使输出电流等于所要求的限流保护点的电流值，此时限流保护点就被设定好了。

5）若电源只带一路负载时，为延长机器的使用寿命减少功率管的发热量，请使用在主路电源上。

（2）双路可调电源串联使用。

1）将开关 13 按下（即■位置）开关 14 置于弹起（即▌位置），此时调节主电源电压调节旋钮 23，从路的输出电压严格跟踪主路输出电压，使输出电压最高可达两路电压的额定值之和（即端子 10 和 17 之间电压）。

2）在两路电源串联以前应先检查主路和从路电源的负端是否有连接片于接地端相联，如有则应将其断开，不然在两路电源串联时将造成从路电源的短路。

3）在两路电源处于串联状态时，两路的输出电压由主路控制但是两路的电流调节仍然是独立的。因此在两路串联时应注意电流调节旋钮 6 的位置，如旋钮 6 在反时针到底的位置或从路输出电流超过限流保护点，此时从路的输出电压将不再跟踪主路的输出电压。所以一般两路串联时应将旋钮 6 顺时针旋到最大。

4）在两路电源串联时，如有功率输出则应用与输出功率相对应的导线将主路的负端和从路的正端可靠短接。因为机器内部是通过一个开关短接的，所以当有功率输出时短接开关将通过输出电流。长此下去将无助于提高整机的可靠性。

（3）双路可调电源并联使用。

1）将开关 13 和 14 都按下（即■位置），此时两路电源并联，调节主电源电压调节旋钮 23，两路输出电压一样。同时从路稳流指示灯 8 发光。

2）在两路电源处于并联状态时，从路电源的稳流调节旋钮 6 不起作用。当电源做稳流源使用时，只需调节主路的稳流调节旋钮 22，此时主、从路的输出电流均受其控制并相同。其输出电流最大可达两路输出电流之和。

3）在两路电源并联时，如有功率输出则应用与输出功率对应的导线分别将主、从电源的正端和正端、负端和负端可靠短接，以使负载可靠的接在两路输出的输出端子上。不然，如将负载只接在一路电源的输出端子上，将有可能造成两路电源输出电流的不平衡，同时也有可能造成串并联开关的损坏。

电源的输出指示为三位半（表头为 2.5 级），如果要想得到更精确值需在外电路用更精密测量仪器校准。

3. 注意事项

（1）本电源设有完善的保护功能，5V 电源具有可靠的限流和短路保护功能。两路可调电源具有限流保护功能，由于电路中设置了调整管功率损耗控制电路，因此当输出发生短路现象时，此时大功率调整管上的功率损耗并不是很大，完全不会对本电源造成任何损坏。但是短路时本电源仍有功率损耗，为了减少不必要的机器老化和能源消耗，所以应尽早发现并关掉电源，将故障排除。

（2）输出空载时限流电位器逆时针旋足（调为 0 时）电源即进入非工作状态，其输出端可能有 1V 左右的电压显示，此属正常现象，非电源之故障。

（3）使用完毕后，请放在干燥通风的地方，并保持清洁，若长期不使用应将电源插头拔下后再存放。

（4）对稳压电源进行维修时，必须将输入电源断开。

（5）因电源使用不当或使用环境异常及机内元器件失效等均可能引起电源故障，当电源发生故障时，输出电压有可能超过额定输出最高电压，使用时务请注意（1）仅防造成不必要的负载损坏。

（6）三芯电源线的保护接地端，必须可靠接地，以确保使用安全。

第四节　MF47 型万用电表

一、概述

MF47 型万用电表是一种设计新颖的磁电系整流便携式多量限万用电表。可供测量直流电流、交直流电压、直流电阻等，具有 26 个基本量程和电平、电容、电感、晶体管直流参数等 7 个附加参考量程，具有量限多、分挡细、灵敏度高、体积轻巧、性能稳定、过载保护可靠、读数清晰、使用方便的特点，是适合于电子仪器、无线电通信、电工、工厂、实验室等广泛使用的万用电表。

二、结构特征

MF47 型万用电表造型大方、设计紧凑、结构牢固、携带方便，零部件均选用优良材料及工艺处理，具有良好的电气性能和机械强度，其使用范围可替代一般中型万用电表，具有以下特点：

（1）测量机构采用高灵敏表头，性能稳定，并置于单独的表壳之中，保证密封性和延长使用寿命，表头罩采用塑料框架和玻璃相结合的新颖设计，避免静电的产生，以保持测量精度。

（2）线路板采用塑料压制，保证可靠，耐磨，整齐，维修方便。

（3）测量机构采用硅二极管保护，保证电流过载时不损坏表头，线路并设有 0.5A 熔丝装置以防止误用时烧坏电路。

（4）设计上考虑了温度和频率补偿，使温度影响小，频率范围宽。

（5）低电阻挡选用 2 号干电池，容量大、寿命长。两组电池装于盒内，换电池时只需卸下电池盖板，不必打开表盒。

（6）若配以本厂专用高压探头尚可以测量电视接收机内 25kV 以下电压。

（7）设计了一挡三极管静态直流电流放大系数检测装置，以供在临时情况下检查三极管之用。

（8）标度盘与开关指示盘印制成红、绿、黑三色分别按交流红色、晶体管绿色、其余黑色对应制成，使用时读取示数便捷。标度盘共有 6 条刻度：第 1 条专供测电阻用；第 2 条供交直电压、直流电流之用；第 3 条供测晶体管放大倍数用；第 4 条供测量电容之用；第 5 条供测电感之用；第 6 条供测音频电平。标度盘上装有反光镜，消除视差。

（9）除交直流 2500V 和直流 5A 分别有单独插座之外，其余各挡只需转动一个选择开关，使用方便。

（10）采用整体软塑测试棒，以保持长期良好使用。

（11）装有提把，不仅可以携带，且可在必要时作倾斜支撑，便于读数。

三、技术规范

MF47型万用表要求在周围温度为0～40℃，相对湿度85％的情况下使用，各项技术性指标符合GB 7676—1987《直接作用模拟指示仪表及其附件》国家标准和IEC51国际标准有关条款的规定。

表6－19　　　　　　　　　　　　MF47万用表技术规范

量　限　范　围		灵敏度及电压降	精度/%	误差表示方法
直流电流	0～0.05mA～0.5mA～5mA～50mA～500mA～5A	0.3V	2.5	以上量限的百分比计算
直流电压	0～0.25V～1V～2.5V～10V～50V～250V～500V～1000V～2500V	20000Ω/V	2.5　5	
交流电压	0～10V～50V～250V(45～65～5000Hz)～500V～1000V～2500V(45～65Hz)	40000Ω/V	5	
直流电阻	$R\times1\Omega$、$R\times10\Omega$、$R\times100\Omega$、$R\times1k\Omega$、$R\times10k\Omega$	$R\times1$中心刻度为16.5Ω	2.5	以标准尺弧长的百分比计算
			10	以指示值的百分数计算
音频电平	－10～22dB	0dB时为1mW，600Ω		
晶体管直流电流放大系数	0～300h_{FE}			
电感	20～1000H			
电容	0.001～0.3μF			
外型尺寸	165mm×112mm×49mm($L\times B\times H$)			
重量	0.8kg（不包括电池）			

四、使用方法

在使用前应检查指针是否指在机械零位上，如不指在零位时，可旋转表盖上的调零器，使指针指示在零位上。

将测试棒红黑插头分别插入"＋""－"插座中，如测量交/直流2500V或直流5A时，红插头则应分别插到标有"2500V"或"5V"的插座中。

1. 直流电流测量

测量0.05～500mA时，转动开关至所需电流挡；测量5A时，转动开关可放在500mA直流电流量限上，而后将测试棒串接于电路中。

2. 交直流电压测量

测量交流10～1000V或直流0.25～1000V时，转动开关至所需电压挡。测量交直流

2500V 时，开关应分别旋至交流 1000V 或直流 1000V 位置上，而后将测试棒跨接于被测电路两端。

若配以本厂高压探头可测量电视机不大于 25kV 的电压，测量时开关应放在 $50\mu A$ 位置上，高压探头的红黑插头分别插入"＋"、"－"插座中，接地夹与电视机金属底板连接，而后握住探头进行测量。

3. 直流电阻测量

装上电池（R14 型 2 号 1.5V 及 F22 型 9V 各一只），转动开关至所需测量的电阻挡，将测试棒两端短接，调整欧姆调零旋钮，使指针对准于欧姆"0"位上，然后分开测试棒进行测量。测量电路中的电阻时，应先切断电源，如电路中有电容则应先行放电。

当检查电解电容器漏电电阻时，可转动开关至 $R×1k$ 挡，测试棒红杆必须接电容器负极，黑杆接电容器正极。

4. 音频电平测量

在一定的负荷阻抗上，用以测量放大级的增益和线路输送的损耗，测量单位以 dB 表示。音频电平与功率电压的关系式为

$$N_{dB}=10lg\frac{P_2}{P_1}=20lg\frac{U_2}{U_1}$$

音频电平的刻度系数按 0dB 时 1mW，600Ω 输送线标准设计，即

$$U_1=\sqrt{PZ}=\sqrt{0.001×600}=0.775(V)$$

式中　P_2、U_2——被测功率和被测电压。

音频电平是以交流 10V 为基准刻度，如指示值大于 22dB 时，可在 50V 以上各量限测量，其示值可按表 6-20 所示值修正。

表 6-20　　　　　　　　　　MF47 万用电表量限范围

量限/V	按电平刻度增加值/dB	电平的测量范围/dB
10		−10～22
50	14	4～36
250	28	1～50
500	34	24～56

测量方法与测量交流电压基本相似，转动开关至相应的交流电压挡，并使指针有较大的偏转。如被测电路中带有直流电压成分时，可在"＋"插座中串接一个 $0.1\mu F$ 的隔直流电容器。

5. 电容测量

转动开关至交流 10V 位置，被测电容串接于任一测试棒，而后跨接于 10V 交流电路中进行测量。

6. 电感测量

与电容测量方法相同。

7. 晶体管直流参数的测量

(1) 直流放大倍数 h_{FE} 的测量。先转动开关至晶体管调节 ADJ 位置上，将红黑测试棒短接，调节欧姆电位器，使指针对准 $300h_{FE}$ 刻度线上，然后转动开关到 h_{FE} 位置，将要测的晶体管分别插入晶体管测量座的 e、b、c 管座内，指针偏转所示值约为晶体管放大倍数值。NPN 型晶体管应插入 N 型管孔内，PNP 型晶体管应插入 P 型管孔内。

(2) 反向截止电流 I_{ceo}、I_{cbo} 的测量。I_{ceo} 为集电极与发射极间的反向截止电流（基极开路）。I_{cbo} 为集电极与基极间的反向截止电流（发射极开路）。转动开关至 $R \times 1k$ 位置，将红黑测试棒短接，调节调零电位器，使指针对准零欧姆上（此时满度电流值约 $90\mu A$）。分开测试棒，然后将要测的晶体管按图插入管座内，此时指针指示的数值约为晶体管的反向截止电流值。指针指示的刻度值乘上 1.2 既为实际值。

当 I_{ceo} 电流值大于 $90\mu A$ 时可换用 $R \times 100$ 挡进行测量（此时满度电流值约 $900\mu A$）。NPN 型晶体管应插入 N 型管座，PNP 型晶体管应插入 P 型管座。

(3) 三极管管脚极性的判别。

1) 先判定基极 b。可用 $R \times 1k$ 挡进行，由于 b 到 c，b 到 e 分别是两个 PN 结，它的反向电阻很大，而正向电阻很小。测试时可任意取晶体管一脚假定为基极。将红测试棒接"基极"，将黑测试棒分别去接触另两个管脚，如此时测得都是低阻值，则红测试棒所接触的管脚既为基极 b，并且是 PNP 型管，（如用上述方法测得均为高阻值，则为 NPN 型管）。如测量时两个管脚的阻值差异很大，可另选一个管脚为假定基极，直至满足上述条件为止。

2) 再假定集电极 c。对于 PNP 型三极管，当集电极接负电压，发射极接正电压时，电流放大倍数才比较大，而 NPN 型管则相反。测试时假定红测试棒接集电极 c，黑测试棒接发射极 e，记下其阻值，而后红黑测试棒交换测试，又测得且比前一次测得的阻值大时，说明假设正确且是 PNP 型三极管，反之则是 NPN 型管。

(4) 二极管极性判别。测试时可用 $R \times 1k$ 挡，黑测试棒一端测得阻值小的一极为阳极。在万用表内部，红测试棒接电池负极，黑测试棒接电池正极。

注意：以上介绍的测试方法，一般都只能用 $R \times 100$、$R \times 1k$ 挡，如果用 $R \times 10k$ 挡则因表内有 9V 的较高电压，可能将三极管的 PN 结击穿，若用 $R \times 1$ 挡测量，因电流过大（约 60mA），也可能损坏管子。

五、注意事项

(1) 本品虽有双重保护装置，但使用时仍应遵守规程，避免意外损失。

测量高压或大电流时，为避免烧坏开关，应在切断电源情况下，变换量程。测量未知的电压或电流时，应先选择最高挡，待第一次读取数值后，方可逐渐转至适当位置以读取较准读数并避免烧坏电路。

如偶然发生因过载而烧断熔丝时，可打开表盒换上相同型号的熔丝。

(2) 测量高压时，要站在干燥绝缘板上，并一手操作，防止意外事故。

(3) 电阻各挡用干电池应定期检查、更换以保证测量精度。如长期不用应取出电池，以防止电液溢出腐蚀而损坏其他零件。

(4) 仪表应保存在室温为 $0 \sim 40 ℃$，相对湿度不超过 85%，并不含腐蚀性气体的场所。

第五节　数字频率计

一、概述

NFC－1000C－1 型多功能计数器是一台测频范围为 1Hz～1000MHz（最高可达 1500MHz）的多功能计数器，其特点是采用 8 位高亮度绿色 LED 数码管显示，4 种功能测量，低功耗线路设计。其体积小、重量轻、灵敏度高。全频段等精度测量，等位数显示（本机基础为 10MHz 等精度计数器）。高稳定性的晶体振荡器保证测量精度和全输入信号的测量。

本仪器有 4 个主要功能：A 通道测频、B 通道测频、A 通道测周期及 A 通道计数。其全部测量采用单片机 AT89C51 进行智能化的控制和数据测量处理。

二、技术指标

（1）频率测量范围：A 通道为 1Hz～100MHz；B 通道为 100～1000MHz（最高可达 1500MHz）。

（2）周期测量范围（仅限于 A 通道）：1Hz～10MHz。

（3）计数频率及容量（仅限于 A 通道），频率：1Hz～10MHz；容量：10^8-1。

（4）输入阻抗：A 通道为 $R\approx1M\Omega$，$C\leqslant35pF$；B 通道为 50Ω。

（5）输入灵敏度：对于 A 通道，1～10Hz 时，优于 50mV（均方根值），10Hz～100MHz 时，优于 30mV（均方根值）；对于 B 通道，100～1000MHz 时，优于 20mV（均方根值），1000～1500MHz 时，优于 50mV（均方根值）。

（6）测试条件：环境温度 25℃±5℃。

（7）输入波形：正弦波或方波［环境温度 0～40℃时，输入灵敏度指标不得低于 10mV（均方根值）］。

（8）闸门时间预选：10ms、0.1s、1s 或保持。

（9）输入低通滤波器（仅限于 A 通道）：截止频率为约 100kHz；衰减约 3dB［100kHz 频率点，输入灵敏度不得小于 30mV（均方根值）］。

（10）最大安全电压：A 通道为 250V（直流和交流之和；衰减置×20 挡）；B 通道为 3V。

（11）准确度：±时基准确度±触发误差×被测频率（或被测周期）±LSD，其中：

$$LSD=\frac{100ns}{闸门时间}\times 被测频率(或被测时间)。$$

（12）时基：标称频率为 10MHz，频率稳定度为优于 $5\times10^{-6}/d$。

（13）时基输出：标称频率为 10MHz；对于输出幅度（空载），"0"电平为 0～0.8V；"1"电平为 3～5V。

（14）显示：8 位 0.4 雨绿色发光数码管并带有十进小数点显示数据；闸门灯、溢出灯、MHz、kHz、μs 测量单位，绿色发光管指标；功能选择、闸门预选、保持指示灯。

（15）工作环境：0～40℃。

（16）电源电压：交流 220V±10%，50Hz。

三、工作原理

NFC-1000C-1 多功能计数器的工作原理框图如图 6-21 所示。

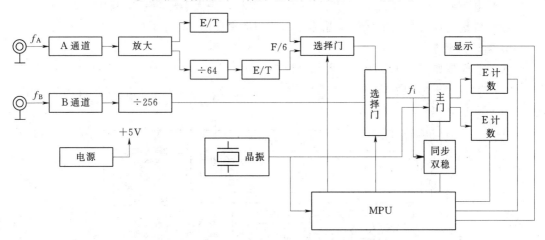

图 6-21　NFC-1000C-1 多功能计数器原理框图

测量的基本电路主要由 A 通道（100MHz 通道）、B 通道（1000MHz 通道）、系统选择控制门、同步双稳以及 E 计数器、T 计数器、MPU 微处理器单元、电源等组成。

该多功能计数器进行频率、周期测量是采用等精度的测量原理。即在预定的测量时间（闸门时间）内对被测信号的 N_x 个整周期信号进行测量，分别由 E 计数器的累计在所选闸门内的对应个数，同时 T 计数器累计标准时钟的个数。然后由微处理器进行数据处理。计算公式如下：

频率
$$f_x = \frac{N_x}{T_x}$$

周期
$$P_x = \frac{T_x}{N_x}$$

由于本机的标准时钟为 10MHz，则每个时钟脉冲的周期为 100ns，故 T_x 的累计误差为 100ns，则频率测量的测量精度为

$$\frac{100}{T_x}N_x$$

根据上述原理，可知本机的闸门时间实际上是预选时间，实际测量时间为被测信号的整周期数（总比预选时间长）。当被测信号的单周期时间超过预选时间，则实际测量时间为被测信号的两个周期时间。

四、结构特征

NFC-1000C-1 多功能计数器机箱体积小巧、色彩淡雅、美观大方。1GHz 通道放大器和晶振板都用锡焊固定于小屏蔽盒内以实现屏蔽及保温要求。屏蔽盒的固定不用螺钉等紧固件需将盒上的小片压弯扣紧即可。因此装配简单，使用维修方便可靠。

五、使用说明

该多功能计数器完整而必需的操作过程包括前面板所有的控制、连接和显示、操作训

练、用户保养。

1. 使用前的准备

（1）电源要求：交流 220V±22V，50Hz，单相，最大消耗功率为 10W。

（2）测量前预热 20min 以保证晶体振荡器的频率稳定。

2. 前面板特征

仪器前面板如图 6-22 所示，各部分说明如下：

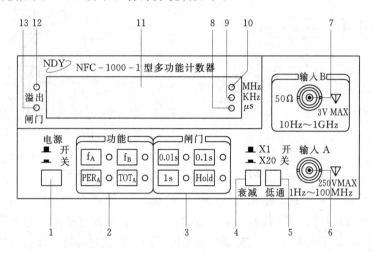

图 6-22 仪器前面板布局

1—电源开关：按下按钮电源打开，仪器进入工作状态，再按一下则关闭整机电源。

2—功能选择：功能选择模块，可选择"f_A""f_B""PER_A""TOT_A"测量方式，按一下所选功能键，仪器发出声响，认可操作有效，并给出相应的指示灯，以指示所选择的测量功能。所选键按动一次，机内原有测量无效，机器自动复原，并根据所选功能进行新的控制。"TOT_A"键按动一次为计数开始，闸门指示灯点亮，此时 A 输入通道所输入的信号个数将被累计并显示。当"TOT_A"键再按动一次则计数停止。停止前的累计结果将保留并显示至下次测量开始，仪器将自动清零。

3—闸门时间：闸门时间选择模块可供四种闸门时间预选［0.01s、0.1s、1s 或 Hold（保持）］。

选择不同的闸门时间将得到不同的分辨率。

"保持"键的操作：按动一下保持指示灯亮，仪器进入休眠状态，显示窗口保持当前显示的结果，功能选择键、闸门选择键均操作无效（仪器不给予响应）。"保持"键重新按动一次保持指示灯灭，仪器进入正常工作状态（注："TOT_A"功能操作时，仪器置保持状态下，此时虽然显示状态不变，但机内计数器仍然在进行正常累计。当"保持"释放后，机器将立即把累计的实际值显示出来）。

4—衰减：A 通道输入信号衰减开关；当按下时输入灵敏度降低至原来的 1/20。

5—低通滤波器：此键按下，输入信号经低通滤波器后进入测量（被测信号频率大于 $100kH_z$，将被衰减）。此键使用可提高低频测量的准确性和稳定性，提高抗干扰性能。

6—A 通道输入端：标准 BNC 插座，被测信号频率为 1Hz～100MHz 接入此通道进行测量。当输入信号幅度大于 300mV 时，应按下衰减开关 ATT，降低输入信号幅度能提高测量值的精确度。

当信号频率小于 100kHz，应按下低通滤波器进行测量，可防止叠加在输入信号上的高频信号干扰低频主信号的测量，以提高测量值的精确度。

7—B 通道输入端：标准 BNC 插座，被测信号频率大于 100MHz，接入此通道进行测量。

8—"μs"显示灯：周期测量时自动点亮。

9—"kHz"显示灯：频率测量时被测频率小于 1MHz 时自动点亮。

10—"MHz"显示灯：频率测量时被测频率大于或等于 1MHz 时自动点亮。

11—数据显示窗口：测量结果通过此窗口显示。

12—溢出指示：显示超出 8 位时灯亮。

13—闸门指示：指示机器的工作状态，灯亮表示机器正在测量，灯灭表示测量结束，等待下次测量（注：灯亮时显示窗口显示的数据为前次测量的结果，灯灭后，新的测量数据处理后将被立即送往显示窗口进行显示）。

3. 后面板特征

仪器后面板如图 6-23 所示。其各部分说明如下：

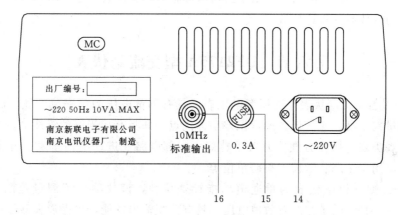

图 6-23 仪器后面板布局

14—交流电源的输入插座（交流 220V±10％）。

15—交流电源的限流保险丝座，座内保险丝规格为（0.3A/220V）。

16—10MHz，标准输出，内部基准振荡器的输出插座，该插座输出一个 10MHz 脉冲信号，这个信号可用作其他频率计数的标准信号。

4. 频率测量

（1）根据所需测量信号的频率大约范围选择"f_A"或"f_B"测量。

（2）"f_A"测量输入信号接至 A 输入通道口，"f_A"功能键按一下。"f_A"测量输入信号接至 B 输入通道，"f_B"功能键按一下。

（3）"f_A"测量时，根据输入信号的幅度大小决定衰减按键置×1 或×20 位置；输入幅度大于 300mV（均方根值），衰减开关应置×20 位置。

（4）"f_A"测量时，根据输入信号的频率高低决定，低通滤波器按键置"开"或"关"

位置。输入频率低于 100kHz，低通滤波器应置"开"位置。

（5）根据所需的分辨率选择适当的闸门预选时间（0.01s、0.1s 或 1s）闸门预选时间越长，分辨率越高。

5．周期测量

（1）功能选择模块，置"PER$_A$"输入信号接入 A 输入通道口。

（2）根据输入信号频率高低和输入信号幅度大小，决定低通滤波器和衰减器的所处位置。

（3）根据所需的分辨率，选择适当的闸门预选时间（0.01s、0.1s 或 1s）。闸门预选时间越长分辨率越高。

6．累计

（1）功能选择模块块置"TOT$_A$"键一次，输入信号接入 A 输入通道口，此时闸门指示灯亮，表示计数控制门已打开。计数开始。

（2）根据输入信号频率高低和输入信号幅度大小决定低通滤波器和衰减器的所处位置。

（3）"TOT$_A$"键再置一次则计数控制门关闭，计数停止。

（4）当计数值超过 10s 以后，则溢出指示灯亮，表示计数器已计满，显示已溢出，而显示的数值为计数器的累计位数。

第六节　DF2175A 型交流毫伏表

DF2175A 型交流毫伏表是通用型电压表，具有测量电压的频率范围宽、测量电压的灵敏度和测量精度高、噪声低、测量误差小等优点，并具有相当好的线性度。该系列电压表还具有外观美观、操作方便、开关手感好、内部电路先进、结构紧凑、可靠性好等优点，可广泛应用于工厂、学校、科研单位等。

DF2175A 型交流毫伏表为单通道单指针毫伏表，该仪器用于测量范围为 $30\mu V \sim$ 300V、5Hz～2MHz 的正弦波有效值电压，具有监视输出功能，可做放大器使用。

一、技术参数

（1）交流电压测量范围：$30\mu V \sim 300V$。

（2）测量电压频率范围：5Hz～2MHz。

（3）测量电平范围：$-90 \sim 50dB$，$-90 \sim 52dBm$。

（4）输入输出形式：接地/浮置。

（5）固有误差：以 1kHz 为基准。

1）电压测量误差：±3％（满度值）。

2）频率影响误差：20Hz～20kHz±3％，5Hz～1MHz±5％，5Hz～2MHz±7％。

3）测量条件：20℃±2℃；相对湿度不大于 50％；大气压力 86～106kPa。

（6）工作误差。

1）电压测量误差：±5％（满度值）。

2）频率影响误差：20Hz～20kHz±5％，5Hz～1MHz±7％，5Hz～2MHz±10％。

（7）输入阻抗：在 1kHz 时，输入阻抗约为 2MΩ，输入电容不大于 20pF。

（8）噪声：在输入端良好短路时不大于 $10\mu V$。

（9）输出监视特性。

1）开路输出电压约为 100mV（输入电压满刻度值时）。

2）输出阻抗约 600Ω。

3）失真不大于 5％。

（10）工作环境。

1）温度：0～40℃。

2）相对湿度：＜80％。

3）大气压力：86～104kPa。

（11）外型尺寸：280mm×155mm×216mm（$L \times B \times H$）。

（12）重量：约 2.5kg。

二、工作原理

DF2175A 型交流毫伏表由输入衰减器、前置放大器、电子衰减器、主放大器、线性放大器、输出放大器、电源及控制电路组成。

前置放大器是由高输入阻抗及低输出阻抗复合放大器组成，由于采用低噪声器件及工艺措施，因此具有较小的噪声，输入端还具有过载保护功能。

电子衰减器由集成电路组成，受 CPU 控制，因此具有较高的可靠性及长期工作的稳定性。

主放大器由几级宽带低噪声、无相移放大电路组成，由于采用深度负反馈，因此电路稳定可靠。

线性检波电路是一个宽带线性检波电路，由于采用了特殊电路，使检波线性达到理想化。

控制电路采用数码开关和 CPU 相结合控制的方式，来控制被测电压的输入量程，用指示灯指示量程范围，使人一目了然。当量程切换至最低或最高挡位时，CPU 会发出报警声，以便提示。

其他辅助电路还有开机关机表头保护电路，避免了开机和关机时表头指针受到的冲击。

三、使用方法

2175A 型交流毫伏表前、后面板布局如图 6 - 24 所示。

DF2175A 型交流毫伏表使用方法如下：

（1）通电前，先调整电表指针的机械零点，并将仪器水平放置。

（2）接通电源，按下电源开关，各挡位发光二极管全亮，然后自左至右依次轮流检测，检测完毕后停止于 300V 挡指示，并自动将量程置于 300V 挡。

（3）测量 30V 以上电压时，需注意安全。

（4）所测交流电压中的直流分量不得大于 100V。

（5）接通电源及输入量程转换时由于电容的放电过程，指针有所晃动，需待指针稳定

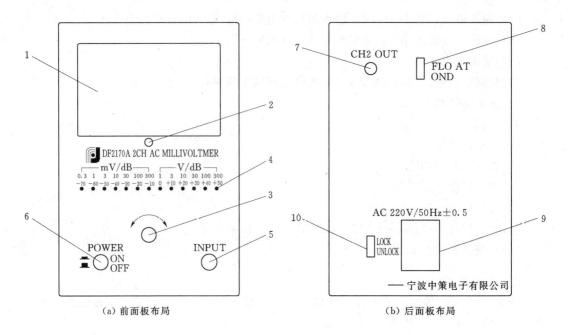

（a）前面板布局　　　　　　　　　　　　（b）后面板布局

图 6 - 24　DF2175A 型交流毫伏表前、后面板布局

1—表头；2—机械零位调整；3—量程选择旋钮；4—量程指示；5—通道输入；6—电源开关；

7—通道监视输出；8—接地方式选择开关；9—电源插座；10—关机锁存/不锁存开关

后读取读数。

（6）浮置/接地功能。

1）当将开关置于浮置时，输入信号地与外壳之间处于高阻状态，当将开关置于接地时，输入信号地与外壳接通。

2）在音频信号传输中，有时需要平衡传输，此时测量其电平时，不能采用接地方式，需要浮置测量。

3）在测量 BTL 放大器时，输入两端任一端都不能接地，否则将会引起测量不准确甚至烧坏功放，此时宜采用浮置方式测量。

4）某些需要防止地线干扰的放大器或带有直流电压输出的端子及元器件二端电压的在线测试等均可采用浮置方式测量，以免由于公共接地带来的干扰或短路。

（7）监视输出功能。该仪器具有监视输出功能，因此可作为独立放大器使用。

1）当 $300\mu V$ 量程输入时，该仪器具有 316 倍的放大（50dB）。

2）当 1mV 量程输入时，具有 100 倍的放大（40dB）。

3）当 3mV 量程输入时，具有 31.6 倍的放大（30dB）。

4）当 10mV 量程输入时，具有 10 倍的放大（20dB）。

5）当 30mV 量程输入时，具有 3.16 倍的放大（10dB）。

（8）关机锁存功能。

1）当将后面板上的关机锁存/不锁存选择开关拨向 LOCK 时，在选择好测量状态后再关机，则当重新开机时，仪器会自动初始化成关机前所选择的测量状态。

2）当将后面板上的关机锁存/不锁存选择开关拨向 UNLOCK 时，则每次开机时仪器将自动选择量程 300V 的挡。

四、维护和保养

1．维护

（1）仪器应放在干燥及通风的地方，并保持清洁，久置不用时应盖上塑料套。

（2）仪器应避免剧烈振动，仪器周围不应有高热及强电磁场干扰。

（3）仪器使用电压为 220V/50Hz，不应过高或过低。

（4）仪器应在规定的电压量程内使用，尽量避免过量程使用，以免烧坏仪器。

2．修理

（1）仪器接通电源后，若指示灯不亮，表头无反应，应检查电源保险丝是否烧坏。

（2）若保险丝完好，则应检查机内电源±6V、+5V 是否正常。若正常应更进一步检查控制电路，放大电路等电路故障。

（3）经检修后应对其测量电压精度进行校正，应对其不同量程，不同的频率进行全性能的计量。

第七节　JT-1型晶体管特性测试仪

图 6-25 所示为 JT-1 型晶体管特性测试仪面板图。

一、工作原理简述

以测共射特性为例，当被测晶体管插入测试仪后，首先要给管子加上电压，使管子正常工作。"集电极扫描信号"就是加在集电极的电压。在测管子输出特性时，不但"集电极扫描信号"应为按一定频率变化的电压（图 6-26），而且基极要加"基极阶梯波信号"电流。

JT-1 型晶体管特性测试仪的集电极扫描信号是 100Hz 半波正弦电压，它产生的扫描峰值电压有两挡：一挡是 0～20V；另一挡是 0～200V。"基极阶梯波信号"是一个连续的有 4～12 个阶梯的电流信号（阶梯级数可调）。阶梯信号的每级频率分为 100Hz 和 200Hz，这是为了严格保证"集电极扫描信号"与"基极阶梯波信号"同步作用于被测管，以便得到正确的曲线族，当"极/秒"旋钮置于"上 100"的位置时，"集电极扫描信号"与"基极阶梯波

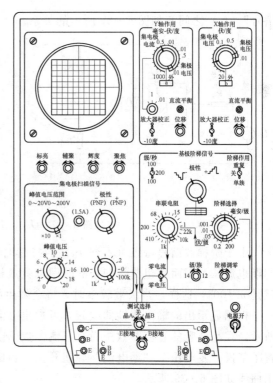

图 6-25　JT-1 晶体管特性测试仪面板图

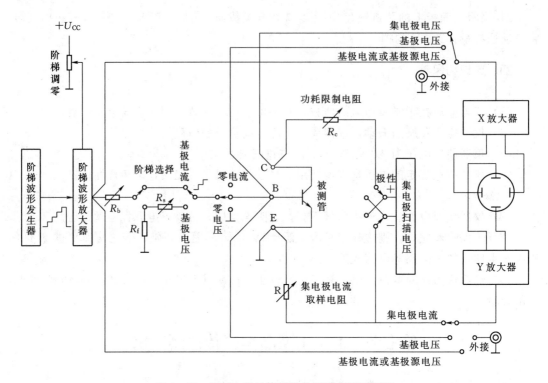

图 6-26　JT-1 型晶体管特性测试仪原理框图

信号"（I_B）之间有如图 6-27 所示的关系。

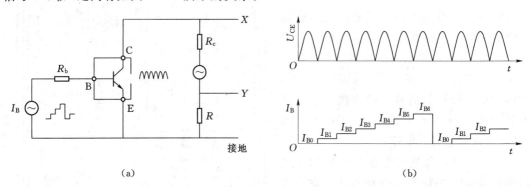

（a）　　　　　　　　　　　　　　（b）

图 6-27　U_{CE} 与 I_B 对应关系图

由于阶梯波信号每级（不同 I_B）的持续时间为本 1/100s，则级数愈多，阶梯信号的周期也愈长，因而每组曲线扫描的时间也就愈长。如阶梯数为 n，则每组曲线的扫描周期就是 n/100s，这样，当级数较多时，将会发生晃闪现象。

根据显示出的输出特性曲线族，可求出 β 值，$\beta=(\Delta I_C/\Delta I_B)|_{CEO}=$ 常数。如图 6-28 所示，在晶体管的直流参数中尚有直流参数 I_{CEO} 和 $U_{CEO,B}$ 两个重要参数，为此在面板上设置了基极"零电压"、"零电流"旋钮开关，当旋钮至零电流时，可显示出 $I_B=0$ 的一条输出曲线如图 6-29 所示。

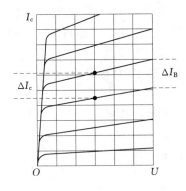

图 6-28　晶体管输出特性曲线族

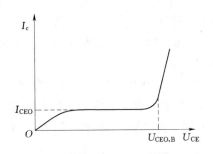

图 6-29　$I_B = 0$ 时的输出特性曲线

二、主要技术性能

1. Y 轴作用

(1) 集电极电流：0.01～1000mA/DIV（分 16 挡），精确度 3%。

(2) 基极电压：0.01～0.5V/DIV（分 6 挡），精确度 3%。

2. X 轴作用

(1) 集电极电压：0.1～20V/DIV（分 11 挡），精确度 3%。

(2) 基极电压：0.01～0.5V/DIV（分 6 挡），精确度 3%。

3. 基极阶梯波信号

(1) 阶梯电流：0.001～200mA/级（分 17 挡），精确度 5%。

(2) 阶梯电压：0.01～0.2V/级（分 5 挡），精确度 5%。

(3) 每族级数：4～12。

(4) 每秒级数：100 或 200。

(5) 极性：正或负。

(6) 阶梯作用："重复"、"关"、"单族"。

4. 集电极扫描信号

(1) 峰值电压：0～20V 正或负，连续可调；0～200V 正或负，连续可调。

(2) 功耗限制电阻：0～100kΩ。

(3) 电流容量：0～20V 范围为 10A（平均值）；0～200V 范围为 1A（平均值）。

三、JT-1型图示仪校准

1. 放大器校准

将 X、Y 轴的 "放大器校正" 旋钮由 "0" 点扳至 "−10DIV"，屏上光点将分别在 X 方向和 Y 方向跳动 10 格，否则要调整机内的电位器。

2. 阶梯调零

(1) "X 轴作用" 开关扳至 "1V/度"。

(2) "Y 轴作用" 开关扳到至 "基极电流或基极电压"。

(3) "阶梯作用" 扳至 "重复"。

(4) "阶梯选择" 放至 "0.01V/级"。

（5）调"阶梯调零"旋钮，使阶梯波图形第一条亮线与 Y 轴"放大器校正"扳至"0"点时的光条重合。"阶梯调零"校正好后，在测试过程中，不能再动［在测试时，把 Y 轴"放大器校正"扳至"0"点和光条通过 Y 轴"移位"使其与标尺（零线）重合。注意 NPN 型晶体管时，零线以最下面一根标尺线为准；测 PNP 型时，反之］。

3. 直流平衡

（1）"X、Y 轴作用"开关放在"基极电压"伏/度任一位置。

（2）X、Y 轴"放大器校正"扳键扳至"0"点。

（3）分别切换"X、Y 轴作用"开关时，光点几乎不动。

四、JT-1 型图示仪测试举例

PNP 型 3AX31 共射特性测试测 PNP 型 3AX31 共射特性，如图 6-30 所示。

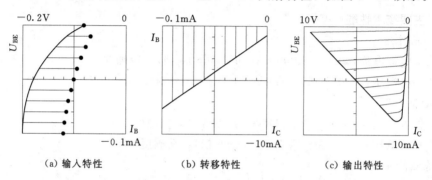

（a）输入特性　　　（b）转移特性　　　（c）输出特性

图 6-30　3AX31 共射特性测试图

（1）输入特性：$I_B - U_{BE}$。面板上开关和旋钮位置如下设置：

峰值电压范围：0～20V。

峰值电压：10V。

极性（集电极扫描）：负（一）。

功耗电阻：1kΩ。

X 轴作用：U_B0.02V/度。

Y 轴作用：基极电流。

极/秒：下 100（图 6-26 中，旋钮对应指向下方 100 的位置）。

极性（阶梯）：负（一）。

阶梯作用：重复。

阶梯选择：I_B 0.01mA/级。

级/族：10。

（2）电流转移特性：$I_C - I_B$；$\beta = (\Delta I_0 / \Delta I_B)$。面板上开关和旋钮位置如下设置：

峰值电压范围：0～20V。

峰值电压：10V。

极性：负（一）。

功耗电阻：1kΩ。

X 轴作用：基极电流。

Y 轴作用：I_C 1mA/度。

极/秒：下 100。

极性（阶梯）：负（-）。

阶梯作用：重复。

阶梯选择：I_B 0.01mA/级。

级/族：10。

（3）输出特性（略）。

2. 场效应管测试

首先，用万用表检查仪器接地是否良好，保证仪器机壳良好接地（发射极接线柱与地线要连通，以免管子栅极被击穿）。

在测量场效应管时，先确定好所测管漏极、栅极的电压极性，以便选取各开关位置，调好零点和 X、Y 轴坐标零点。

测 MOS 型 N 沟道耗尽型场效应管步骤如下：

（1）先调"集电极（漏极）扫描信号"的"极性"为正（+）；"基极（栅极）阶梯信号"的"极性"为负（-）。

（2）以测量 I_{DSS}、g_m 为例。各开关、旋钮位置一般如下设置：

1）"峰值电压范围" 0～20V；X 轴"集电极电压" 2V/DIV、Y 轴"集电极"电流 0.2mA/DIV；"功耗电阻" 1kΩ；"阶梯作用"开关扳至"重复"；"阶梯选择"至"0.1mA/DIV"。

这里利用基极阶梯电流（恒流阶梯源）在外接于 B、E 端的 10kΩ 电阻器上产生阶梯电压（得到 1V/DIV 的栅—源阶梯电压源），作为栅极电压输入信号，如图 6-31 所示。

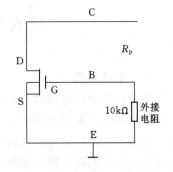

图 6-31　场效应管测试电路图

2）改变集电极电压即得到一族输出特性曲线，如图 6-32（a）所示。读 $U_{DS}=10V$（$U_{GS}=0V$）所对应的 Y 轴电流即为所测的 I_{DSS}。

3）从 $U_{GS}=0V$ 和 $U_{GS}=-1V$ 两条曲线上，求出 $U_{DS}=10V$ 时所对应的 ΔI_{DS}，除以 ΔU_{GS}，即得所测量的跨导值 $g_m=（\Delta I_{DS}/\Delta U_{GS}）|_{U_{DS}=10V}$，其单位 S，见图 6-32（a）所示。

选取不同的 I_{DS} 为测量参考数据，就可以得到不同 I_{DS} 的跨导值 g_m。

如果将"X 轴作用"扳至"基极电流或基极源电压"，即得 I_{DS}-U_{GS} 的关系曲线，曲线的斜率即为 I_{DS} 的 g_m。此时 U_{GS} 的零点应调至右下角，如图 6-32（b）所示。

五、JT-1 型图示仪使用注意事项

（1）使用时要先校准，以免读数误差过大。

（2）测试管子前一定要检查极性是否正确，所有需调节的电压、电流应放置于小值处，热后分别调节到需要值，切勿粗心。

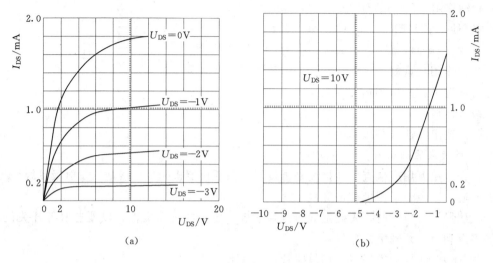

图 6-32　场效应管测试曲线

（3）仪器用完后应关断电源再将集电极扫描信号"峰值电压范围"旋到"0～20V"，"峰值电压"减小到"0"，"功耗限制电阻"旋到"1k"左右；"Y轴作用"扳至"毫安1伏/DIV"、"阶梯选择"旋到最小处，"阶梯作用"扳到"关"。尤其是在测试高反压和大功率管后更应注意。

测试时，荧光屏上显示回线是正常现象，这是仪器本身的问题，与被测管无关。

第八节　BT-3 频率特性测试仪

一、工作原理

频率特性测试仪俗称扫频仪（国产型号为 BT-2、BT-C、BT-5 等）。它是一种用示波器直接显示被测设备频率响应曲线或滤波器的幅频特性的直观测试设备。广泛地应用于宽频带放大器，短波通信机和雷达接收机的中频放大器，电视差转机、电视接收机图像和伴音通道，调频广播发射机、接收机高放、中频放大器以及滤波器等有源和无源四端网络。

测量频率特性的方法一般有逐点法和扫频法两种。为了说明扫频仪的工作原理，先谈谈逐点法测频原理，测试原理如图6-33所示。

调节正弦波信号发生器的频率，逐点测量相应频率上被测设备的输出电压（注意保持被测设备的输入电压不能变）。例如，第一次调节频率 f_1，送入被测设备，电压表测得被测设备的输出电压为 U_1，第二次调节频率为 f_2，电压表测得为 U_2，这

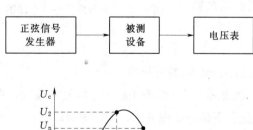

图 6-33　测试原理图

样继续做下去，到第 n 次调节频率为 f_n，测得 U_n。然后以频率 f 为横坐标，电压 U 为纵坐标，把各次频率及其对应测得的电压画到坐标上去，连接这些点得到一条曲线，这就是被测设备的频率特性曲线。但是这种测法既费时又不准，而且不形象。

如果把信号发生器改为一个扫频振荡器，它的频率能自动地从 $f_1 \sim f_n$ 重复扫频，但扫频仪输出幅度不变，通过被测设备后，被测设备在不同频率上幅度是不同的，把电压表改成检波器，把被测设备输出的扫频信号的包络检出来，并送到示波器显示出来，就能直接看到被测设备的频率特性曲线，这就是扫频法测量频率特性的原理，扫频仪就是根据这个原理做成的。

根据上述原理，扫频仪主要包括三部分，原理框图如图 6-34 所示。

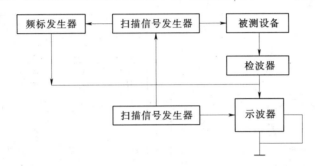

图 6-34　扫频仪原理方框图

1. 扫描信号发生器

扫描信号发生器的核心仍然是 LC 振荡器，其电路是设法用调制信号控制振荡电路中的电容器或电感线圈，使电容量或电感量变化，从而使振荡频率受调制信号的控制而变化，但其幅度不变。用调制信号控制电容量变化的方法是由变容二极管实现的。

用调制信号控制电感量变化的方法通常是用磁调制来实现的。其原理是用调制电流改变线圈磁芯的导磁系数 μ，使线圈的电感量也作相应的变化，由此而实现扫频。BT-3 扫频仪就是采用这种方法。

2. 频标发生器

频标发生器在显示的频率特性曲线上打上频率标志，可以直接读得曲线上各点所对应的频率。

3. 显示部分

包括示波器和主控部分。主控部分的作用就是使得示波器的水平扫描与扫描振荡器的扫频完全同步。

二、BT-3 频率特性测试仪

1. 主要技术指标

(1) 中心频率。1～300MHz，分以下三个波段：

Ⅰ：1～75MHz。

Ⅱ：75～150MHz。

Ⅲ：150～300MHz。

（2）扫频频偏。最小频偏小于±0.5%；最大频偏大于±7.5MHz。

（3）输出扫频信号的寄生调幅系数。在最大频偏内小于±7.5%。

（4）输出扫频信号的调频非线性系数。在最大频偏内小于20%。

（5）输出扫频信号电压大于等于0.1V（有效值）。

（6）频标信号为1MHz、10MHz和外接三种。

（7）扫频信号输出阻抗为75Ω。

（8）扫频信号输出衰减。粗衰减（0~60dB）分7挡。细衰减（0~10dB）分7挡。

2.BT-3扫频仪的组成及基本工作原理

BT-3扫频仪的组成框图及面板图如图6-35和图6-36所示。

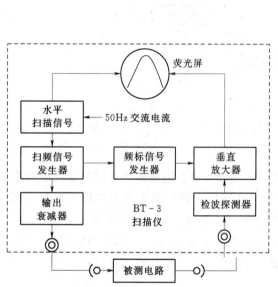

图6-35　BT-3型扫频仪的组成方框图

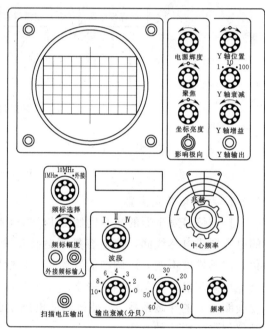

图6-36　BT-3型扫频仪的面板图

本机共有两个扫频振荡器：扫频振荡器Ⅰ是第一波段用的振荡器，中心频率为270MHz，其输出送到混频器，与可调频率的定频振荡器（270~195MHz）的输出相混频，经差拍得到（0~75MHz）的扫频信号；扫频振荡器Ⅱ是第二和第三波段所共用的，它的直接输出是75~150MHz的扫频信号，供第二波段用，另外经倍频后得到第三波段的150~300MHz的扫频信号。

频标振荡器是1MHz和10MHz晶体振荡器，经谐波发生器产生丰富的谐波分量，再与扫频信号差拍后，经滤波器得到菱形频标信号，再加到垂直放大器，由示波管显示出来。

主控部分是由电源变压器次级取出的50Hz交流电压移相90°后送至示波管水平偏转板作扫描电压，另外一路经可调移相后送作扫频调制电流，从而保证扫描与扫频同步。同时也给扫描线赋予了频率。

3. 仪器的使用

(1) 仪器的检查。

1) 调节好仪器的辉度和聚焦，使扫描基线足够亮和细。

2) 将"频标选择"开关扳向1MHz或10MHz，此时扫描基线上呈现频标信号，调节"频标幅度"旋钮，可改变频标的幅度。

3) 将"频率偏移"旋钮旋到最大，荧光屏上呈现的频标数应满足±7.5MHz。

4) 将检波探测器的探针插入仪器输出端，并接好地线。每一波段都在荧光屏上出现方框，将"频标选择"旋至10MHz处，转动中心频率旋钮，检查每一波段范围是否符合要求。

5) 在输出插孔上，插入匹配输出电缆，用超高频毫伏表检查仪器的输出电压是否大于100mV。

(2) 测试频率特性。

1) 检查仪器正常工作后，将输出电缆的一端接"扫频电压输出"插座，另一端接被测设备的输入端，根据被测设备选定某一频段，并适当调节频标增益，用检波探测器将被测设备的输出电压检波送至垂直输入，在荧光屏上可见到被测设备的频率特性曲线，频标叠加在曲线上。

2) 如果被测设备带有检波器，则不用检波探测器，而用输入电缆直接接入仪器的垂直输入端。

3) 当需要某些非1MHz的频标时，可以将"频标选择"置"外接"，从"外接"频标接线柱上加入所需的频标信号。

4) 测试时，输出电缆和检波探测器的接地线应尽量短一些，检波探测器的探针上也不应再加接导线。

(3) 频标定值法。

1) 将检波探测器与仪器的扫频输出插座用带75Ω负载的电缆连接好，屏幕上应出现方块。

2) 将频标选择开关旋向10MHz，波段开关置"Ⅰ"时，中心频率度盘在起始位置附近时，屏幕中心线上应出现零拍，反时针旋转中心频率度盘，通过屏幕中心线的频标数应多于7.5个。

3) 波段开关置"Ⅱ"，中心频率度盘从起始位置逆时针旋转时，第一个经过屏幕中心频标应为70MHz，然后依此数记，第二波段最高中心频率应大于150MHz。

4) 欲得第三波段某一频率，只需在第二波段找出三波段所需频率的1/2频率处，然后，将波段开关扳向Ⅲ即可。

(4) 放大器增益的测试。

1) 把扫频仪输出电缆与检波探头短接。

2) 扫频仪"输出衰减"，旋在0dB。

3) 调节"Y轴增益"，使荧光屏上显示的图形占纵坐标5格（也可以是其他数目）。

4) 保持"Y轴增益"不变，把扫频仪的输出接至放大器的输入，输入接放大器的输出，这时荧光屏上将显示放大器的频率特性曲线，再调节扫频仪的"输出衰减"，使荧光屏上显示的放大器曲线也占 5 格，这时"输出衰减"所指示的分贝数就是放大器的增益。

习 题

1. 信号发生器能够输出哪几种波形？

2. 利用示波器如何测量直流电压、交流电压和频率？

3. 如何利用万用表测量晶体管的参数？如何判别晶体管管脚 E、B、C？

4. 简述数字频率计的工作原理。

5. 在测量交流电压时，万用表是否能取代交流毫伏表，为什么？

6. 简述交流毫伏表的电路组成和工作原理。

7. 如何利用晶体管特性测试仪测试三极管的输出特性？

8. 如何利用晶体管特性测试仪测试场效应晶体管的输出特性？

第七章 电子产品的安装与调试技术

主要内容:

本章主要介绍了电子产品安装与调试的常用工具、电子元器件安装的主要内容、电气连接的安装方法、电子产品的调试设备与调试内容、电子产品的检测方法和调整方法等内容。通过本章的教学,使学生对电子产品的装调技术和测试方法有一个比较全面的学习。

基本要求:

1. 了解电子产品安装与调试过程中的常用工具、设备和调试的主要内容。

2. 在调试过程中,能够分析电路工作过程,掌握电子产品的主要检测和调整方法。

3. 以收音机装调为例,重点掌握电路静态工作点和动态工作特性的测试与调整方法。

4. 对收音机电路出现的故障现象能够进行分析处理。

电子产品的安装与调试是电子产品生产过程中极其重要的两个环节。一个设计精良的产品可能因为安装工艺不当而达不到预定的技术指标,一台精密的电子仪器可能由于一个螺钉松动而无法正常工作。可见,掌握电子产品的安装工艺对于技术人员是不可或缺的。在电子产品装配完成之后,需要通过调整与测试才能达到规定的技术要求,从俗语"三分装七分调"中可以看出,电子产品调试技术在电子装配过程中的重要性。

第一节 安 装 工 具

安装是将电子零部件按照要求装接到规定的位置上,大部分安装离不开螺钉紧固,也有些零部件仅需要简单的插接即可。安装质量不仅取决于工艺设计,很大程度上也依赖于操作者的技术水平和安装工具。

一、紧固工具及紧固方法

在电子产品装配工作中,紧固安装占有很大比例,而且随着制造业专业化、集成化进程的加快,这个比例不断增大。将零部件紧固在各自的位置上,看似简单,但要达到安全、可靠的要求,必须对紧固件的规格、紧固工具及操作方法等进行合理的选择。

1. 紧固工具

紧固工具用于紧固和拆卸螺钉和螺母。常用的工具有螺钉旋具、螺母旋具和各类扳手等。螺钉旋具也称螺丝刀、旋具或螺丝起子,常用的有一字形、十字形两类,并有自动、电动、风动等形式。

(1)一字形螺钉旋具。这种旋具主要用来旋转一字槽形螺钉,如图7-1所示。选用时,应使旋具头部的长短和宽窄与螺钉槽相适应。若旋具头部宽度超过螺钉槽的长度,在旋转沉头螺钉时容易损坏安装件的表面；若头部宽度过小，不但不能将螺钉旋紧，更容易损坏螺钉槽。

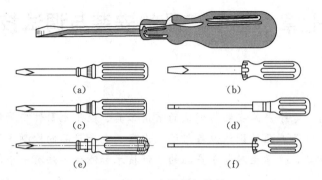

图 7-1　一字形螺钉旋具

旋具头部的厚度比螺钉槽过厚或过薄也不好，通常取旋具刃口的厚度为螺钉槽宽度的 0.75~0.8 倍。此外，使用旋具时要注意，不能斜插在螺钉槽内。

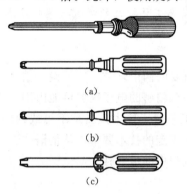

图 7-2　十字形螺钉旋具

（2）十字形螺钉旋具。这种旋具主要用来旋转十字槽形螺钉，如图 7-2 所示。使用时应使旋杆头部与螺钉槽相吻合，否则易损坏螺钉的十字槽。十字形螺钉旋具的端头分 4 种槽型：1 号槽型适用于 2~2.5mm 螺钉；2 号槽型适用于 3~5mm 螺钉；3 号槽型适用于 5.5~8mm 螺钉；4 号槽型适用于 10~12mm 螺钉。

注意，使用一字形和十字形螺钉旋具时，用力要平稳，压紧和旋转要同时进行。

（3）自动螺钉旋具。这种旋具适用于紧固头部带槽的各种螺钉，如图 7-3 所示。这种旋具有同旋、顺旋和倒旋 3 种动作。当开关置于同旋位置时，与一般旋具用法相同。当开关置于顺旋或倒旋位置，在旋具刃口顶住螺钉槽时，只要用力顶压手柄，螺旋杆通过来复孔而转动旋具，便可连续顺旋或倒旋。这种旋具用于大批量生产中，效率较高，但使用者劳动强度较大，目前逐渐被机动螺钉旋具所代替。

图 7-3　自动螺钉旋具

（4）机动螺钉旋具。这种旋具有电动和风动两种类型，广泛用于流水生产线上小规格螺钉的装卸。小型机动螺钉旋具如图 7-4 所示。这类旋具的特点是体积小、重量轻、操作灵活方便。

机动螺钉旋具设有限力装置，使用中超过规定扭矩时会自动打滑。这对在塑料安装件上装卸螺钉极为有利。

（5）螺母旋具。这种旋具如图 7-5 所示。它用于装卸六角螺母，使用方法与螺钉旋具相同。

图 7-4　机动螺钉旋具　　　　　　　图 7-5　螺母旋具

2. 最佳紧固力矩

紧固力矩太小，螺钉松动，使用中会失去紧固作用；紧固力矩太大，容易使螺纹滑扣，甚至螺钉断裂。

$$最佳的紧固力矩＝(螺钉破坏力矩)×(0.6～0.8)$$

每种尺寸的螺钉都有固定的最佳紧固力矩，使用力矩工具很容易达到。而使用一般的工具则要依靠合适的规格和操作者的实践经验，才能达到最佳紧固。

3. 紧固方法

(1) 对于机制螺钉来讲一般以压平防松垫圈为准，而自攻螺钉以头部紧贴安装件为准，最好使用限力螺刀（即扭矩可调），安装前可根据经验数据将扭矩调好，这样既可防止因扭矩过小而造成紧固太松，又可防止因扭矩过度而造成滑扣现象，从而保证螺钉连接的质量。

(2) 没有配套的螺丝刀时，可以通过握刀手法控制力矩，如图 7-6 所示。图 7-6 (a) 所示力矩最小，适用于 M3 以下的螺钉；图 7-6 (b) 所示力矩稍大，适用于 M3～M4；图 7-6 (c) 所示力矩较大，适用于 M5～M6。

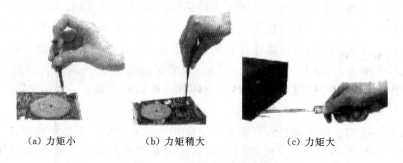

(a) 力矩小　　　　　(b) 力矩稍大　　　　　(c) 力矩大

图 7-6　螺装时的螺刀握法

(3) 沉头螺钉紧固后，其头部应与被紧固件的表面保持平整。允许适当偏低，但不得超过 0.2mm。

(4) 用两个螺钉安装被紧固件时，不要先将一个拧紧后再拧另一个，而应将两个螺钉半紧固，然后摆正位置，再均匀紧固；用 4 个或 4 个以上的螺钉安装时，可按对角线的顺序半紧固，然后再均匀紧固，总之安装同一紧固件上的成组螺钉的原则应掌握交叉、对称、逐步的方法，如图7-7所示。

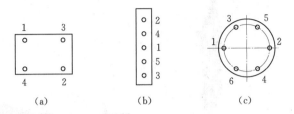

图7-7　成组螺钉紧固顺序

（5）安装时，旋具头必须紧紧顶住螺钉槽口，旋具与安装平面保持垂直；拧紧螺钉时，不允许造成螺钉槽口出现毛刺、变形，不应破坏螺母或螺帽的棱角及表面电镀层；禁止使用尖头钳、平口钳作紧固工具。

二、常用紧固件及选用

在电子整机装配中，有些部件需要固定和锁紧。用来锁紧和固定部件的零件称为紧固件。常用的紧固件大多是螺钉、螺母、螺柱、垫圈等与螺纹连接有关的零件。另外，还有铆钉和销钉等紧固件。

1. 螺钉的选用

如图7-8所示，电子装配中常用的螺钉种类很多，通常按头部起子槽的形状可分为一字槽螺钉和十字槽螺钉等。按照头部外形又可分为半圆头、圆柱头、垫圈头和沉头螺钉等。

其中一字槽螺钉起子槽的强度较十字槽差，拧紧时的对中性也差，适用于连接强度要求较低的场合。而十字槽具有对中性好、螺丝刀不易滑出的优点，使用的广泛性日益增强。

圆柱头螺钉特别是球面圆柱头螺钉的槽口较深，使用改锥用力拧紧时一般不容易滑扣，因此比半圆头螺钉更适合用于紧固力大的部位，如图7-8（a）、（c）所示。

装配面板时，应使用球面圆柱头螺钉和沉头螺钉。选择合适的沉头螺钉，可以使螺钉与面板保持同等高度，并且可使连接件较确切地定位。但沉头螺钉因为槽口较浅，一般不能承受较大的紧固力，如图7-8（d）所示。当螺钉需要较大拧紧力且连接要求准确定位，但不要求平面时，可选取半沉头螺钉，如图7-8（e）所示。

垫圈头螺钉适用于薄板或塑料等需要固定面积大的安装中，不必加垫圈。

自攻螺钉［图7-9（a）］一般适用于薄铁板或塑料件的连接，它的特点是装配孔不必攻丝，可直接拧入。显然这种螺钉不适于经常拆卸或受力大的连接，而是用于固定那些重量较轻的部件。像变压器、铁壳电容器等相对重量较大的零部件绝不可仅用自攻螺钉紧固。

紧定螺钉［图7-9（b）］又称顶丝，其使用不如上述螺钉普遍，根据结构和使用要求不难确定种类。这类螺钉不用加防松垫圈。

2. 螺母及垫圈的选用

如图7-10所示，螺纹连接中常用的螺母和垫圈的形式很多。常用的螺母形式有六角

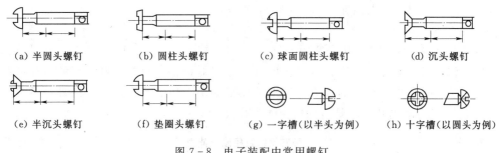

(a) 半圆头螺钉　　(b) 圆柱头螺钉　　(c) 球面圆柱头螺钉　　(d) 沉头螺钉

(e) 半沉头螺钉　　(f) 垫圈头螺钉　　(g) 一字槽(以半头为例)　　(h) 十字槽(以圆头为例)

图 7-8　电子装配中常用螺钉

平头顶　　锥形头顶

(a) 自攻螺钉　　　　　　　　(b) 紧定螺钉

图 7-9　自攻螺钉与紧定螺钉

形、圆形和方螺母等。其中钢制六角螺母使用广泛，无特殊要求均可使用。

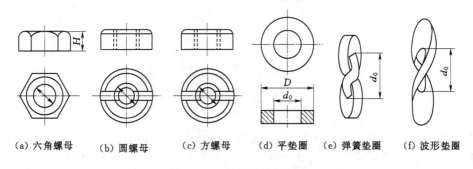

(a) 六角螺母　　(b) 圆螺母　　(c) 方螺母　　(d) 平垫圈　　(e) 弹簧垫圈　　(f) 波形垫圈

图 7-10　常用螺母与垫圈

常用的垫圈有平垫圈、弹簧垫圈、波形垫圈等。平垫圈的作用是保护被连接件表面，增大螺母与被连接件之间的接触面积。弹簧垫圈用于防止螺纹连接在振动情况下的自行松动。

3. 铆钉和销钉的选用

铆钉和销钉都是不带螺纹的连接件。按照不同的分类方法，铆钉可分为半锥头、沉头、平锥头铆钉，也可分为实心和空心铆钉。铆钉连接不需要螺纹和螺母，只要一个铆钉就可起到连接作用。销钉有圆锥销、圆柱销等，用于安装在机器转动轴上，起固定作用。

以上仅就电子装接中常用的几种紧固件给出了简要介绍，有关紧固件的详细资料，读者可以自行查阅机械零件手册。

4. 螺钉材料的选择

对于一般仪器的连接，螺钉可以选用成本较低的镀锌钢制螺钉；对于仪器面板上的连接，可选用镀铬或镀镍的螺钉，这种螺钉不仅可以增加美观，还可以防止生锈。紧固螺钉由于埋在元器件内部，所以只需选择经过防锈处理的螺钉即可。对导电性能要求比较高的连接和紧固，可以选用黄铜螺钉或镀银螺钉。

5. 螺钉尺寸的选择

电子产品中，螺钉的作用是紧固部件，受力不是很大，通常可采用简单类比法来确定螺钉尺寸和数量。所谓类比法就是对比已有产品仪器设备，简单类推到新的设计产品中去。当然对于某些受力较大的地方，特别是反复受切力的部位，还是应该进行适当核算的。表 7-1 是几种常用的小螺钉的抗拉强度，仅供参考。

表 7-1　　　　　　　　　　　　几种常用螺钉极限拉伸力　　　　　　　　　单位：kg

材质＼型号	M2	M2.5	M3	M4	M5	M6	M8
钢	83	135	200	350	570	800	1460
黄铜	70	115	170	300	480	685	1240

螺钉长度要根据被连接件尺寸确定，图 7-11 所示估计方法可供参考。

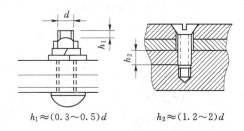

$$h_1 \approx (0.3 \sim 0.5)d \qquad h_2 \approx (1.2 \sim 2)d$$

图 7-11　选择合适的螺钉长度

第二节　电子元器件的安装

一、陶瓷件、胶木件、塑料件的安装

此类零件的特点是强度低，容易在安装时损坏。因此要选择合适材料作为衬垫，在安装时要特别注意紧固力的大小。陶瓷件和胶木件在安装时要加装软垫，如橡胶垫、纸垫、软铝垫等，不能使用弹簧垫圈。图 7-12 所示为一个绝缘瓷架的安装，由于工作温度较高，在这里选用铝垫圈，并用双螺母紧固，以防止松动。

塑料件安装时容易变形，应在螺钉上加大外径垫圈，使用自攻螺钉紧固时，螺钉的旋入深度不小于直径的 2 倍。

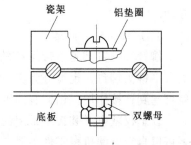

图 7-12　绝缘瓷架的安装示意图

二、仪器面板零件的安装

在面板上安装电位器、波段开关和插件时，通常采用螺纹安装结构。安装时一方面要选用合适的防松垫圈，另一方面要特别注意保护面板，防止在紧固螺母时划伤面板。图

7－13 所示为几种常见的面板零件安装方法。

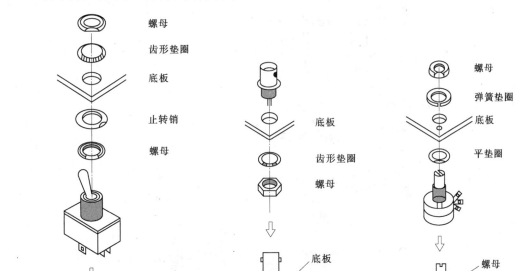

(a) 开关安装　　　　　　　　　(b) 插座安装　　　　　　　　　(c) 电位器安装

图 7－13　几种常见的面板零件安装方法

三、大功率器件的安装

大功率器件在工作时会产生热量，必须依靠散热器将热量散发出去，而安装的质量对传热效率影响很大。以下是在安装时要注意的 3 个方面：

（1）器件和散热器接触面要清洁平整，保证两者之间接触良好。

（2）在器件和散热器的接触面上加涂硅脂。

（3）使用多个螺钉紧固器件时，要采用对角线轮流紧固的方法，防止贴合不良。

图 7－14 所示为几种常见大功率器件的安装示意图。

四、集成电路的安装

集成电路在大多数应用场合都是直接焊接到 PCB 上的，但也有不少产品为了升级调整和维修的方便，常采用先焊装 IC 座再安装集成电路的方式。如计算机中的 CPU、ROM、RAM 以及 EPROM 等器件，这些集成电路引线较多，稍有不慎就有可能在安装时损坏引脚。故此类大规模或超大规模集成电路的安装要注意以下几点：

（1）防止静电。大规模 IC 大都采用 CMOS 工艺，属于电荷敏感型器件，虽然工业上标准的工作环境采用防静电系统，然而人体所带的静电有时可高达上千伏，所以要尽可能使用工具夹持 IC，并通过触摸大件金属体等方式释放人体所带的静电。

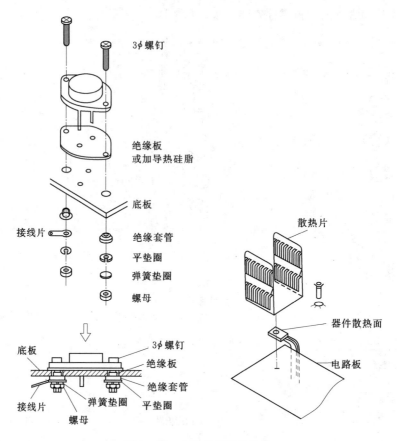

图 7-14　大功率器件的安装

（2）对正方位。无论何种 IC，在安装时都有方位问题，通常 IC 插座及 IC 器件本身都有明显的定位标记，如图 7-15 所示。但有些 IC 的封装定位标记不明显，必须查阅说明书。

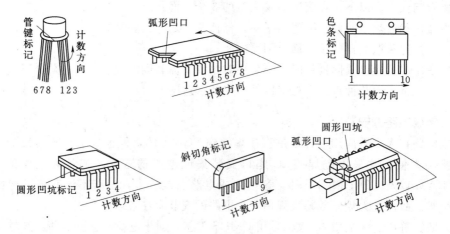

图 7-15　常见 IC 方向标记

（3）均匀施力。安装集成电路时，在对准方位后要仔细地让每一条引线都与插座口一一对应，然后均匀施力，将集成电路插入插座。对采用 DIP 封装形式的集成电路，其两排引线之间的距离都大于插座的间距，可用平口钳或用手夹住集成电路在金属平面上仔细校正。现在已经有厂商生产专用的 IC 插拔器，给装配工作带来很大的方便。

五、扁平电缆线的安装

目前，常用的扁平电缆是导线芯为 $6 \times 0.1 \text{mm}^2$ 的多股软线，外皮材料为聚氯乙烯。导线间距离为 1.25mm，导线数量在 $20 \sim 60$ 条之间，有多种规格，颜色多为灰色和灰白色，在一侧最边缘的导线为红色或其他不同的颜色，作为接线顺序的标志，如图 $7-16$ 所示。

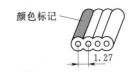

图 $7-16$　扁平导线及接线标志

扁平电缆的连接大都采用穿刺卡接方式或用插头连接，接头内有与扁平电缆尺寸相对应的 U 形接线簧片，在压力的作用下，簧片刺破电缆绝缘皮，将导线压入 U 形刀口，并紧紧挤压导线，获得电气接触。这种压接需要有专用压线工具。图 $7-17$ 是压好的扁平电缆组件。

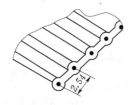

图 7-17　已接好的扁平电缆组件　　　图 $7-18$　扁平连接线

另外，还有一种扁平连接电缆，导线的间距为 2.54mm，芯线为单股或 $2 \sim 3$ 根线绞合而成。这种连接一般用于 PCB 之间的连接，常采用锡焊方式连接，如图 $7-18$ 所示。

六、屏蔽线缆的安装

常用的屏蔽线缆有聚氯乙烯屏蔽线，常用于 500V 以下信号的传输电气线，在屏蔽层内可有一根或多根导线。主要类型如下：

（1）护套聚氯乙烯屏蔽线。这种屏蔽线多为同轴电缆，在屏蔽层内可有一根或多根软导线，常用于电子设备内部和外部之间低电平的电气连接，在音频系统中也常采用这种屏蔽线。

（2）300Ω 阻抗平衡型射频电缆。这种屏蔽线一般为扁平电缆，用于传输高频信号。

（3）75Ω 阻抗不平衡型射频电缆。这种屏蔽线多为同轴电缆，用于传输高频信号。

屏蔽线缆同常用的音频电缆一样，都是焊接到接头座上的，特别是对移动式电缆如耳机和传声器的电缆线，必须注意线端的固定。

七、一般电子元器件的安装

电子元器件的安装是指将已经加工成型后的元器件的引线插入印制电路板的焊孔。安装方法根据元器件性质和电路的要求有很多种，如图 $7-19 \sim$ 图 $7-21$ 所示，分别展示了元器件的直立、水平以及高度受限时的安装方法。当元器件较重时，要采用支架安装，如图7-22所示。对于小功率晶体管的安装，如图7-23所示。

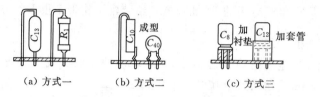

（a）方式一　　（b）方式二　　（c）方式三

图7-19　元器件直立安装方式

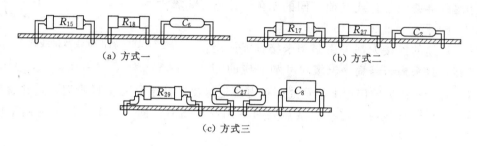

（a）方式一　　　　　　　　　　　（b）方式二

（c）方式三

图7-20　元器件水平安装方式

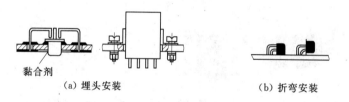

黏合剂

（a）埋头安装　　　　　　　　（b）折弯安装

图7-21　元器件受高度限制时安装方式

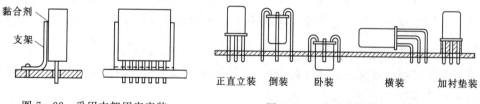

黏合剂
支架

正直立装　倒装　卧装　　横装　加衬垫装

图7-22　采用支架固定安装　　图7-23　小功率晶体管的安装

安装元器件分为手工安装和机器自动安装两种方法。电子元器件安装时要遵循一些基本原则：

（1）安装顺序。要按照先低后高，先大后小，先轻后重的原则。

（2）安装方向。电子元器件的标记和色码部位应朝上，便于辨认；水平安装元器件的数值读法应保证从左至右，竖直安装元器件的数值读法则应保证从下至上。

（3）安装间距。在印制板上的元器件之间的距离不能小于1mm；引线间距要大于2mm，必要时，要给引线加绝缘套管。对于水平安装的器件来讲，应使元器件贴在PCB上，元件离PCB的距离要保持在0.5mm左右；对竖直安装的元器件而言，安装距离应在3～5mm左右。

第三节　电气连接的其他安装方法

电气连接的方法有很多，除锡焊连接以外，还有无锡焊连接，如压接和绕接等，无锡焊连接的特点是不需要焊料与助焊剂即可获得可靠的连接。

一、压接

压接是指使用压接工具，对金属表面施加一定的压力，使连接部分产生恰当的塑性变形，从而形成可靠的电气连接。

压接分为冷压接与热压接两种，目前以冷压接使用居多，即借助机械压力使两个或两个以上的金属物体发生塑性变形而形成金属组织一体化的结合方式。如实现机械和电气连接的连接器触角与导线间的连接方式。

在各种连接方式中，压接有以下特殊的优点：

（1）操作简单，应用广泛。

（2）温度适应性强，耐高温和低温。

（3）连接机械强度高，无腐蚀。

（4）电气接触良好。

1. 压接机理

压接通常是将导线压到接线端子中，在外力的作用下使端子变形挤压导线，形成紧密接触，如图7-24所示。原理如下：

（1）在压力作用下，端子发生塑性变形，紧紧压紧导线。

（2）导线受到挤压后间隙减小或消失，并产生变形。

（3）在压力去除后端子的变形基本保持，导线之间紧密接触，破坏了导线表面的氧化

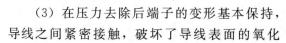
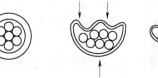

图 7-24　压接示意图

膜，产生一定程度金属相互扩散，从而形成良好的电气连接。

2. 压接端子及工具

压接端子主要有如图7-25（a）所示的几种类型，压接的过程如图7-25（b）所示。

压接工具是一种专用工具。按其动力分类，有手动式压按钳、油压式压接机、气动压按钳。常用的手工压接工具是压接钳。在批量生产中常用半自动或自动压接机完成压接工作。在产品的研制过程中，也可使用普通钳子完成压接操作。总之，在压接时，要根据导线的截面积和截面形状，正确选择压接端子和工具，这是保证压接质量的关键。

3. 压接的质量要求

（1）压接端子材料应具有较大的塑性，在低温下塑性较大的金属均适合压接，压接端子的机械强度必须大于导线的机械强度。

（2）压接接头压痕必须清晰可见，并且位于端子的轴心线上（或与轴心线完全对称），导线伸入端头的尺寸应符合要求。

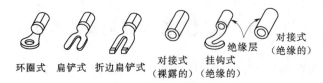

环圈式　扁铲式　折边扁铲式　对接式　挂钩式　对接式
　　　　　　　　　　　　　（裸露的）（绝缘的）（绝缘的）

(a) 压接端子

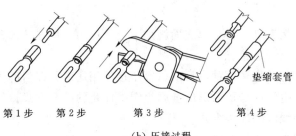

第1步　　第2步　　　第3步　　　第4步

(b) 压接过程

图 7-25　压接端子类型和压接过程

（3）压接接头的最小拉力值应符合规定值。

压接虽然有不少优点，但也存在不足之处，如压接接点的接触电阻较高，手工压接时有一定的劳动强度，质量不够稳定等。

二、绕接

绕接是利用一定压力把导线缠绕在接线端子上，使两金属表面原子层产生强力结合，从而实现机械和电气的连接。虽然它的应用没有锡焊那么普遍，但这种连接方法具有一定的优越性，所以，绕接技术的应用范围在不断地扩大。

同锡焊相比，绕接的主要有以下优点：

（1）可靠性高，绕接点理论上可靠性是焊接的 10 倍。不存在虚焊、假焊及焊剂腐蚀问题。

（2）工作寿命长，具有抗老化、抗振特性。工作寿命可达 40 年之久。

（3）工艺性好，操作技术容易掌握，不存在烫坏元件、材料等问题。

同时，绕接也存在着一些缺点，如对接线柱有特殊要求、走线方向受限；不能通过大的电流；多股线不能绕接，单股线又容易折断等。

1. 绕接机理

绕接的材料是接线端子和导线，接线端子（又称接线柱、绕线杆）通常由铜或铜合金制成，截面一般为正方形、矩形等带棱边的形状，如图 7-26 所示。导线则一般采用单股铜导线。

绕接依靠专用的绕接器将导线按规定的圈数紧密绕在接线柱上，靠导线与接线柱的棱角形成紧密连接。由于导线以一定的压力同接线柱棱边相互挤压，形成刻痕，金属的表面氧化物

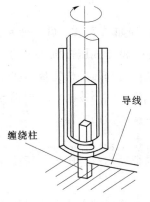

导线

缠绕柱

图 7-26　绕接示意图

被压迫，使两种金属紧密接触，形成金属之间的相互扩散，从而得到良好的连接性能。一般绕接点的接触电阻可达 $1m\Omega$ 以下。

2. 绕接工具的使用

绕接必须使用专用的绕接工具，按动力可分为电动、气动、手动三类。绕接工具的关键部件是一个能旋转的绕接工具头，简称绕头。

绕头是在静止的绕套内旋转，把导线绕在接线柱上，绕头内有一个孔，用来套入接线柱。

绕头上有一条入线槽，目的是要把绕在接线柱上的那一部分导线插入绕头槽内，而导线的另一部分保持不动。导线从槽口经过一个光滑的半径被拉引而产生控制的张力。

绕头有大小不同的规格，要根据接线柱不同的尺寸及接线柱之间的距离来选择。绕接的操作很简单：选择好适当的绕头及绕套，准备好导线并剥去一定长度的绝缘皮，将导线插入导线槽，并将导线弯曲后嵌在绕套缺口内，即可将绕枪对准接线柱，开动绕线驱动机构（电动或手动），绕线即旋转，将导线紧密接在接线柱上，整个绕线过程仅需 0.1～0.2s。

3. 绕接点的质量要求

（1）最少绕接圈数。4～8 圈（不同线径，不同材料有不同规定）。

（2）绕接间隙。相邻两圈间隙不得大于导线直径的一半，所有间隙的总和不得大于导线的直径（除第一圈和最后一圈）。

（3）绕接点数量。一个接线柱上以不超过 3 个绕接点为宜。

（4）绕接头外观。不得有明显的损伤和撕裂。

（5）强度要求。绕接点应能承受规定检测手段的负荷。

第四节　电子产品的调试设备与内容

在开始调试之前，调试人员应仔细阅读调试说明及调试工艺文件，熟悉整机的工作原理、技术条件及有缘指标，并能正确使用调试仪器仪表。

一、电子产品的调试设备配置与调试内容

1. 电子产品的调试设备配置

常规的电子产品调试应配置的仪器设备包括信号源、万用表、示波器、可调稳压电源以及扫描仪、频谱分析仪和集中参数测试仪等调试工具。

2. 特定电子产品所需要的检测仪器

对于特定电子产品的调试，可分为两种情况：一种是小批量多品种，一般是采用通用仪器加上专用仪器，即可以完成对产品的调试工作；另一种是大批量生产，应以专用调试设备为主，目的是提高生产效率。

专用调试仪器是为一个或几个电子产品进行调试而专门设计的，其功能单一，可检测产品的一项或几项参数，如电冰箱测漏仪等。

3. 电子产品的调试内容

具体来说，电子产品调试工作的内容有以下几点：

（1）明确电子产品调试的目的和要求。

（2）正确合理地选择和使用测试仪器仪表。

（3）按照调试工艺对电子产品进行调整和测试。

（4）运用电路和元器件的基础理论知识去分析和排除调试中出现的故障。

（5）对调试数据进行分析和处理。

（6）编写调试工作进行分析和处理。

（7）编写调试工作总结，提出改进意见。

调整主要是对电路参数的调整，一般是对电路中的可调元器件，如电位器、可调电容器、可调电感以及相关的机械部分进行调整，使电路达到预定功能和性能的要求。

测试主要是对电路的各项技术指标和功能进行测量和试验，并同设计指标进行比较，以确定电路是否合格。

调整与测试是相互依赖、相互补充的，在实际工作中，两者是一项工作的两个方面，测试、调整、再测试、再调整，直到实现电路的设计指标为止。

调试是对装配技术的总检查，装配质量越高，调试的直通率就越高，各种装配缺陷和错误都会在调试中暴露。调试又是对设计工作的检验，凡是在设计时考虑不周或存在工艺缺陷的地方，都可以通过调试来发现，并为改进和完善产品质量提供依据。

调试工作一般在装配车间进行，严格按照调试工艺文件进行调整。比较复杂的大型产品，根据设计要求，可在生产厂家进行部分调试工作或粗调，然后，在安装现场或试验基地按照技术文件的要求进行最后安装及全面调试工作。

4. 电子产品的调试程序

由于电子产品种类繁多，电路复杂，各种设备单元电路的种类及数量也不同，所以调试程序也不尽相同。但对一般电子产品来说，调试程序大致如下：

（1）通电检查。先置电源开关于"关"位置，检查电源变换开关是否符合要求（是交流 220V 还是 110V）、熔丝是否装入、输入电压是否正确，然后插上电源插头，打开电源开关进行通电。

接通电源后，电源指示灯亮，此时应注意有无放电、打火、冒烟现象；有无异常气味；手摸电源变压器有无过热现象。若出现这些现象，立即停电检查。另外，还应检查各种保险、开关、控制系统是否起作用，各种风冷水冷系统能否正常工作。

（2）电源调试。电子产品中大都具有电源电路，调试工作首先要进行电源部分的调试，才能顺利进行其他项目的调试。电源调试分为以下两个步骤：

1）电源空载。电源电路的调试通常先在空载状态下进行，目的是避免因电源电路未经调试而加载，引起部分电子元器件的损坏。

调试时，插上电源部分的 PCB，测量有无稳定的直流电压输出，其值是否符合设计要求或调节取样电位器使之达到预定的设计值。测量电源各级直流工作点和电压波形，检查工作状态是否正常，有无自激振荡等。

2）电源加负载。在初调正常的情况下，加上额定负载，再测量各项性能指标，观察是否符合额定设计要求。当达到要求的最佳值时，选定有关调试元器件，锁定有关电位器等调整元器件，使电源电路具有加载时所需的最佳功能状态。

有时为了确保负载电路的安全，在加载调试之前，先在等效负载下对电源电路进行调试，以防匆忙接入负载电路可能会受到的冲击。

（3）分级分板调试。电源电路调试好后，可进行其他电路的调试，这些电路通常按照单元电路的顺序，根据调试的需要和方便，由前到后或由后到前一次插入各部件或 PCB，分别进行调试。首先检查和调整静态工作点，然后进行各参数的调整，直到各部分电路均符合技术文件规定的各项技术指标为止。注意在调整高频部分时，为了防止工业干扰和强电磁场的干扰，调整工作最好在屏蔽室内进行。

（4）整机调整。各部件调整好之后，把所有的部件及 PCB 全部插上，进行整机调整，检查各部分连接有无影响，以及机械结构对电气性能的影响等。整机电路调整好之后，测试整机总的消耗电流和功率。

（5）整机性能指标的测试。经过调整和测试，确定并紧固各调整元器件。在对整机装调质量进一步检查后，对产品进行全参数测试，各项参数的测试结果均应符合技术文件规定的各项技术指标。

（6）环境试验。有些电子产品在调试完成之后，需进行环境试验，以考验其在相应环境下正常工作的能力。环境试验有温度、湿度、气压、振动、冲击和其他环境试验，应严格按技术文件规定执行。

（7）整机通电老化。大多数的电子产品在测试完成之后，均进行整机通电老化试验，目的是提高电子产品工作的可靠性。老化试验应按产品技术条件的规定进行。

（8）参数复调。经整机通电老化后，整机各项技术性能指标会有一定程度的变化，通常还需进行参数复调，使交付使用的产品具有最佳的技术状态。

调试工作对工作者的技术和综合素质要求较高，特别是样机调试工作是技术含量很高的工作，没有扎实的电子技术基础和一定的实践经验是难以胜任的。

5. 电子产品的调试类型

电子产品的调试有两种类型：一种是样机产品调试；另一种是批量产品调试。

样机产品调试，不单纯指电子产品试制过程中制作的样机，而是泛指各种试验电路。样机产品的调试过程如图 7 - 27 所示，其中故障检测占了很大比例，而且调试和检测工作都是由同一个技术人员完成。样机产品调试不是一道生产工序，而是产品设计的过程之一，是产品定型和完善的必经之路。

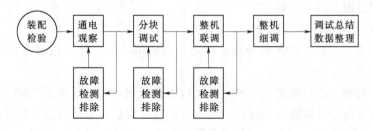

图 7 - 27　样机调试过程

批量产品调试是大规模生产过程中的一道工序，是保证产品质量的重要环节。批量产品调试的过程如图 7 - 28 所示。

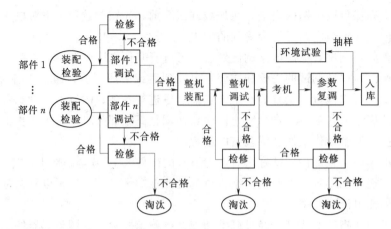

图 7-28 批量产品调试过程

采用高集成专用集成电路和大规模、超大规模通用集成电路以及高质量的电路元器件，加上 SMT（表面组装技术）、高可靠性的制造技术使电子产品走出了传统的反复调整和测试的模式，向免调整、少测试的方向发展。

二、电子产品样机的调试工作

对于样机生产来说，调试工作是重要的环节。

1. 样机调试工作的技术准备

调试样机前一定要准备好样机的电路原理图、印制电路图、零件装配图、主要元器件接线图和产品的主要技术参数，如果不是自己设计的样机还要先熟悉样机的工作原理、主要技术指标和功能要求等。

2. 样机调试工作的条件准备

根据样机的大小准备好调试场地和电源，准备好必需的仪器仪表及辅助设备，对测试仪器设备先进行检查保证其完好和测量精度。在调试高压危险的电路时，应在调试场地铺设绝缘胶垫并在调试现场挂出警示标记。

3. 在样机调试工作中要确认测试点和需要调整的元器件

如果对样机不是很熟悉，应先在装配图上标记出测试点和调整点，并尽可能给出测试参数范围和波形图等技术资料。

4. 样机调试工作的调试要点

（1）电源第一。对带电源的样机，一定要先调试电源。具体调试时可按以下顺序进行：①空载初调；②加载细调。

（2）先静后动。进行样机调试时要先进行静态调试，后进行动态调试。对模拟电路而言，先不加输入信号并将输入端接地，即可进行直流测试，包括测量各部分电路的直流工作点、静态电流等参数，若测量时发现参数不符合技术要求，要进行调整，使之符合设计要求。动态调试是指给电路加上输入信号，然后进行测量和调整电路。典型的模拟电子产品如收音机、电视机等产品的调试过程都是按此顺序进行的。

对数字电路来说，静态调试是指先不给电路送入数据而测量各逻辑电路的有关直流参数，然后再输入数据进行逻辑电路的输出状态测量和功能调整。

（3）先分后合。对多级信号处理电路或多种功能组合电路要采用先分级或分块调试，最后进行整机或整个系统调试的方法。这种方法一方面使调试工作条理清楚，另一方面可以避免一部分电路失常影响或损坏其他电路。

（4）使用稳压/稳流电源进行调试。样机在第一次通电时要采用外接的稳压/稳流电源，可避免意外损伤。当电路正常工作后，再接入已调好的样机电源。

在调试设备需要使用调压变压器时，要注意调压器的接法，如图 7－29 所示。由于调压变压器的输入端与输出端不隔离，因此接到电网时必须使公共端接零线，以保证安全。如果在调压器后面接一个隔离变压器，则不论输入端如何连接，均可保证安全，如图 7－30 所示，后面连接的电路在必要时可另接地线。

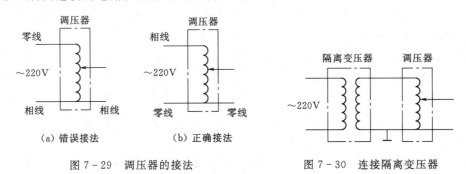

图 7－29 调压器的接法   图 7－30 连接隔离变压器

三、电子产品批量生产的调试工作

在电子产品批量生产的过程中，调试是必经的一道工序。调试的结果将直接影响下一道工序的生产。在规模化生产中，每一道工序都有相应的工艺文件，编制先进的、合理的调试工艺文件是提高调试质量的保证。

1. 批量产品调试的特点

批量产品调试在很大程度上是个操作问题，在调试过程中表现如下：

（1）在正常情况下基本没有大的调整，不涉及产品工艺是否正确这样的问题。

（2）批量产品调试仅解决元器件特性参数的微小差别，或是在可调元器件的调整范围内对元器件的参数加以调整，一般不会出现更换元器件的问题。

（3）由于批量生产时往往采用流水作业，所以产品调试中如果发现有装配性故障，则故障基本上带有普遍性。

（4）产品调试是装配车间的一道工序，调试要求和操作步骤完全按调试工艺进行，因此产品调试的关键是制订合理的工艺文件。产品调试的质量往往还同生产管理和质量管理水平有直接关系，而不仅仅是调试人员本身的技术水平问题。

2. 产品调试工艺文件的内容

无论是整机调试还是零部件调试，在具体生产线上都是由若干个工作岗位共同完成的，因此，调试工艺文件的制订是很重要的。

（1）制订调试方案的基本原则。对于不同的电子产品其调试方案是不同的，但是制订的原则和方法具有共性。

1）根据产品的规格、等级及商品的主要走向，确定调试的项目及主要的性能指标。

2）要在深刻理解该产品工作原理及性能指标的基础上，着重了解该电路中影响产品性能的关键元器件及部件的作用、参数及允许变动的范围，这样不仅可以保证调试的重点，还可以提高调试的工作效率。

3）考虑好各个部件本身的调整及相互之间的配合，尤其是各个部分的配合，因为这影响到整机性能的实现。

4）调试样机时，要考虑到批量生产时的情况及要求，要保证产品性能指标在规定范围内的一致性，否则，会影响到产品的合格率及可靠性。

5）要考虑到现有的设备及条件，使调试方法、步骤合理可行，使操作者安全方便。

6）尽量采用先进的工艺技术，以提高生产效率和产品质量。

7）在调试过程中，不要放过任何不正常的现象，及时分析总结，采取新的措施予以改进提高，为新的调试工艺提供宝贵的经验与数据。

8）调试方案的制订，要求调试内容订得越具体越好；测试条件要写的仔细清楚；调试步骤应有条理性；测试数据要尽量表格化，便于观察了解及综合分析；安全操作规程的内容要具体，要求明确。

（2）调试方案的制订。调试方案是指制订出一套适合某一类电子产品调试的内容及做法，使调试工作顺利进行并取得良好的效果。它应包括以下基本内容：

1）调试内容应根据国家或企业颁布的标准及待测产品的等级规格具体拟定。

2）调试设备（包括各种测量仪器、工具和专用测试设备等）的选用。

3）调试方法及具体步骤。

4）调试条件与有关注意事项。

5）调试安全操作规程。

6）调试所需要的数据资料及记录表格。

7）调试所需要的工时定额。

8）调试责任者的签署及交接手续。

以上所有的内容都应在有关的工艺文件及表格中反映出来。

第五节　电子产品的检测方法

在生产过程中，直接通过装配调试、一次合格的产品在批量生产中所占的比率称为直通率。直通率是在考核产品设计、生产工艺、管理质量的重要标准。

在整机生产装配的过程中，经过层层检查、严格把关，可以大大减少整机调试中出现故障。尽管如此，产品装配好以后，往往还会出现不能正常工作的，这是由于元器件和工艺等原因，遗留一些有待调试中排除的故障。所以，电子产品的检测必将成为调试工作中的一个重要环节。如果掌握了一定的检测方法，就可以较快地找到产生故障的原因，使检测过程大大缩短。当然，检测工作主要依靠实践。一个具有相当电路理论知识、积累了丰富经验的调试人员，往往不需要经过死板、繁琐的检查过程，就能够根据现象很快判断出故障的大致部位和原因。而对于一个缺乏理论水平和实践经验的人来说，若不掌握一定的检测方法，则会感到如同大海捞针，不知从何入手。因此，研究和掌握一些故障的检测方法是十分必要。

一、观察法

观察法是通过人体感觉发现电子线路故障的方法。这是一种最简单、最安全的方法，也是各种仪器设备通用的检测过程的第一步。观察法又可分为静态观察法和动态观察法两种。

1. 静态观察法

静态观察法又称为不通电观察法。在电子线路通电前主要通过目视检查找出某些故障。实践证明，占电子线路故障相当比例的焊点失效、导线接头断开、电容器漏液或炸裂、接插件松脱、电接点生锈等故障，完全可以通过观察发现，没有必要对整个电路大动干戈，导致故障升级。

"静态"强调静心凝神，仔细观察，马马虎虎往往不能发现故障。静态观察要先外后内，循序渐进。打开机壳前先检查电器外表有无碰伤，按键、插口、电线、电缆有无损坏，保险是否烧断等。打开机壳后，先看机内各种装置和元器件有无相碰、断线、烧坏等现象，然后用手或工具拨动一些元器件、导线等进行进一步检查。对于试验电路或样机，要对照原理图检查接线有无错误，元器件是否符合设计要求，IC 管脚有无插错方向或折弯，有无漏焊、桥接等故障。一经发现，应立即予以排除。

当静态观察法未发现异常时，可进一步用动态观察法。

2. 动态观察法

动态观察法又称通电观察法，即给线路通电后，运用人体视觉、嗅觉、听觉、触觉检查线路故障。通电观察，特别是较大设备通电时应尽可能采用隔离变压器和调压器逐渐加电，防止故障扩大。一般情况下，还应使用仪表，如电流表、电压表等监视电路状态。

通电后，眼睛要看电路内有无打火、冒烟、元器件发红等现象；耳朵要听电路内有无异常声音；鼻子要闻电器内有无烧焦、烧煳的异味；手要接触电阻器、整流桥或集成电路等是否发烫，发现异常立即断电。

通电观察有时可以确定故障原因，但大部分情况下并不能确认故障确切部位及原因。例如，一个集成电路发热，可能是周边电路故障，也可能是供电电压有误；可能是负载过重，也可能是电路自激；当然也不排除集成电路本身损坏，必须配合其他检测方法，分析判断，找出故障所在。

二、测量电阻法

电阻是各种电子元器件和电路的基本特征，利用万用表测量电子元器件或电路各点之间电阻值来判断故障的方法称为电阻法。

测量电阻值，分为在线和离线两种方式。在线测量需要考虑被测元器件受其他并联支路的影响，测量结果应对照原理图分析判断。离线测量需要将被测元器件或电路从整个电路或 PCB 上脱焊下来，操作相对麻烦，但结果准确可靠。

用电阻法测量集成电路，通常先将一个表笔接地，用另一个表笔测量各引脚的对地电阻值，然后交换表笔再测一次，将测量值与正常值进行比较，相差较大者往往是故障所在。

电阻法对确定开关、接插件、导线、PCB 导电图形的通断及电阻器的变质、电容器短路、电感线圈断路等故障非常方便有效，但对晶体管、集成电路以及电路单元来说，一般不能直接判定故障，需要对比分析或配合其他方法，但由于电阻法不用给电路通电，因此可将检测风险降到最低，故在一般检测中优先采用。

1. 用电阻检测法检测元器件的好坏

（1）用电阻法可以检测电子元器件的性能好坏。如电阻器、电容器、电感器、晶体三极管、变压器、传声器、开关器件等。

（2）用电阻法可粗略地判定晶体管 β 值，显像管的灯丝是否完好，极间是否短路。

（3）通过检测整机各点对地电阻，可以用来判断某一单元电路所处的状态是否正常，以判断故障大致发生在哪一个单元电路。

（4）通过检测集成电路各引脚对接地脚之间的电阻并与正常值进行比较，便可粗略地判断该集成电路的好坏。

2. 在线电阻测量

在线电阻的测量是指元器件的引脚仍在焊点上，没有脱开 PCB，用欧姆挡检测引脚间阻值大小的方法。

采用此种方法可以大致判断元器件是否开路或短路，也可判断各焊点之间或焊点与地之间有无短路，以及元器件引脚是否有虚焊等故障。

需要注意的是，用该方法检测时，一定要切断电路的工作电源，同时也要让大电容放电完毕后再进行操作。否则将会造成元器件的损坏，甚至可能引起短路，出现打火现象，严重时会损坏万用表。

3. 离线电阻测量

离线电阻的测量是指将电路元器件引线的一端或两端从 PCB 上拆焊下来，然后再对元器件进行测量。这种测量方法可消除其他电路对被测结果的影响，提高测量的可靠性、准确度，比较准确地判断元器件的好坏。

总之，采用电阻法测量时要注意：

（1）使用电阻法时应在线路断电、大电容放电的情况下进行，否则结果不准确，还可能损坏万用表。

（2）在检测低电压供电的集成电路（不大于 5V）时避免用指针式万用表的 10k 挡。

（3）在线测量时应将万用表表笔交替测试，对比分析。

三、测量电压法

测量电压法是指用万用表的电压挡测量电路电压、元器件的工作电压，并与正常值进行比较，以判断故障所在的检测方法。

测量电压法在维修中是使用最多的一种方法，通过电压的检测可以确定电路是否工作正常。测量电压法又可分为测量直流电压法和测量交流电压法两种，其中最常用的是测量直流电压法。

1. 测量交流电压法

交流电压的测量一般是对输入到电子产品中的市电电压的测量，以及经过变压器或开关电源输入的交流电压的测量。通过交流电压的测量，可以确定整机电源的故障所在。

一般电子线路中交流回路较为简单，对 50Hz/60Hz 市电升压或降压后的电压只需使用普通万用表，选择合适 AC 量程即可，测高压时要注意安全，养成用单手操作的习惯。

对非 50Hz/60Hz 的电源，例如变频器输入电压的测量就要考虑所用电压表的频率特性，一般指针式万用表为 45～2000Hz，数字式万用表为 45～500Hz，超过范围或非正弦波测量，结果都不正确。

2. 测量直流电压法

检测直流电压的步骤如下：

（1）测量稳压电路输出端是否正常。

（2）各单元电路及电路的关键"点"（如放大电路输入点，外接部件电源端等）处电压是否正常。

（3）电路主要元器件如晶体管、集成电路各引脚电压是否正常，对集成电路首先要测电源端。比较完善的产品说明书中应该指出电路各点正常工作电压，有些维修资料中还提供集成电路各引脚的工作电压，另外也可对比正常工作的同种电路测得的各点电压，偏离正常电压较多的部位或元器件，往往就是故障所在部位。这种检测方法要求工作者具有电路分析能力并尽可能收集相关电路的资料数据，才能达到事半功倍的效果。

（4）测量电路的静态直流电压，由此判断各单元电路静态工作的情况，从而进一步确定故障元器件的所在位置。

（5）通过对电源输入输出直流电压的测量，可确定整机工作电压是否正常。当测量彩色电视机稳压电源输出的＋120V 直流电压时，如电压在＋120V 左右，表明彩色电视机电源工作正常，如低于或高于 120V 很多，则表明其电源工作不正常，应进一步检查电源本身的故障所在。

（6）通过测量晶体管各级直流电压，可判断电路所提供的偏置电压是否正常，晶体管本身是否正常。

（7）通过对集成电路各引脚直流电压的测量，可以判断集成电路本身及其外围电路是否正常。

（8）通过测量电池电压，可判断电池的好坏。一般都测量电池空载电压的大小，判断该电池的好坏。其实这种检测方法是不准确、不科学的。因为一节快释放完毕的电池，它的空载电压往往很高，特别是用内阻较大的电压表测量时，其电压基本接近正常值。因此查看电池电压时，应尽量采用有负载时的检测，以保证测量的准确性和真实性。

（9）通过测量电路关键点的直流电压，可大致判断故障所在的范围。此种测量方法是检测与维修中经常采用的一种方法。关键点电压是指对判断故障具有决定作用的那些点的直流电压值。不同的电子线路的关键点电压有所不同，数量不等，位置不同。

四、替代法

替代法是用规格性能相同的正常元器件、电路或部件，代替电路中被怀疑的相应部分，从而判断故障所在的一种检测方法。该方法是电路调试、检修中最常用、最有效的方法之一。实际应用中，按照替代对象的不同，分为以下三种方法。

1. 元器件替代

应用元器件替代法时，一般都需拆焊（某些较为方便的电路结构除外，如带插接件的IC、开关、继电器等），操作比较麻烦且容易损坏周边电路或印制板，因此元器件替代一般只作为其他检测方法均难以判别时才采用的方法，并且尽量避免对电路板做"大手术"。例如，怀疑某两端引线元器件开路，可直接焊上一个新元件进行实验；怀疑某个电容容量减小可再并上一只电容试之。

2. 单元电路替代

当怀疑某一单元电路有故障时，可以另选一台同样型号或类型的正常电路，替代相应的待查单元电路，可判定此单元电路是否正常。有些电路有若干相同的电路，如立体声电路左右声道完全相同，可进行交叉替代试验。

当电子设备采用单元电路多板结构时，替代试验是比较方便的。因此对现场维修要求较高的设备，应尽可能采用替代的方式。

3. 部件替代

随着集成电路和安装技术的发展，电子产品迅速向集成度更高、功能更多、体积更小的方向发展，不仅元器件级的替代试验困难，单元电路替代也越来越不方便，过去十几块甚至几十块电路的功能，现在用一块集成电路即可完成，在单位面积的PCB上可以容纳更多的电路单元。电路的检测、维修逐渐向板卡级甚至整体方向发展。特别是较为复杂的由若干独立功能器件组成的系统，检测时主要采用的是部件替代方法。

部件替代试验要遵循以下三点：

（1）用于替代的部件与原部件必须型号、规格一致，或者是主要性能、功能兼容的，并且能正常工作的部件。

（2）要替代的部件接口工作正常，至少电源及输入、输出口正常，不会使替代部件损坏。这一点要求在替代前分析故障现象并对接口电源做必要检测。

（3）替代要单独试验，不要一次换多个部件。

最后需要强调的是替代法虽是一种常用检测方法，但不是最佳方法，更不是首选方法。它只是在使用其他方法检测的基础上对某一部分有怀疑时才选用的方法。对于采用微处理器的系统还应注意先排除软件故障，然后才进行硬件检测和替代。

五、波形观察法

对交变信号产生和处理电路来说，采用示波器观察信号通路各点的波形是最直观、最有效的故障检测方法。波形观察法主要应用于以下三种情况。

1. 波形的有无和形状

在电子线路中一般对电路各点的波形有无和形状是确定的；例如，标准的电视机原理图中就给出各点波形的形状及幅值（图7-31），

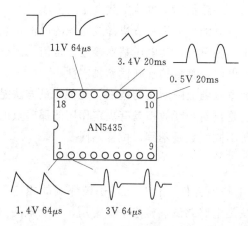

11V 64μs
3.4V 20ms
0.5V 20ms
18
10
AN5435
1
9
1.4V 64μs
3V 64μs

图7-31 电视机局部电路波形图

如果测得该点波形没有或形状相差较大，则故障发生于该电路的可能性较大。当观察到不应出现的自激振荡或调制波形时，虽不能确定故障部位，但可从频率、幅值大小分析故障原因。

2. 波形失真

在放大或缓冲等电路中，若电路参数不匹配、元器件选择不当或损坏都会引起波形失真，通过观测波形和分析电路可以找出故障原因。

3. 波形参数

利用示波器测量波形的各种参数，如幅值、周期、前后沿相位等，与正常工作时的波形参数对照，可找出故障原因。

应用波形法要注意以下几点：

（1）对电路高电压和大幅度脉冲部位一定要注意不能超过示波器的允许电压范围，必要时采用高压探头或对电路观测点采取分压取样等措施。

（2）示波器接入电路时本身输入阻抗对电路也有一定影响，特别在测量脉冲电路时，要采用有补偿作用的 10∶1 探头，否则观测的波形与实际不符。

六、信号注入法

信号注入法是将一定频率和幅度的信号逐级输入到被检测的电路中，或注入到可能存在故障的有关电路，然后再通过电路端的发音设备或显示设备（扬声器、显像管）以及示波器、电压表等反应的情况，做出逻辑判断的检测方法。在检测中哪一级没有通过信号，故障就在该级单元电路中。

对于本身不带信号产生电路或信号产生电路有故障的信号处理电路，采用信号注入法是有效的检测方法。所谓信号注入，就是在信号处理电路的各级输入端输入已知的外加测试信号，通过终端指示器（例如指示仪表、扬声器、显示器等）或检测仪器来判断电路工作状态，从而找出电路故障。

1. 信号发生器的信号注入法

信号发生器的信号注入法就是采用专门仪器产生各种信号输入到被测电路中，常用的有音频信号发生器、高频信号发生器、图像信号发生器等。

根据信号注入方法的不同，可分为顺向注入法和逆向注入法。顺向注入法就是将信号从电路的输入端输入，然后用仪表（示波器等）逐级进行检测。逆向注入法则相反，是将信号从后级逐级往前输入，而检测仪表接在终端不动。

采用信号发生器注入信号时应注意以下几点：

（1）要根据被测电路的不同，选择不同频率和幅度的信号。如果输入的信号与被测电路所需的信号不同，就要影响测试结果或发生误判。

（2）为防止被测电路的直流电压通过测试仪表而发生短路，必须在信号发生器的输入端串入一个隔直电容，电容的大小依据具体电路而定。

（3）给被测电路输入信号时，要根据电路的前后不同而选择不同幅度的信号。其基本原则是越靠近信号的终端，要求信号的幅度就越大，因为这样才能有足够的电压去激励终端元器件的正常工作。例如，检测收音机的低放电路时，一般需要输入数十毫伏或上百毫伏，而检测中放电路时，一般输入几十微伏就可以了。

（4）信号注入法一般用于电路的灵敏度低、声音失真及图像变形等软性故障，而对电流较大的短路性故障则不宜采用。

（5）当采用逆向输入法检测故障时，其故障的确定方法是：当信号加到某一级电路后，其终端或示波器显示出失真信号，说明故障就在该级电路中；当信号加到某一级电路后，而终端没有任何反应，说明故障发生在前一个测试点与该测试点之间。

（6）在给被测电路输入信号时，如果需要输入的信号幅度远远大于规定数据，则表明该级电路的增益较低，需要进一步去检测。

（7）向被测电路输入信号时，其输入点一般选择晶体管的基极或集电极，对于集成电路则一般选该集成电路的输入端。

2. 感应杂波信号注入法

感应杂波信号注入法就是将人体感应产生的杂波信号作为检测的信号源，用此信号去检测故障的方法。

感应杂波信号注入法是一种简单易行的方法，它不需要任何仪器仪表，只要周围有电磁场存在的地方就能进行。利用这一方法可以简易地判断电路的故障部位。该种方法比较适用于检测无声故障的收音机或无图像的电视机的通道部分。

具体的方法是：手拿小螺丝刀，手指紧贴小螺丝刀的金属部分，然后用螺丝刀的刀口部分由电路的输出端逐渐向前去碰触电路中除接地或旁路接地的各点，从电路的终端反应情况来确定故障的大致部位。当用刀口触碰电路中各点时，就相当于在该点输入一个干扰信号，如果该点以后的电路工作正常，电路的终端就应有"咔咔"声或有杂波反应，越往前级，声音越响。如果碰触的各输入点均无反应，就可能是终端的电路故障。如果只有某一级无反应，则应着重检查该级电路。应用干扰法检测电路末级时，因末级电路增益太低，同时也因人身感应信号太弱，故反应不明显。

3. 市电交流 50Hz 信号注入法

市电交流 50Hz 信号注入法是指用变压器降压，再经电阻分压而获得 50Hz 交流信号作为信号源，并加隔直电容器输出，用该信号输入到故障机检测故障的方法。该种方法适用于检测低频放大电路。

第六节 电子产品的调整方法

一、静态工作点的调整

晶体管、集成电路等有源性器件都必须在一定的静态工作点上工作，才能表现出更好的动态特性，所以在动态调试与整机调试之前必须要对各功能电路的静态工作点进行测试与调试，使其符合原设计要求，这样才可以大大降低动态调试与整机调试时的故障率，提高调试效率。

1. 静态测试内容

（1）供电电源静态电压测试。电源电压是各级电路静态工作点是否正常的前提，若电源电压偏高或偏低都不能测量出准确的静态工作点。电源电压若有较大起伏，最好先不要接入电路，测量其空载和接入假负载时的电压，待电源电压输入正常后再接入电路。

（2）测试单元电路静态工作总电流。通过测量分块电路静态工作电流，可以及早知道单元电路工作状态，若电流偏大，则说明电路有短路或漏电。若电流偏小，则电路供电有可能出现开路，只有及早测量该电流，才能减小元器件损坏。此时的电流只能作参考，单元电路各静态工作点调试完后，还要再测量一次。

（3）三极管静态电压、电流测试。首先要测量三极管三极对地电压，即 U_B、U_C、U_E，来判断三极管是否在规定的状态（放大、饱和、截止）内工作。例如，测出 $U_C=0$、$U_B=0.68V$、$U_E=0$，则说明三极管处于饱和导通状态，看该状态是否与设计相同，若不相同，则要细心分析这些数据，并对基极偏置进行适当的调整。其次再测量三极管集电极静态电流，测量方法有两种：

1）直接测量法。直接测量法是把集电极焊接铜皮断开，然后串入万用表，用电流挡测量其电流。

2）间接测量法。间接测量法是通过测量三极管集电极电阻或发射极电阻的电压，然后根据欧姆定律 $I=U/R$，计算出集电极静态电流。

（4）集成电路静态工作点的测试。

1）集成电路各引脚静态对地电压的测量。集成电路内的晶体管、电阻、电容都封装在一起，无法进行调整。一般情况下，集成电路各引脚对地电压基本上反映了其内部工作状态是否正常。在排除外围元器件损坏的情况下，只要将所测得电压与正常电压进行比较，即可做出正确判断。

2）集成电路静态工作电流的测量。有时集成电路虽然正常工作，但发热严重，说明其功耗偏大，是静态工作电流不正常的表现，所以要测量其静态工作电流。测量时可断开集成电路供电引脚铜皮，串入万用表，使用电流挡来测量。若是双电源（即正负电源）供电，则必须分别测量。

（5）数字电路静态逻辑电平的测量。一般情况下，数字电路只有两种电平，以 TTL 与非门电路为例，0.8V 以下为低电平，1.8V 以上为高电平。电压在 0.8～1.8V 之间电路状态是不稳定的，所以该电压范围是不允许的。不同数字电路高低电平界限都有所不同，甚至相差甚远。在测量数字电路的静态逻辑电平时，先在输入端加入高电平或低电平，然后再测量各输入端的电压是高电平还是低电平，并作好记录。测量完毕后分析其状态电平，判断是否符合该数字电路的逻辑关系。若不符合，则要对电路引线作一次详细检查，或者更换该集成电路。

2. 电路调整方法

进行测试的时候，可能需要对某些元器件的参数进行调整。调整方法一般有以下两种：

（1）选择法。通过替换元器件来选择合适的电路参数（性能或技术指标）。在电路原理图中，元件的参数旁边通常标注"＊"号，表示需要在调整中才能准确地选定。因为反复替换元器件很不方便，一般总是先接入可调元件，待调整确定了合适的元件参数后，再换上与选定参数值相同的固定元件。

（2）调节可调元件法。在电路中已经装有调整元件，如电位器、微调电容或微调电感等。其优点是调节方便，而且电路工作一段时间后，如果状态发生变化，也可以随时调整，但可调元件的可靠性差，体积也比固定元件大。

上述两种方法都适用于静态调整和动态调整。静态测试与调整的内容较多，适用于产品研制阶段或初学者试制电路使用。在生产阶段的调试，为了提高生产效率，往往只作简单针对性的调试，主要以调节可调元件为主。对于不合格电路，也只作简单检查，如观察有没有短路或断路等。若不能发现故障，则应立即在底板上标明故障现象，再转向维修生产线上进行维修，这样才不会耽误调试生产线的进行。

二、动态特性的调整

动态特性的调整是保证电路各项参数、性能、指标的重要步骤。其测试与调整的项目内容包括波形的形状及其幅值和频率、动态工作电压、动态输出功率、相位关系、频带、放大倍数、动态范围等。对于数字电路而言，只要选择合适的器件，直流工作点正常，逻辑关系就不会有太大问题，一般测试电平的转换和工作速度就可以。

1. 波形观测

波形的观测是电子产品调试工作的一项重要内容。各种整机电路中都是有波形的产生、变换和传输。通过对波形的观测来判断电路工作是否正常，已成为测试与维修中的主要方法。观察波形使用的仪器是示波器。通常观测的波形是电压波形，有时为了观察电流波形，可采用电阻变换成电压的方法或使用电流探头。

利用示波器进行调试的基本方法是通过观测各级电路的输入端和输出端或某些点的信号波形，来确定各级电路工作是否正常。若电路对信号变换处理不符合设计要求，则说明电路某些参数不对或电路出现某些故障。应根据机器和具体情况，逐级或逐点进行调整，使其符合预定的设计要求。

这里需要注意的是，电路在调整过程中，相互之间是有影响的。例如，在调整静态电流时，中点电位可能会发生变化，这就需要反复调整，以求达到最佳状态。

示波器不仅可以观察各种波形，而且还可以观测波形的各项参数，如幅度、周期、频率、相位、脉冲信号的前后沿时间、脉冲宽度以及信号的调制等。

2. 频率特性的测试与调整

在分析电路的工作特性时，经常需要了解电路在某一频率范围内，其输出与输入之间的关系。当输入电压幅度恒定时，网络输出电压随频率而变化的特性称为网络幅频特性。频率特性的测量是整机测试中的一项主要内容，如收音机中频放大器频率特性测试的结果反映收音机选择性的好坏；电视接收机的图像质量好坏，主要取决于高频调谐器及中放通道的频率特性。

频率特性的测量，一般有两种方法：一是点频法（又称插点法）；二是扫频法。

（1）点频法。测试时需要保持输入电压不变，逐点改变信号发生器的频率，并记录各点对应输出幅度的数值。在直角坐标平面内描绘出的幅度-频率曲线，就是被测网络的幅频特性。点频法的优点是准确度高，缺点是用时较长，而且可能因频率间隔过大，而漏掉被测频率中的某些细节。

（2）扫频法。这种方法是利用扫频信号发生器来实现频率特性的自动或半自动测试。因为发生器的输出频率是连续变化的，因此，扫频法简单、快捷，而且不会漏掉被测频率特性的细节。但是，用扫频法测出的动态特性相对于用点频法测出的动态特性来讲是存在误差的，因而测量不够精确。用扫频法测频率特性的仪器称为"频率特性扫频仪"，简称扫频仪。

3. 瞬态过程的观测与调整

用于分析和调整电路的测量方法中，有些过于繁琐，不够直观。为了观测脉冲信号通过电路的畸变，多采用观测电路的过渡特性（瞬态过程）的方法。此种方法比较直观，而且能直接观察到信号的波形及变化，根据波形的变化，判断产生变化的原因，明确电路的调整方法。观测方法如图 7 - 32 所示。一般在电路的输入端输入一个前沿很陡的阶跃波或矩形脉冲，在输出端用脉冲示波器观测输出波形的变化，由此判断产生变化的原因，确定电路调整方案。

如图 7 - 33 所示为方波信号通过放大器后的波形，图 7 - 33（a）、（b）表示高频响应不够宽，图 7 - 33（c）表示低频增益不足，图 7 - 33（d）表示低频响应不足。

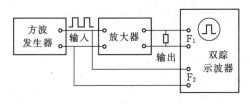

图 7 - 32　瞬态过程的观测方法

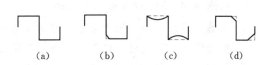

图 7 - 33　瞬态过程部分波形分析

动态调整的内容还有很多，如电路放大倍数、瞬态响应、相位特性等，而且不同电路要求调试项目也不相同，这里不再一一详述。

习　题

1. 固定电子零部件时，应按照什么顺序和要领拧紧螺钉？

2. 什么是压接和绕接？简述各自的特点。

3. 电子产品安装完成以后，为什么要进行调试？调试工作的主要内容是什么？

4. 在电子产品的调试过程中，一般要考虑哪些安全措施？

5. 以收音机为例，说明整机静态工作点的调整方案。

6. 进行动态特性调整时，主要应用哪些方法和手段？

7. 以收音机为例，说明动态工作特性调试的方法。

第八章 电子产品设计与制作

主要内容:

本章为电子产品设计与制作,通过对电子产品的安装、调试、检测等了解电子产品的装配过程,掌握电子元器件的识别及质量检验,学习整机的装配工艺。主要内容包括:超外差式 AM 收音机、贴片式 FM 收音机的装调实训,电压比较器电路、自激多谐振荡器电路、电子音乐电路、声光控制电路的设计与制作。

基本要求:

1. 了解收音机相关的基础知识。
2. 熟悉 AM、FM 收音机工作原理。
3. 熟悉所设计、制作的各电子电路的工作原理。
4. 熟练掌握 THT、SMT 产品的手工焊接技术。
5. 掌握电子产品的装配、调试、检测方法。

第一节 超外差式 AM 收音机装调实训

一、收音机基础知识

1. 声波和电磁波

(1) 声波。声波是声音辐射振动产生的疏密波。人们说话时,声带的振动引起周围空气共振,并以 340m/s 的速度向四周传播,称为声波。

(2) 声波频率。声波频率在 20~20kHz 范围内,人能够听到。

(3) 声波传递途径。声波只有依赖媒质传递,在不同的媒质中传递的速度不同。声波在媒质中传播产生散射,声音强度随距离增大而衰减,因此,远距离声波传送必须依靠载体来完成,这个载体就是电磁波。

(4) 电磁波。电磁波是电磁振荡电路产生的,通过天线传到空中去,即为无线电波。电磁波的传送速度为光速 ($3×10^8$m/s)。当无线电波在地球表面传送时,其延时效应微乎其微。因此,选择电磁波作为载体是非常理想的。

(5) 无线电的发射和接收。广播节目的发送是在广播电台进行。广播节目的声波经过电声器件转换成声频电信号,并由声频放大器放大;振荡器产生高频等幅振荡信号;调制器使高频等幅振荡信号被声频信号所调制;已调制的高频振荡信号经放大后送入发射天线,转换成无线电波辐射出去。

无线电广播的接收是由收音机实现的。收音机的接收天线收到空中的电波;调谐电路选中所需频率的信号;检波器将高频信号还原成声频信号(即解调);解调后得到的声频信号再经过放大获得足够的推动功率；最后经过电声转换还原出广播内容。

可以把无线电通信（广播也属于无线电通信范畴）的发送和接收概括为互为相反的三个方面的转换过程，即传送信息-低频信号、低频信号-高频信号、高频信号-电磁波。

2. 调制

将音频信号加载在高频载波信号（通常用正弦波）上，经过高频放大后，通过天线发送出去，就形成无线电广播。

音频信号加载到载波信号上的过程，称为调制。根据调制方式不同，分成调幅（Amplitude Modulation，AM）和调频（Frequency Modulation，FM）。调幅和调频两种方式，各有其优缺点，见表 8-1。

表 8-1　　　　　　　　　　　　　　　调 幅 和 调 频 优 缺 点

项目	调幅（AM）	调频（FM）
优点	传播距离远，覆盖面大 电路相对简单	(1) 传送音频频带较宽（100Hz～5kHz）适宜于高保真音乐广播。 (2) 抗干扰性强，内设限幅器除去幅度干扰。 (3) 应用范围广，用于多种信息传递。 (4) 可实现立体声广播
缺点	(1) 传送音频频带窄（200～2500Hz），高音缺乏。 (2) 传播中易受干扰，噪声大	传播衰减大，覆盖范围小

3. 调幅

振幅调制简称调幅。所谓调幅，就是使载波的振幅随着调制信号的变化规律而变化，其实质就是将调制信号频谱搬移到载波频率两侧的频率搬移过程。经过调制后的高频已调波，其波形和频谱都与原来的载波不同，因此调制过程也就是波形和频谱的变换过程。

调幅波的特点是载波的振幅受调制信号的控制作周期性的变化。其变化的周期与调制信号的周期相同，而振幅的变化与调制信号的振幅成正比。

设调制信号为

$$U_\Omega(t) = U_{\Omega m}\cos\Omega t$$
$$(\Omega = 2\pi f)$$

式中　$U_{\Omega m}$——调制信号电压振幅；

　　　Ω——调制信号角频率。

载波信号为

$$U_c(t) = U_{cm}\cos\omega_c t$$
$$(\omega_c = 2\pi f_c)$$

式中　U_{cm}——载波电压振幅；

　　　ω_c——载波信号角频率。

则调幅波表示为

$$U_{AM}(t) = U_{MO}(1 + m_a\cos\Omega t)\cos\omega_c t$$

式中　m_a——调制度或调制系数，它是调幅波振幅最大变化量与载波振幅 U_{mo} 的比值，正常

情况下 $m_a \leqslant 1$，通常以百分数表示。

根据上式可画出单音调制时调幅波的波形图，如图 8-1 所示。

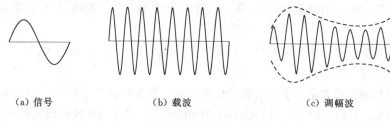

（a）信号　　　　　　　　（b）载波　　　　　　　　（c）调幅波

图 8-1　调幅波形图

从调幅波形可见，它保持着高频载波的频率特性，调幅波振幅的包络变化规律与调制信号的变化规律一致。即当调制信号最大时，调幅波振幅最大；而当调制信号负的绝对值最大时，调幅波振幅最小，调幅波振幅的平均值即是载波振幅。

目前，调幅制无线电广播分为长波、中波和短波 3 个大波段，分别由相应波段的无线电波传送信号。

（1）长波（LW：Long Wave）：频率为 150～415kHz。

（2）中波（MW：Medium Wave）：频率为 535～1605kHz。

（3）短波（SW：Short Wave）：频率为 1.5～26.1MHz。

全波段收音机应包括以上各波段，覆盖全部频率范围。多波段收音机是指其接收范围没有完全覆盖所有波段。为使短波的频率调整更准确、更容易，多波段收音机又将短波波段分为若干频段 SW_1、SW_2、SW_3、…通常分为 7 段。

我国只有中波和短波两个大波段的无线电广播。中波广播使用的频段的电磁波主要靠地波传播，也伴有部分天波；短波广播使用的频段的电磁波主要靠天波传播，近距离内伴有地波。

二、超外差收音机工作原理

1. 超外差工作原理

超外差是通过输入回路先将电台高频调制波接收下来，和本地振荡回路产生的本地信号一并送入混频器，再经中频回路进行频率选择，得到一固定的中频载波（如调幅中频国际上统一为 465kHz 或 455kHz）调制波。

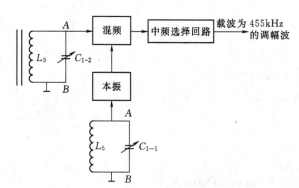

图 8-2　超外差工作原理框图

超外差的实质就是将调制波不同频率的载波，变成固定的且频率较低的中频载波。在广播、电视、通信领域，超外差接收方式被广泛采用，其原理框图如图 8-2 所示。

在超外差的设计中，本振频率高于输入频率。用同轴双联可变电容器，使输入回路电容 C_{1-2} 和本振回路电容 C_{1-1} 同步变化，从而使频率差值始终保持近似一致，其差值即为中频。

如接收信号频率是 600kHz，则本振频率是 1055kHz；

如接收 1000kHz，则本振频率是 1455kHz；

信号频率是 1500kHz，则本振频率是 1955kHz。

由于谐振回路谐振频率 $f = \dfrac{1}{2\pi\sqrt{LC}}$，$f$ 与 C 不成线性变化，因此必须有补偿电容对其特性进行修正，以获得在收听范围内 f 与 C 近似成线性变化，保证 $f_{本振} - f_{信号} = f_{中频}$ 为一固定中频信号。超外差方式使接收的调制信号变为统一的中频调制信号，在作高频放大时，就可以得到稳定且倍数较高的放大，从而大大提高收音机的品质。

比较起来，超外差式收音机具有以下优点：

（1）接收高低端电台（不同载波频率）的灵敏度一致。

（2）灵敏度高。

（3）选择性好（不易串台）。

2. 调幅收音机工作原理

调幅收音机由输入回路、本振回路、混频电路、检波电路、自动增益控制电路（AGC）及音频功率放大电路组成，如图 8-3 所示。

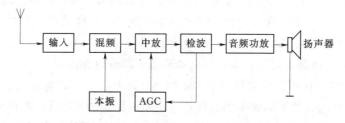

图 8-3　调幅收音机原理框图

输入回路由天线线圈和可变电容构成，本振回路由本振线圈和可变电容构成，本振信号经内部混频器与输入信号相混合。混频信号经中周和 465kHz 陶瓷滤波器构成的中频选择回路得到中频信号。至此，电台的信号就变成了以中频 465kHz 为载波的调幅波。

中频信号进行中频放大，再经过检波得到音频信号，经功率放大输出，耦合到扬声器，还原为声音。其中，中放电路增益受 AGC 自动控制增益控制，以保持在电台信号不同时，自动调节增益，获得一致的收听效果。

3. 六管超外差式 AM 收音机的装配

（1）简介。该收音机为六管中波段袖珍式半导体管收音机，体积小巧、外形美观，音质清晰、洪亮，噪音低，携带使用方便，采用可靠的全硅管线路，具有机内磁性天线，收音效果良好，并设有外接耳机插口。本例适用于 83、84、85 系列袖珍机。

（2）性能。

1）频率范围：535～1605kHz。

2）输出功率：50mW（不失真），150mW（最大）。

3）扬声器：ϕ57mm，8Ω。

4）电源：3V（两节五号电池）。

5）体积：宽 122mm×高 65mm×厚 25mm。

（3）各部分电路工作过程。图 8-4 为六管超外差式 AM 收音机原理图，各部分电路工作过程如下：

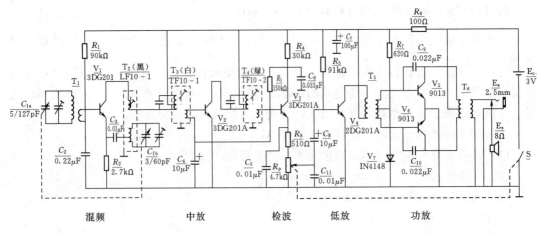

图 8-4 六管超外差式 AM 收音机原理图

1）调谐回路。T_1 原边为天线线圈 L_1，副边为线圈 L_2，调谐回路是由可变电容 C_{1a}、C_{1b} 和 L_1 组成。调节可变电容 C 可使 LC 的固有频率等于电台频率，产生谐振，以选择不同频率的电台信号。再由 L_2 耦合到下一级变频级。

2）变频回路。回路由混频、本机振荡和选频三部分电路组成。

a. 变频级。变频作用：变频级是以晶体管 V_1 为中心，它兼有振荡、混频两种作用。它的主要作用是把输入的不同频率的高频信号变换成固定的 465kHz 的中频信号。

b. 本振回路。本振条件：正反馈（相位条件）；幅度（反馈量要足够大）。

由晶体管 V_1、可变电容 C_{1b}、振荡变压器（简称中振或短振）T_2 和电容 C_3 构成变压器反馈式振荡器。它能产生等幅、高频振荡信号，振荡频率总是比输入的电台信号高 465kHz。

c. 混频电路。由调谐回路和本振电路组成。天线所接收信号由 L_2 耦合到 V_1 的基极，本机振荡信号通过 C_3 耦合到 V_1 的发射极。两种频率的信号在 V_1 中混频，混频后由集电极输出各种频率的信号。其中包含本机振荡频率和电台振荡频率的差额等于 465kHz 的中频信号。

3）选频电路。由 T_3 的初级线圈和谐振电容 C 组成并联谐振电路，它的谐振频率在 465kHz，对 465kHz 的中频信号产生最大的电压，并且通过次级线圈耦合到下一级去。

4）中放回路。选频级输出的中频信号由 V_2 的基极输入并进行放大，中放电路中的负载是中频变压器 T_4 和谐振电容 C，它们也是并联谐振在中频 465kHz。

输入电台信号与本振信号差出的中频信号 f_1 恒为某一固定值 465kHz，它可以在中频"通道"中畅通无阻，并被逐级放大，即将这个频率固定的中频信号用固定调谐的中频放大器进行放大。而不需要的邻近电台信号和一些干扰信号与本振信号所产生的差频不是预定的中频，便被"拒之门外"，因此，收音机的选择性也大为提高。

5）检波、AGC。检波工作由三极管 V_3 的 B、E 结来完成，再由 C_5 滤去残余的中频成分，在检波负载上得到音频信号。检波后，音频信号由 C_8 耦合到下一级去。

6) 自动增益控制电路。本电路的作用是利用强信号来自动降低中放级的增益。信号越强，反馈回 V_2 的直流成分越大，V_2 的增益越小，这就达到了自动增益控制的目的。

7) 低放级。由 V_4、T_5 等组成，主要任务是把音频信号进行放大，使功放级得到更大的音频信号电压，使收音机有足够的音量。

8) 功放级。由 V_5、V_6 等组成推挽功放电路，把放大后的音频信号进行功率放大，以推动扬声器发出声音。

三、超外差收音机安装工艺

(1) 按照表 8-2 的材料清单清点全套零件，并负责保管。

表 8-2　　　　　　　　　　　六管超外差收音机元件清单

序号	代号与名称		规格	数量	序号	代号与名称	规格	数量
1	电阻	R_1	91kΩ（或 82kΩ）	1	27	T_1　天线线圈		1
2		R_2	2.7kΩ	1	28	T_2　本振线圈（黑）		1
3		R_3	150kΩ（或 120kΩ）	1	29	T_3　中周（白）		1
4		R_4	30kΩ	1	30	T_4　中周（绿）		1
5		R_5	91kΩ	1	31	T_5　输入变压器		1
6		R_6	100Ω	1	32	T_6　输出变压器		1
7		R_7	620Ω	1	33	带开关电位器	4.7kΩ	1
8		R_8	510Ω	1	34	耳机插座（GK）	ϕ2.5mm	1
9	电容	C_1	双联电容	1	35	磁棒	55×13×5	1
10		C_2	瓷介　223（0.22μ）	1	36	磁棒架	ϕ37mm	1
11		C_3	瓷介　103（0.01μF）	1	37	频率盘	黑色（环）	1
12		C_4	电解　4.7~10μF	1	38	拎带		1
13		C_5	瓷介　103（0.01μF）	1	39	透镜（刻度盘）		1
14		C_6	瓷介　333（0.033μF）	1	40	电位器盘	ϕ20mm	1
15		C_7	电解　47~100μF	1	41	导线		6 根
16		C_8	电解　4.7~10μF	1	42	正、负极片		各 2
17		C_9	瓷介　223（0.22μF）	1	43	负极片弹簧		2
18		C_{10}	瓷介　223（0.22μF）	1	44	螺钉　固定电位器盘	M1.6ϕ4	1
19		C_{11}	涤纶　103（0.01μF）	1	45	固定双联	M2.5ϕ4	2
20	三极管	V_1	3DG201（β 值最小）	1	46	固定频率盘	M2.5ϕ5	1
21		V_2	3DG201A	1	47	固定线路板	M2ϕ5	1
22		V_3	3DG201A	1	48	印刷线路板		1
23		V_4	3DG201A（β 值最大）	1	49	金属网罩		1
24		V_5	9013	1	50	前壳		1
25		V_6	9013	1	51	后盖		1
26	二极管	V_7　IN4148		1	52	扬声器（Y）	8Ω	1

（2）用万用表检测元器件，记录测量结果。

注意：V_5、V_6 的 h_{FE}（放大倍数）相差应不大于 20%，否则应调整使其配对。

（3）对元器件引线或引脚进行镀锡处理。

注意：镀锡层未氧化（可焊性好）时可以不再处理。

（4）图 8-5 所示为 AM 收音机 PCB 图，检查 PCB 的铜箔线条是否完好，有无断线及短路，特别要注意板的边缘是否完好。

注意：①为防止变压器原边与副边之间短路，要测量变压器原边与副边之间的电阻；②若输入变压器、输出变压器用颜色不好区分，可通过测量线圈内阻来进行区分。

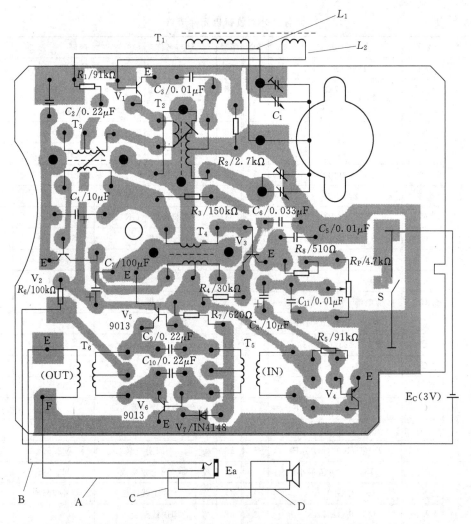

图 8-5 AM 收音机印制电路板图

（5）安装元器件。图 8-6 所示为安装好的 AM 收音机元件面图。元器件安装质量及顺序直接影响整机的质量与功率，合理的安装需要精心思考和实践经验。装配技术要求如下：

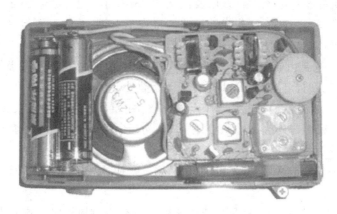

图 8-6 安装好的 AM 收音机元件面

1) 元器件的标志方向应按照图纸规定的要求，安装后能看清元件上的标志。若装配图上没有指明方向，则应使标记向外，易于辨认，并按照从左到右、从下到上的顺序读出。

2) 元件的极性不得装错，安装前应套上相应的套管。

3) 安装高度应符合规定要求，同一规格的元器件应尽量安装在同一高度上，所有元器件高度不得高于中周的高度

4) 安装顺序一般为先低后高，先轻后重，先易后难，先一般元器件后特殊元器件。

5) 元器件在 PCB 上的分布应尽量均匀，疏密一致，排列整齐美观，不允许斜排、立体交叉和重叠排列。元器件外壳和引线不得相碰，要保证 1mm 左右的安全间隙。

6) 元器件的引线穿过焊盘后应至少保留 2mm 以上的长度。建议不要先把元器件的引线剪断，而应待焊接好后再剪断元器件引线。

7) 对一些特殊元器件的安装处理，如 MOS 集成电路的安装应在等电位工作台上进行，以免静电损坏器件。发热元件（如 2W 以上的电阻）要与印制板面保持一定的距离，不允许贴面安装。较大元器件（重量超过 28g）的安装应采取固定（捆扎、粘、支架固定等）措施。

8) 装配过程中，不能将焊锡、线头、螺钉、垫圈等导电异物落在机器中。

四、超外差收音机的检测及调试

1. 检测

(1) 按产品出厂要求检测。

1) 检查外观，机壳及频率盘清洁完整，不得有划伤、烫伤及缺损。

2) PCB 安装整齐美观，焊接质量好，无损伤。

3) 导线焊接要可靠，不得有虚焊，特别是导线与正负极片间的焊接位置和焊接质量要好。

4) 整机安装合格，转动部分灵活，固定部分可靠，后盖松紧合适。

5) 性能指标要求：频率范围 525～1605kHz；灵敏度较高（相对）；音质清晰、宏亮，噪声低。

（2）测量整机静态总电流。将万用表拨至 250mA 直流电流挡，两表笔跨接于电源开关（开关为断开位置）的两端（若指针反偏，将表笔对调一下），测量总电流，测量时可能有如下 4 种结果：

1）电流为 0。这是由于电源的引线已断，或者电源的引线及开关虚焊所致。如果这一部分经检测是完好的，应检查 PCB，看有无断裂处。

2）电流在 30mA 左右。这是由于 C_7、振荡线圈 T_2 与地不相通的一组线圈（即 T_2 次级）、T_3、T_4 内部线圈与外壳、输入变压器 T_5 初级、V_1、V_2、V_4 的集电极对地发生短路，PCB 上有桥连存在等。

3）电流在 $15 \sim 20$mA 左右。可将电阻 R_7 更换大一些的，如原为 560Ω 现换成 $1k\Omega$ 的。

4）电流很大，表针满偏。这是由于输出变压器初级对地短路，或者 V_5 与 V_6 集电极对地短路（可能 V_5 或 V_6 的 C、E 击穿或搭锡所致）。另外，要重点检查 V_7（二极管），看是否安装反了，或测其两端电压（正常值应为 $0.62 \sim 0.65$V），如偏高，则应更换二极管。

5）电流基本正常（本机正常电流约为 10mA$\pm$2mA）。此时可进行下步检查。

6）判断故障位置。判断故障在低放之前还是低放之中（包括功放）有以下方法：

a. 接通电源开关，将音量电位器开至最大，喇叭中没有任何响声，可以判定低放部分肯定有故障。

b. 判断低放之前的电路工作是否正常，方法为：将音量减小，万用表拨至直流电压挡，挡位选择 0.5V，两表笔并接在音量电位器非中心端的两端上，一边从低端到高端拨动调谐盘，一边观看电表指针，若发现指针摆动，且在正常播出时指针摆动次数约在数十次左右，即可断定低放之前电路工作是正常的；若无摆动，则说明低放之前的电路中也有故障，这时仍应先解决低放中的问题，然后再解决低放之前电路中的问题。

7）完全无声故障检修（低放故障）。将音量开大，用万用表直流电压 10V 挡，黑表笔接地，红表笔分别触电位器的中心端和非接地端（相当于输入干扰信号），可能出现以下三种情况：

a. 碰非地端，喇叭中无"咯咯"声，碰中心端时喇叭有声。这是由于电位器内部接触不良，可更换或修理排除故障。

b. 碰非接地端和中心端均无声，这时用万用表 $R \times 10$ 挡，两表笔并接碰触喇叭引线，触碰时喇叭若有"咯咯"声，说明喇叭完好。然后用万用表电阻挡点触 T_6 次级两端，喇叭中如无"咯咯"声，说明耳机插孔接触不良，或者喇叭的导线已断；若有"咯咯"声，则把表笔接到 T_6 初级两组线圈两端，这时若无"咯咯"声，就是 T_6 初级有断线。

c. 将 T_6 初级中心抽头处断开，测量集电极电流：

（a）若电流正常，说明 V_5 和 V_6 工作正常，T_5 次级无断线。

（b）若电流为 0，则可能是：① R_7 断路或阻值变大；② V_7 短路；③ T_5 次级断线；④ V_5 和 V_6 损坏（同时损坏情况较少）。

(c) 若电流比正常情况大，则可能是：①R_7 阻值变小，V_7 损坏；②V_5 和 V_6，T_5 初、次级有短路；③C_9 或 C_{10} 有漏电或短路。

测量 V_4 的直流工作状态，若无集电极电压，则 T_5 初级断线；若无基极电压，则 R_5 开路；C_8 和 C_{11} 同时短路较少，C_8 短路而电位器刚好处于最小音量处时，会造成基极对地短路。若红表笔触电位器中心端无声，碰触 V_4 基极有声，说明 C_8 开路或失效。

用干扰法触碰电位器的中心端和非接地端，喇叭中均有声，则说明低放工作正常。

8）无台故障检修。无声指将音量开大，喇叭中有轻微的"沙沙"声，但调谐时收不到电台。

a. 测量 V_3 的集电极电压；若无，则 R_4 开或 C_6 短路；若电压不正常，检查 T_4 是否良好。测量 V_3 的基极电压，若无，则可能 R_3 开路（这时 V_2 基极也无电压），或 T_4 次级断线，或 C_4 短路。注意此刻工作在近似截止的工作状态，所以它的发射极电压很小，集电极电流也很小。

b. 测量 V_2 的集电极电压。若无电压，是 T_4 初级断线；若电压正常而干扰信号的注入在喇叭中不能发出声音，是 T_4 初级线圈或次级线圈有短路，或旁路电容（200pF）短路。

c. 测量 V_2 的基极电压；若无电压，系 T_3 次级断线或脱焊；若电压正常，但干扰信号的注入不能在喇叭中发出响声，是 V_2 损坏。

d. 测量 V_1 的集电极电压。若无电压，是 T_2 次级线圈、初级线圈有断线；若电压正常，喇叭中无"咯咯"声，为 T_3 初级线圈或次线圈有短路，或槽路电容短路；如果中周内部线圈有短路故障时，由于其匝数较少，所以较难测出，可采用替代法加以证实。

e. 测量 V_1 的基极电压。若无电压，可能是 R_1 或 T_1 次级开路，或 C_2 短路；若电压高于正常值，系 V_1 发射结开路；若电压正常，但无声，是 V_1 损坏。

到此时如果仍收听不到电台，可进行下面的检查。

f. 将万用表拨至直流电压 10V 挡，两表笔并接于 R_2 两端。用镊子将 T_2 的初级短一下，看表针指示是否减少（一般减少 0.2～0.3V）。如电压不减小，说明本机振荡没有起振，振荡耦合电容 C_3 失效或开路，C_2 短路（V_1 射极无电压），T_2 初级线圈内部断路或短路，双联质量不好。

如电压减小很少，说明本机振荡太弱，或 T_2 受潮，PCB 受潮，或双联漏电，或微调电容不好，或 V_1 质量不好，用此法同时可检测 V_1 偏流是否合适。

如电压减较大，可断定故障在输入回路。检查双联对地有无短路，电容质量如何，磁棒线圈 T_1 初级是否断线。到此时收音机如能收听到电台播音，可以进入调试。

2. 调试

AM 收音机调试流程如图 8-7 所示。

（1）调试前的检测。

1）检测：通电前的准备工作。

2）自检、互检：使得焊接及印制板质量达到要求，特别注意各电阻阻值是否与图纸

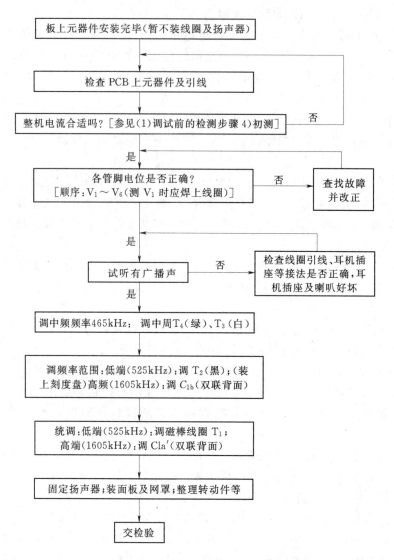

图 8-7 AM 收音机调试流程图

相同，各三极管、二极管是否有极性焊错，位置装错以及电路板铜箔线条断线或短路，焊接时有无焊锡造成电路短路现象。

3）接入电源前必须检查电源有无输出电压（3V）和引出线正负极是否正确。

4）初测：接入电源（注意＋、－极性），将频率盘拨到 530kHz 无台区。首先断开收音机开关，将万用表拨至电流挡串接至开关两侧，测量整机静态工作总电流。然后将收音机开关闭合，分别测量三极管 $T_1 \sim T_6$ 的 E、B、C 三个电极对地的电压值（即静态工作点）。测量时防止表笔将要测量的点与其相邻点短接。

注意：该项工作非常重要，在收音机开始正式调试前该项工作必须要做。表 8-3 中给出了各三极管的三个极对地的参考测量值。

表 8 - 3　　　　　　　　各三极管的三个极对地的参考测量值　　　　　单位：V

三极管	工作电压：$E_c = 3V$		工作电流：$I_0 = 10mA$			
	V_1	V_2	V_3	V_4	V_5	V_6
E	1	0	0.056	0	0	0
B	1.54	0.63	0.63	0.65	0.62	0.62
C	2.4	2.4	1.65	1.85	3	3

5）试听：如果元器件完好，安装正确，初测也正确，即可试听。接通电源，慢慢转动调谐盘，应能听到广播声，否则应重复前面要求的各项检查内容，找出故障并改正，注意在此过程不要调中周及微调电容。

（2）调试过程。经过通电检查并正常发声后，可进行调试工作。

1）调中频频率（俗称调中周）。目的：将中周的谐振频率都调整到固定的中频频率"465kHz"这一点上。

a. 将信号发生器（XGD－A）的频率选择在"MW"（中波）位置，频率指针放在465kHz位置上。

b. 打开收音机开关，频率盘放在最低位置（530 kHz），将收音机靠近信号发生器。

c. 用非金属改锥按顺序微微调整 T_4、T_3，使收音机信号最强，这样反复调 T_4、T_3（2～3 次），使信号最强，使扬声器发出的声音（1kHz）达到最响为止（此时可把音量调到最小），后面两项调整同样可使用此法。

2）调整频率范围（通常叫调频率覆盖或对刻度）。

目的：使双联电容全部旋入到全部旋出，所接收的频率范围恰好是整个中波波段，即 $525～1605kHz$。

a. 低端调整：信号发生器调至 525kHz，收音机调至 530kHz 位置上，此时调整 T_2 使收音机信号声出现并最强。

b. 高端调整：再将信号发生器调到 1600kHz，收音机调到高端 1600kHz，调 C_{1b} 使信号声出现并最强。

c. 按照上述 a、b 两项反复调整 2～3 次，使信号最强。

3）统调（调灵敏度，跟踪调整）。

目的：使本机振荡频率始终比输入回路的谐振频率高出一个固定的中频频率"465kHz"。

方法：对于低端，信号发生器调至 600kHz，收音机低端调至 600kHz，调整线圈 T_1 在磁棒上的位置使信号最强，（一般线圈位置应靠近磁棒的右端）；对于高端，信号发生器调至 1500kHz，收音机高端调至 1500kHz，调 C_{1a}，使高端信号最强。在高低端反复调 2～3 次，调完后即可用蜡将线圈固定在磁棒上。

注意：上述调试过程应通过耳机监听，如果信号过强，调整作用不明显时，可逐渐增加收音机与信号发生器之间的距离，使调整作用更敏感。

第二节　电调谐微型 FM 收音机装调实训

一、调频收音机工作原理

1. 调频原理

频率调制简称调频。使载波频率按照调制信号幅值的改变而改变的调制方式称为调频。就是使载波的瞬时频率随调制信号的规律而变化。已调波频率变化的大小由调制信号的大小决定，变化的周期由调制信号的频率决定。已调波的振幅保持不变。调频波的波形，就像是个被压缩得不均匀的弹簧。

设调制信号为

$$U_\Omega(t) = U_{\Omega m}\cos\omega t$$

载波信号为

$$U_c(t) = U_{cm}\cos\omega_c t$$

调频时，载波电压振幅度 U_{cm} 不变，而载波瞬时间频率则随调制信号规律变化，即为

$$\omega(t) = \omega_c + K_f U_\Omega(t) = \omega_c + \Delta\omega(t)$$

$$\Delta\omega(t) = K_f U_\Omega(t)$$

式中　ω_c——载波角频率，又称为调频波中心频率；

$\quad\quad K_f$——比例常数表示载波频率变化随调制信号变化的程度大小，rad/(s·V)，其值由调频电路决定；

$\quad\Delta\omega(t)$——瞬时角频率相对于中心频率的频率偏移，简称频偏。

调频后载波瞬时相位也会产生变化，其瞬时相位为

$$\Phi(t) = \int_0^t \omega(t)\mathrm{d}t = \omega_c t + k_f \int_0^t U_\Omega(t)\mathrm{d}t = \omega_c t + \Delta\Phi(t)$$

$$\Delta\Phi(t) = K_f \int_0^t U_\Omega(t)\mathrm{d}\tau$$

式中　$\omega_c t$——未调频时载波相位；

$\quad\Delta\Phi(t)$——调频后，瞬时相位相对于 $\omega_c t$ 的相位偏移。

调频波的数字表示式为

$$U_{FM}(t) = U\cos\left[\omega_c t + K_f \int_0^t U_\Omega(t)\mathrm{d}t\right]$$

根据上式可画出调频波的波形图，如图 8-8 所示。

从调频波形可见，调频波振幅保持不变，调频波的频率跟随信号的变化规律而改变。即当调制信号幅度最大时，调频波最密，频率最大；而当调制信号负的绝对值最大时，调频波最稀疏，频率最低。

调制制无线电广播多用超短波（甚高频）无线电波传送信号，使用频率约为 87～108MHz，主要靠空间波传送信号。目前，地面的广播电视分为 VHF（甚高频或称米波）

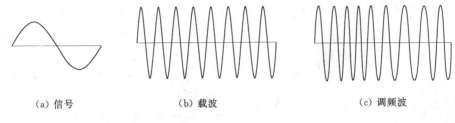

(a) 信号   (b) 载波   (c) 调频波

图 8-8 调频波形图

和 UHF（特高频或称分米波）两个频段。在我国，VHF 频段电视使用的频率范围是 48.5～300MHz，划分成 1～12 频道，UHF 频段使用的频率范围是 470～956MHz，划分成 3～6 个频道。它们基本上都是靠空间波传播的。国际上规定的卫星广播电视有 6 个频段，主要频段是 12000MHz，也是靠空间波传播。

调频（FM）广播频率是在 VHF 波段中划分出的一段，规定专门用于广播。电视信号的传播也采用调频方式，由于原理相近，因此可将调频收音机接收头作部分改动，使得收音机不仅能覆盖 87～108MHz 波段，还能达到更低频率或更高频率，这样就能接收到电视伴音。

2. 调频（FM）收音机工作原理

调频（FM）收音机由输入回路、高放回路、本振回路、混频回路、中放回路、鉴频回路和音频功率放大器组成，如图 8-9 所示。

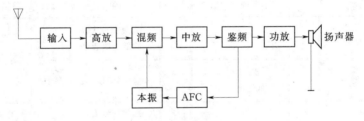

图 8-9 调频收音机工作原理框图

调频的接收天线以耳机的地线替代，也可直接插上配给的天线 ANT，二者工作原理相同。调频广播的高频信号输入回路直接经电容 C、L 组成的 LC 振荡回路，实际上构成一带通滤波器，其通频带为 88～108MHz。在集成块内部接受的调频信号经过高频放大，谐振放大。被放大的信号与本地振荡器产生的本振信号在内部进行 FM 混频，混频后输出。

FM 混频信号由 FM 中频回路进行选择，提取以中频 10.7MHz 为载波的调频波。该中频选择回路由 10.7MHz 滤波器构成。中频调制波经中放电路进行中频放大，然后进行鉴频得到音频信号，经功率放大输出，耦合到扬声器，还原为声音。

此外，因在调频波段未收到电台信号时，内部增益处于失控而产生的噪声很大。为此，通过检出无信号时的控制电平，控制静噪电路工作，使音频放大器处于微放大状态，从而达到静噪功能。

3. 调频（FM）收音机的实例

（1）产品简介。该收音机外形小巧，便于随身携带，其外观见图 8-10 所示。

图 8-10 调频收音机

1）部分电路采用贴片元器件，利用再流焊炉进行焊接。

2）采用电调谐单片 FM 收音机集成电路，调谐方便准确。

3）接收频率为 87~108MHz。

4）有较高的接收灵敏度。

5）电源范围 1.2~3.5V，充电电池（1.2V）和一次性电池（1.5V）均可工作。

6）内设静噪电路，有效抑制调谐过程中的噪声。

（2）各部分电路工作过程。该收音机电路的核心是专用单片收音机集成电路 SC1088。它采用特殊的低中频（70kHz）技术，在外围电路省去了中频变压器和陶瓷滤波器，使电路简单可靠，调试方便。SC1088 采用 S0T16 脚封装，SC1088 的引脚功能见表 8-4，电路原理图如图 8-11 所示。

表 8-4　　　　　　　　　　集成电路 SC1088 的引脚功能

引脚	功能	引脚	功能	引脚	功能	引脚	功能
1	静噪输出	5	本振调谐回路	9	输入	13	限幅器失调电压电容
2	音频输出	6	反馈	10	IF 限幅放大器的低通电容器	14	接地
3	AF 环路滤波	7	1dB 放大器低通电容器	11	射频信号输入	15	全通滤波电容搜索调谐输入
4	U_{cc}	8	输出	12	射频信号输入	16	电调谐 AFC 输出

1）FM 信号输入。调频信号由耳机线馈入，经 C_{14}、C_{15}、C_{16} 和 L_1 的宽范围调谐电路进入集成电路 SC1088 的 11、12 脚混频电路。此处的 FM 信号是没有经过选择的调频信号，即所有的调频信号均可进入。

2）本振调谐电路。本振电路中关键的元器件是变容二极管，它利用 PN 结的结电容与偏压有关的特性制成"可变电容"。在变容二极管上加反向电压 U_d，其结电容 C_d 与 U_d 的关系是非线性关系。这种用电压控制的可变电容广泛用于电视机和收音机的调谐电路。

在本电路中，控制变容二极管 V_1 的电压由 IC 的第 16 脚给出。当按下扫描开关 S_1 时，IC 内部的 RS 触发器打开恒流源，由 16 脚向电容 C_9 充电，C_9 两端电压不断上升，V_1 的电容量不断变化，由 V_1、C_8、L_4 构成的本振电路的频率也不断变化而进行调谐。当收到电台信号后，信号检测电路使 IC 内的 RS 触发器翻转，恒流源停止对 C_9 充电，同时在 AFC（Automatic Frequency Control）电路的作用下，锁住所接收的广播节目频率，从而可以稳定接收电台广播，直到再次按下 S_1 开始新的搜索。当按下 RESET 开关 S_2

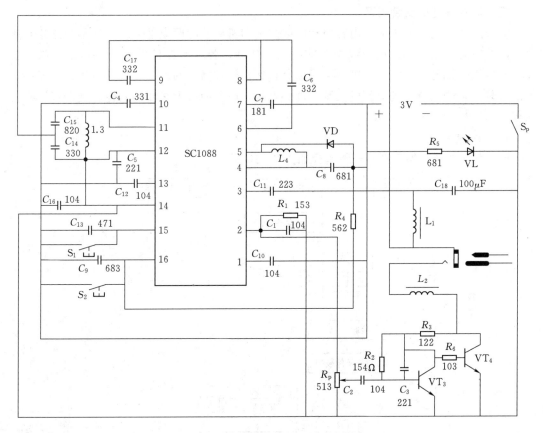

图 8-11　电调谐微型 FM 收音机原理图

时，电容 C_9 放电，本振频率回到最低端。

3）中频放大、限幅与鉴频。电路的中频放大、限幅及鉴频电路均在 IC 内。FM 广播信号和本振信号在 IC 内部的混频器中混频，产生 70kHz 的中频信号，经内部 1dB 放大器、中频限幅器、送到鉴频器，检出音频信号，经内部环路滤波后由 2 脚输出音频信号。电路中 1 脚

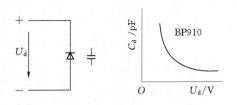

图 8-12　变容二极管 C_d 与 U_d 的关系

的 C_{10} 为中频反馈电容，7 脚的 C_7 为低通电容，8 脚与 9 脚之间的电容 C_{17} 为中频耦合电容，10 脚的 C_4 为限幅器的低通电容，13 脚的 C_{12} 为限幅器失调电压电容，C_{13} 为滤波电容。

4）耳机放大电路。由于采用耳机收听声音，收音机的所需功率很小，本机采用了简单的晶体管放大电路，IC 的 2 脚输出的音频信号经电位器 R_P 调节音量后，由 V_3、V_4 组成复合管进行甲类放大。R_1 和 C_1 组成音频输出的负载，线圈 L_1 和 L_2 为射频与音频隔离线圈。这种电路耗电的大小与有无广播信号以及音量大小关系不大，在不收听时关断电源即可。

二、调频收音机安装工艺

电子产品整机装配的主要内容包括电气装配和机械装配两大部分。电气装配部分包括元器件的布局，元器件、连接线安装前的加工处理，各种元器件的安装、焊接，单元装配，连接线的布置与固定等。机械装配部分包括机箱和面板的加工，各种电气元件固定支架的安装，各种机械连接和面板控制器件的安装，以及面板上必要的图标、文字符号的喷涂等。

1. 安装流程

FM 微型电调谐收音机的安装流程如图 8-13 所示。

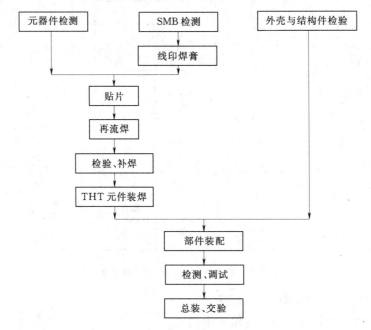

图 8-13 FM 微型电调谐收音机的安装流程图

2. 安装步骤及要求

（1）技术准备。

1）了解 SMT 基本知识，SMC 与 SMD 特点及安装要求，SMB 设计及检验，SMT 工艺过程，再流焊工艺及设备。

2）实习产品简单原理。

3）实习产品结构及安装要求。

（2）安装前检查。

1）PCB 上图形是否完整，有无短、断缺陷，孔位及尺寸是否合适，电路板表面涂覆（阻焊层）有无缺失。

2）检查外壳有无缺陷及外观损伤，按照表 8-5 所列材料清单清查零件品种、规格及数量。

3）THT 元件检测：电位器阻值调节特性；LED、线圈、电解电容、插座、开关的好坏；判断变容二极管的好坏及极性。

表 8-5   **FM 收音机材料清单**

类别	代号	规格	型号/封装	数量	备注	类别	代号	规格	型号/封装	数量	备注
电阻	R_1	153 (15kΩ)	2012	1		IC	A		SC1088	1	
	R_2	154 (150kΩ)	(2125)	1		电感	*L_1			1	磁环
	R_3	122 (1.2kΩ)	RJ⅛W	1			*L_2			1	色环
	R_4	562 (5.6kΩ)		1			*L_3	70nH		1	8 匝
	*R_5	681 (680Ω)	RJ1/16W	1			*L_4	78nH		1	5 匝
	*R_6	103 (10kΩ)		1		晶体管	*V_1	变容二极管	BB910	1	
电容	C_1	222 (2.2nF)		1	或 202		*V_2	发光二极管	LED	1	
	C_2	104 (0.1μF)		1			V_3	9014	SOT-23	1	
	C_3	221 (220pF)		1			V_4	9012	SOT-23	1	
	C_4	331 (330pF)		1		塑料件		前盖		1	
	C_5	221 (220pF)		1				后盖		1	
	C_6	332 (3.3nF)		1				电位器钮		2	内、外各1
	C_7	181 (180pF)		1				开关钮（有缺口）		1	Scan 键
	C_8	681 (680pF)		1				开关钮（无缺口）		1	Reset 键
	C_9	683 (0.068μF)	2012 (2125)	1				卡子		1	
	C_{10}	104 (0.1μF)		1		金属件		电池片		3	正、负、连接片各1
	C_{11}	223 (0.022μF)		1				自攻螺钉		3	
	C_{12}	104 (0.1μF)		1				电位器螺钉		1	
	C_{13}	471 (470pF)		1		其他		印制板		1	
	C_{14}	330 (33pF)		1				耳机 32Ω×2		1	
	C_{15}	820 (82pF)		1				R_P（带开关电位器 51kΩ）		1	
	C_{16}	104 (0.1μF)		1				S_1、S_2（轻触开关）		2	各1
	C_{17}	332	CC	1				XS（耳机插座）		1	
	C_{18}	100μF	CD	1	电解电容						
	C_{19}	223 (0.022μF)	CC	1	104～223						

注 材料清单中标注"*"符号的元件为手工焊接元件。

（3）贴片及焊接参如图 8-14（a）所示。

1）丝印焊膏，并检查印刷情况。

2）按工序流程贴片。顺序：$C_1/R_1 \rightarrow C_2/R_2 \rightarrow C_3/V_3 \rightarrow C_4/V_4 \rightarrow C_5/R_3 \rightarrow C_6/SC1088$，$C_7 \rightarrow C_8/R_4 \rightarrow C_9 \rightarrow C_{10} \rightarrow C_{11} \rightarrow C_{12} \rightarrow C_{13} \rightarrow C_{14} \rightarrow C_{15} \rightarrow C_{16}$。

注意：SMC 和 SMD 不得用手拿；用镊子夹持不可夹到引线上；IC1088 标记方向；贴片电容表面没有标志，一定要保证准确及时贴到指定位置。

3）检查贴片数量及位置。

4）再流焊机焊接。

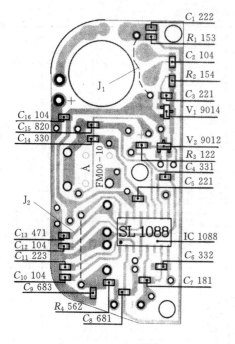
（a）SMT 元器件面

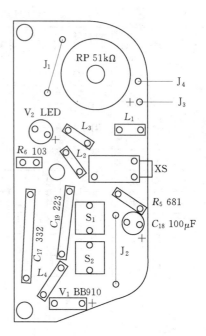
（b）THT 元件面

图 8-14　FM 收音机印制电路板图

5）检查焊接质量及修补。

（4）安装 THT 元器件参如图 8-14（b）所示。

1）安装并焊接电位器 R_P，注意电位器与印制板平齐。

2）耳机插座 XS。

3）轻触开关 S_1、S_2 跨接线 J_1、J_2（可用剪下的元件引线）。

4）变容二极管 V_1（注意，极性方向标记）、R_5、C_{17}、C_{19}。

5）电感线圈 L_1～L_4（磁环 L_1，红色 L_2，8 匝线圈 L_3，5 匝线圈 L_4）。

6）电解电容 C_{18}（100μF）贴板装。

7）发光二极管 V_2，注意安装高度及极性，如图 8-15 所示。

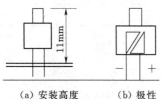

（a）安装高度　　（b）极性

图 8-15　发光二极管 V_2

8）焊接跨接线 J_1、J_2 及电源连接线 J_3、J_4，注意正负连线颜色。

（5）总装。

1）蜡封线圈。调试完成后将适量泡沫塑料填入线圈 L_4（注意不要改变线圈形状及匝距），滴入适量蜡使线圈固定。

2）固定 SMB/包装外壳。

a. 将外壳面板平放到桌面上（注意不要划伤面板）。

b. 将 2 个按键帽放入孔内。

注意：SCAN 键帽上有缺口，放键帽时要对准机壳上的凸起，RESET 键帽上无缺口。

c. 将 SMB 对准位置放入壳内，装上螺钉。注意对准 LED 位置，若有偏差可轻轻掰动，偏差过大必须重焊。注意三个孔与外壳螺柱的配合好，电源线不要妨碍机壳装配。

d. 装电位器旋钮，注意旋钮上凹点位置。

e. 装后盖，上两边的两个螺钉。

三、调频收音机的检测及调试

1. 检测

（1）图 8 - 16 所示为 PCB 上安装好的元器件图，图 8 - 16（a）所示为 SMT 元器件面，图 8 - 16（b）所示为 THT 元件面，所有元器件焊接完成后首先进行目视检查。

（a）SMT 元器件面　　　（b）THT 元件面

图 8 - 16　印制电路板上元器件安装图

1）元器件检查：型号、规格、数量及安装位置，方向是否与图纸符合。

2）焊点检查：有无虚、漏、桥接、飞溅等缺陷。

（2）测总电流。

1）检查无误后将电源线焊到电池片上。

2）在电位器开关断开的状态下装入电池。

3）插入耳机。

4）用万用表 200mA（数字表）或 50mA 挡（指针表）跨接在开关两端测电流。

用指针表时注意表笔极性。正常电流应为 7～30mA（与电源电压有关）并且 LED 正常点亮。表 8 - 6 所列是样机测试结果，可供参考。

表 8 - 6 样 机 测 试 结 果

工作电压/V	1.8	2	2.5	3	3.2
工作电流/mA	8	11	17	24	28

注意：如果电流为零或超过 35mA 应检查电路。

（3）搜索电台广播。如果电流在正常范围，可按 S_1 搜索电台广播。只要元器件质量完好，安装正确，焊接可靠，不用调任何部分即可收到电台广播。如果收不到广播应仔细检查电路，特别要检查有无错装、虚焊、漏焊等缺陷。

2. 调试

（1）调接收频段（俗称调覆盖）。我国调频广播的频率范围为 87～108MHz，调试时可找一个当地频率最低的 FM 电台（例如在北京，北京文艺台为 87.6MHz）适当改变 L_4 的匝间距，使按过 RESET 键后第一次按 SCAN 键可收到这个电台。由于 SC1088 集成度高，如果元器件一致性较好，一般收到低端电台后均可覆盖 FM 频段，故可不调高端而仅做检查（可用一个成品 FM 收音机对照检查）。

（2）调灵敏度。本机灵敏度由电路及元器件决定，一般不用调整，调好覆盖后即可正常收听。无线电爱好者可在收听频段中间电台（如 97.4MHz 音乐台）时适当调整 L_4 匝距，使灵敏度最高（耳机监听音量最大）。不过实际效果不明显。

3. 检查

总装完毕，装入电池，插入耳进行检查，要求：

（1）电源开关手感良好。

（2）音量正常可调。

（3）收听正常。

（4）表面无损伤。

第三节　电压比较器电路设计与制作

一、简介

电压比较器是集成运放非线性应用电路，常用于各种电子设备中，它将一个模拟量电压信号和一个参考固定电压相比较，在二者幅度相等的附近，输出电压将产生跃变，相应输出高电平或低电平。比较器可以组成非正弦波形变换电路及应用于模拟与数字信号转换等领域。

常用的电压比较器有过零电压比较器、具有滞回特性的过零比较器、滞回电压比较器、窗口（双限）电压比较器。LM339、LM358 等常用来构成各种电压比较器。

二、窗口（双限）电压比较器原理

简单的比较器仅能鉴别输入电压 U_i 比参考电压 U_R 高或低的情况，窗口比较电路是由两个简单比较器组成，如图 8-17 所示，它能指示出 U_i 值是否处于和之间。

当 $U_R^- < U_i < U_R^+$ 时，窗口比较器的输出电压 U_o 等于运放的正饱和输出电压（$+U_{omax}$）；当 $U_i < U_R^-$ 或 $U_i > U_R^+$ 时，输出电压 U_o 等于运放的负饱和输出电压（$-U_{omax}$）。

三、窗口电压比较器的制作

1. 窗口电压比较器电路工作过程

本例采用 LM358 及外围电路构成窗口电压比较器。LM358 内部包括两个独立的、高

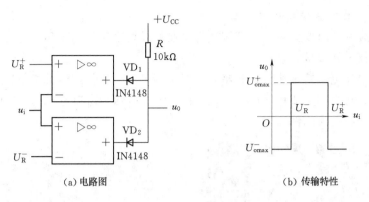

(a) 电路图   (b) 传输特性

图 8-17 由两个简单比较器组成的窗口比较器

增益、内部频率补偿的双运算放大器，适合于电源电
压范围很宽的单电源使用，也适用于双电源工作模式，
在推荐的工作条件下，电源电流与电源电压无关。它
的使用范围包括传感放大器、直流增益模块和其他所
有可用单电源供电使用运算放大器的场合。LM358 的
封装形式有塑封 8 引线双列直插式和贴片式。其外引
线如图 8-18 所示。

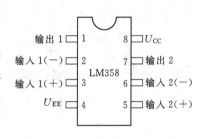

图 8-18 LM358 外引线图

图 8-19 所示为本电路原理图，其工作电压为
12V，LM358 的 2 脚电位为 U_{RH}，5 脚电位为 U_{RL}。R_3 与 R_6 组成串联分压电路，R_2 与
R_5 组成串联分压电路，经计算可得 U_{RL}、U_{RH} 的值。故 $E_T > U_{RH}$ 时，A 点电位为高，红灯
亮，绿灯、黄灯熄灭；$U_{RL} < E_T < U_{RH}$ 时，C 点电位为高，绿灯亮，红灯、黄灯熄灭；E_T
$< U_{RL}$ 时，B 点电位为高，黄灯亮，绿灯、红灯熄灭。

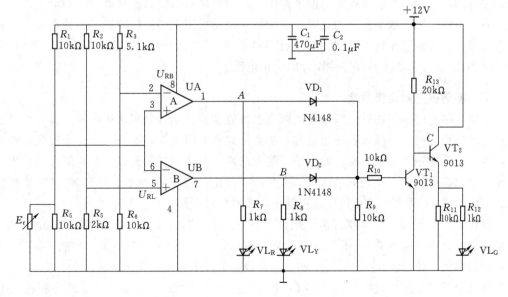

图 8-19 窗口电压比较器原理图

2. 窗口电压比较器安装制作

本电路安装制作时要先用一条细铜线焊接在集成块底座的 3 脚和 6 脚上，然后再将底座安装到电路板上并焊接。

注意：不要让电烙铁烫坏塑料底座，焊锡量不可过多，焊点尽可能靠近底座基部。如焊点过于凸出，将影响集成块底座的安装。图 8 - 20 所示为窗口电压比较器印制电路板参考图，图 8 - 21 所示为元件面图。

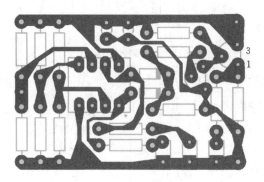

图 8 - 20　窗口电压比较器 PCB 参考图

图 8 - 21　窗口电压比较器元件面

第四节　自激多谐振荡器电路设计与制作

一、多谐振荡器简介

不需要外加触发脉冲信号而自己能重复产生固定频率和固定脉冲宽度的脉冲信号源称为多谐振荡器。根据富氏级数分析方波和矩形脉冲都包含有多次谐波，因此这种电路称为"多谐振荡器"。在不要求精确定时的电路中，多谐振荡器的输出经过微分、整形、产生一串脉冲，可作为钟控数字电路的定时。多谐振荡电路可用于闪烁灯控制、报警指示、时钟振荡器等。关于多谐振荡器的实用电路有多种形式，除此之外还有采用 NE555、TTL 或 MOS 门电路、运算放大器等器件设计的实用电路。

二、多谐振荡器工作原理

双稳、单稳电路相比较，双稳态的两个晶体管主要是通过电阻来耦合的，具有两个稳定状态。单稳态的两个晶体管一边是和双稳态一样靠电阻耦合，而另一边是通过电容耦合的，因此它只有一个稳定状态。而多谐振荡器的两个晶体管却是通过电容来耦合的，因此它连一个稳态也没有。不论是 VT_1 饱和、VT_2 截止，或 VT_2 饱和、VT_1 截止都是暂稳态。VT_1 和 VT_2 两个管子交替导通和截止，从而自激振荡，产生矩形脉冲。

设在某一时刻 t_1，VT_1 刚好由"截止"变为"饱和"，VT_2 由饱和刚跳到截止，在这个正反馈过程中，电容 C_1 上的电压来不及变化，所以 U_{C1} 仍维持在 VT_1 管截止、VT_2 管饱和时的数值。C_1 上的电压为 $E_C - U_{Bes2}$，其极性如图 8 - 22（a）所示。

在这个暂时平衡的过程中，电容 C_1 上的电压是在变化的，它要沿 R_{B2} 和饱和的 VT_1 管按图 8 - 22（a）所示的方向放电。因为饱和管 VT_1 的内阻很小，所以这段放电时间常

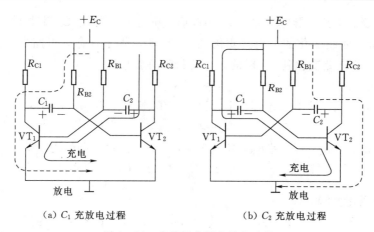

(a) C_1 充放电过程　　　　　(b) C_2 充放电过程

图 8-22　多谐振荡器充放电过程

数是 $R_{B2}C$。在放电刚开始时电容 C_1 左端经饱和导通的 VT_1 管接地，其电位近似为 0，故 C_1 右端的电位是一个较大的负值，约为 $-E_C$，保证了 VT_2 管的截止。在放电过程中，由于正电源 E_C 的作用，U_{B2} 将以时间常数 $R_{B2}C$ 按指数曲线由起始值 $-E_C$ 向最终值 $+E_C$ 放电，但当 $U_{B2}=0.5V$ 时，VT_2 管便导通，电路发生正反馈过程。以后 U_{B2} 就停止在 0.7V，电路进入另一个暂稳态，即 VT_1 截止，VT_2 饱和（图 8-23）。

$t_1 \sim t_2$ 期间电容 C_2 上的电压变化情况。在 t_1 瞬间，即电路刚转为 VT_1 饱和、VT_2 截止时刻，由于 C_2 上的电压在正反馈过程中来不及变化，故仍维持在翻转前的数值。以后，电源 E_C 通过 R_{C2}、VT_1 管基极对 C_2 充电，直到 C_2 两端电压达到 E_C-U_{BES} 为止。充电时间常数为 $R_{C2}C_2$。C_2 的充电和 C_1 的放电都从 t_1 时刻开始的，但由于 $R_{B2}C_1 \gg R_{C2}C_2$，故 C_2 的充电过程很快就结束了。在 $t=t_2$ 时，电路跳变到 VT_1 截止、VT_2 饱和的状态时，和以上分析情况一样，VT_1 管由于 C_2 上充有一个较大的电压 E_C-U_{BES}，这个电压使 VT_1 管的发射结维持在反向截止，所以在一段时间内 VT_1 保持截止。

由于 C_2 不断放电，放电电路见图 8-22 (b)。VT_1 的基极电压由反向值变为正向。当 $U_{B1}=0.5V$ 时，VT_1 管开始导通，此时电路再次产生正反馈，VT_1 管转为饱和、VT_2 管转为截止。如此循环往复，就使电路产生了自激振荡，得到了连续的矩形脉冲。

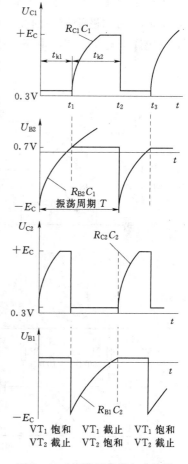

图 8-23　多谐振荡器各点波形

三、多谐振荡器的主要参数

多谐振荡器的振荡周期 T 示于图 6-23。它是由两个暂稳态的持续时间 t_{k1} 和 t_{k2} 之和决定的。和单稳态电路的脉宽一样，U_{B2} 的波形是按时间常数 $R_{B2}C$、起始值为 $-E_C$、最终值为 $+E_C$ 的指数曲线变化的，当它变化到 0.5V 时，管子导通，电路发生正反馈过程。当忽略 0.5V 计算电路变化到 0V 时的 t_k，则和单稳态电路一样，即

$$t_{k1}=0.7R_{B2}C_1$$

同样道理，在另一个暂稳态即 VT_1 截止、VT_2 饱和的状态下，有

$$t_{k2}=0.7R_{B1}C_2$$

对于对称电路，$R_{B1}=R_{B2}=R_B$，$C_1=C_2=C$，故多谐振荡器的周期 T 为

$$T=t_{k1}+t_{k2}=0.7R_{B2}C_1+0.7R_{B1}C_2=1.4R_BC$$

四、多谐振荡器的制作

参数设置：$R_1=R_2=100\text{k}\Omega$，$C_1=C_2=47\mu\text{F}$。也可根据多谐振荡器的周期公式自行设计、控制发光二极管闪烁频率。

为便于观察，本例制作时将 R_{C1} 和 R_{C2} 分别换成红色、绿色发光二极管，制成成品通电测试时，两二极管交替闪亮。本例分别采用 9012（PNP）、9013（NPN）型三极管制作，其电路原理图、印制电路板参考图分别如图 8-24 和图 8-25 所示。

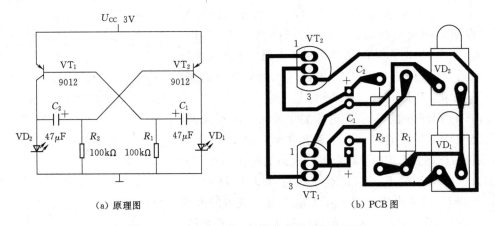

图 8-24　由 9012 型三极管构成的多谐振荡器

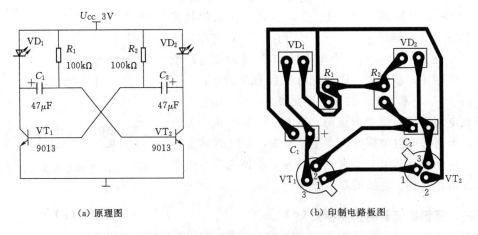

图 8-25　由 9013 型三极管构成的多谐振荡器

第五节　电子音乐电路设计与制作

一、电子音乐电路简介

本电路接通电源，闭合开关后发光二极管亮的同时会发出悦耳的音乐声。主要由三极管、发光二极管、电解电容、音乐"三极管"等组成，可扩展为门铃、报警装置等实用电路。

二、电路工作原理

本电路的音乐信号是由储存在外形与塑封三极管一样，并且有放大作用的集成电路来完成的。由于它的外形与塑封三极管一样，故称它为音乐"三极管"。使用时，不用外加元器件，即可使压电陶瓷扬声器发出悦耳的声音。如用普通扬声器需加一级放大，它是做音乐门铃、电子玩具的理想器件。由于内存音乐不同，故"三极管"型号各异，它的工作电压 $1.5 \sim 4.5V$，输出功率 0.3 瓦。

音乐集成电路的内部电路结构由控制电路、振荡电路、存储器（ROM）、节拍发生器、音阶发生器、调制器、音色发生器、音色和节拍选择器及前置放大器等组成。

本电路中音乐"三极管"的型号分别选用 66T19、VT66，三极管的型号分别选用 9012、9013 型，其原理图如图 8-26 所示。

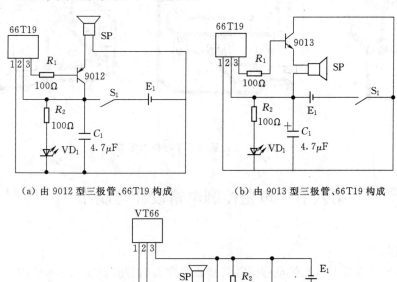

(a) 由 9012 型三极管、66T19 构成　　　(b) 由 9013 型三极管、66T19 构成

(c) 由 9012 型三极管、VT66 构成

图 8-26　电子音乐电路原理图

三、电子音乐电路的制作

元器件检测后再进行安装、焊接、调试工作。图 8 - 27 所示为元器件引脚图，安装元器件时，注意三极管的类型及三个引脚的极性判别要正确；电解电容极性要正确；发光二极管的两个金属引脚长短不同，通常情况下长脚为正，短脚为负，但一定用万用表进行检测，以防止个别元件出厂时引脚错误，给调试工作带来困难。图 8 - 28 所示为 PCB 参考图。

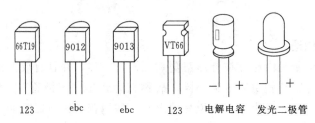

图 8 - 27　元器件引脚图

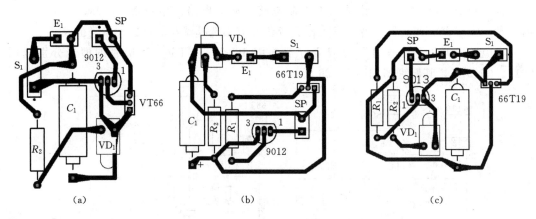

图 8 - 28　电子音乐电路印制板参考图

第六节　声光控制电路设计与制作

一、电路简介

该电路接通电源后，当光线足够暗并且接收到声音信号时，发光二极管闪亮一段时间后熄灭。如光线亮或无声音信号时，发光二极管不亮。本电路制作简单，是一则十分典型的电路，可制作成声光综合控制电路，也可扩展为居民楼道灯电路等。

二、电路工作原理

本电路的逻辑处理部分由四二输入与非门电路 CD4011 或 MC14011 来完成，其外引线如图 8 - 29 所示。

图 8 - 30 为声光控制电路原理图，当 CD4011 的 11 脚输出为高电平时，三极管 VT_2

饱和导通，发光二极管 VD_2 导通发光。要想让 CD4011 的 11 脚有高电平输出就必须得保证其 1、2 脚都为高电平。因此，选用光敏电阻其阻值为当有光照时，阻值比较小，反之比较大。当光暗或者黑天时，光敏电阻的阻值变大，与 R_4 分压后在 $1.5\sim3.5\text{V}$ 之间，使 CD4011 的 2 脚处于高电平状态。这时，当麦克接收到音频信号后经三极管 VT_1 放大输出高电平加到 CD4011 的 2 脚上。这样，第一组与非门的二个输入端的输入信号都为高电平，它的输出是低电平。最终 CD4011 的 11 脚输出为高电平。延时电路由 R_6 和 C_2 组成，放电时间长短由 R_6 和 C_2 所确定的时间常数决定。

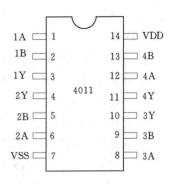

图 8-29　4011 外引线图

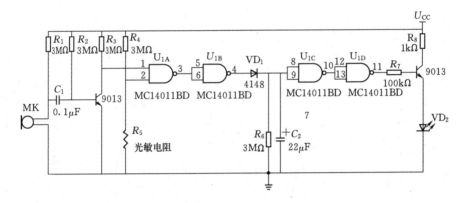

图 8-30　声光控制电路原理图

三、声光控制电路的制作

CD4011 是一块四二输入与非门电路，其外形为标准 14 脚 DIP 芯片，其中 7 脚为 U_{SS}，14 脚为 U_{cc}，原理图内并未画出，设计印制板时应注意。图 8-31 所示为 PCB 参考图。

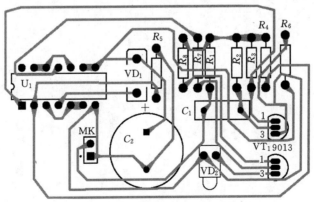

图 8-31　声光控制电路印制板参考图

习 题

1. 简述信号的发射和接收过程。
2. 什么是调制？调制有哪几种方式？
3. 简述超外差工作原理。
4. 简述 AM、FM 收音机的工作原理。
5. 收音机的调试分哪几步？
6. 简述多谐振荡器电路中电容充放电过程。
7. 如何改变多谐振荡器的周期？
8. 如何改变窗口电压比较器的 R_H、R_L 值？

附录一 常用电气图形符号国家标准

名称	图形符号	名称	图形符号	名称	图形符号	名称	图形符号
交流电	~	电阻器一般符号		有两个抽头的电感器		双绕组变压器	
正极	+	可调电阻器		半导体二极管一般符号		三极开关（多线表示）	
负极	−	压敏电阻器		隧道二极管		铁芯	
中性	N	热敏电阻器		单向击穿二极管、电压调整二极管		带间隙的铁芯	
接机壳或接底板	形式1 形式2	滑动触点电位器		PNP型半导体管		原电池或蓄电池	
接地一般符号		滑线式变阻器		NPN型半导体管		原电池组或蓄电池组	
热效应		预调电位器		光敏电阻		熔断器一般符号	
导线、电缆和母线一般符号	——	电容器一般符号	优选	光电二极管		电流表	Ⓐ

271

续表

名称	图形符号	名称	图形符号	名称	图形符号	名称	图形符号
屏蔽导线		穿心电容器		光电池		电压表	
导线的连接	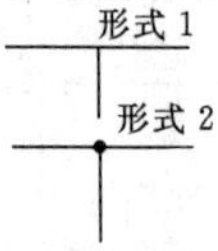 形式1 形式2	极性电容器	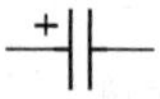	PNP型光电半导体管		等电位	
导线的多线连接	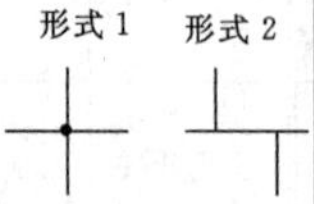 形式1 形式2	可变电容器		变容二极管	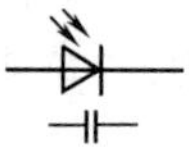	灯的一般符号、信号灯	
导线的交叉连接	 单线表示 多线表示	双联同调可变电容器	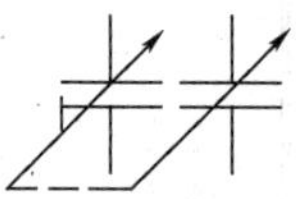	交流电动机		电喇叭	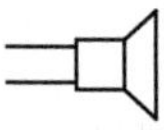
导线的不连接（跨越）	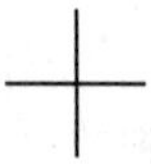	预调电容器	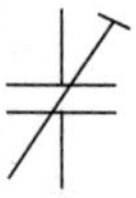	直流电动机		电铃	
插座	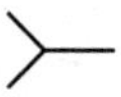	电感线圈		单相自耦变压器	 或	蜂鸣器	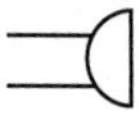
插头		带磁芯的电感器		桥式全波整流器	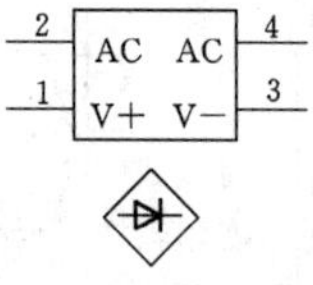 2 AC AC 4 1 V+ V- 3	放大器	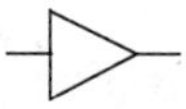
插头和插座		磁芯有间隙的电感器		动合（常开）触点		运算放大器	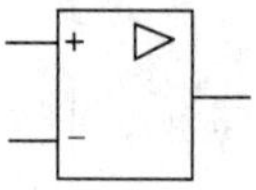
双向晶闸管	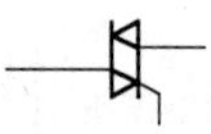	普通晶闸管	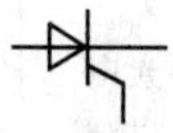	动断（常闭）触点		达林顿管	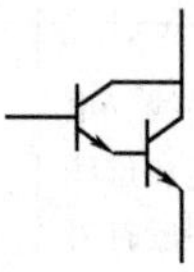

272

附录二 电气图形常用基本文字符号

设备、装置和元器件种类	名称	单字母符号	双子母符号	设备、装置和元器件种类	名称	单字母符号	双子母符号
组件部分	分离元件放大器	A	AB	指示灯	声响指示灯	H	HA
	激光器		AD		指示灯		HL
	调节器		AJ		光指示器		HL
	电桥		AM	继电器接触器	交流继电器	K	KA
	晶体管放大器		AP		时间继电器		KT
	集成电路放大器		AV		控制继电器		KC
	磁放大器				接触器		KM
	印刷电路板						
	电子管放大器						
非电量到电量变换器或电量到非电量变换器	热敏传感器	B		电感器电抗器	感应线圈	L	
	光电池				电抗器		
	晶体换能器			测量设备试验设备	信号发生器	P	
	送话器				电流表		PA
	拾音器				记录仪器		PS
	耳机				电度表		PJ
	模拟和多级数字变换器或传感器				电压表		PV
	压力变换器		BP	电力电路的开关元件	断路器	Q	QF
	位置变换器		BQ		转换开关		QC
	温度变换器		BT		隔离开关		QS
	速度变换器		BV		电动机保护开关		QM
电容器	电容器	C		控制、记忆、信号电路的开关器件、选择器	控制开关	S	SA
二进制元件、器件	数字集成电路和器件	D			按钮开关		SB
	延迟线				微动开关		SA
	双稳态元件				选择开关		SA
	单稳态元件				行程开关		
	磁芯存储器				温度传感器		ST
	寄存器				压力传感器		SP
					位置传感器		SQ

续表

设备、装置和元器件种类	名称	单字母符号	双字母符号	设备、装置和元器件种类	名称	单字母符号	双字母符号
其他元器件	发热器件	E	EH	电阻器	电阻器	R	
	照明灯		EL		变阻器		
	空气调节器		EV		电位器		RP
保护器件	避雷器	F		变压器	电力变压器	T	TM
	熔断器		FU		稳压器		TS
发生器、发电机、电源	发生器	G	GS		电流互感器		TA
	发电机				电压互感器		TV
	蓄电池		GB		整流变压器		TR
	振荡器				自耦变压器		TA
					控制变压器		TC
调制器变换器	整流器	U		电子管晶体管	二极管	V	
	变流器				晶体管		
	变频器				晶闸管		
	鉴频器				电子管		VE
	解调器						
	编码器						

附录三 常用晶体管参数

一、二极管

1. 几种常用的整流二极管

原型号	新型号	最高反向峰值电压 U_{RM}/V	额定正向整流电流 I_F/A	正向电压降 U_F/V	反向漏电流（平均值）$I_R/\mu A$		不重复正向浪涌电流 I_{FSM}/A	频率 f/kHz	额定结温 $T_{Jm}/℃$	备注
	2CZ84A ～2CZ84X	25～3000	0.5	≤1.0	≤10 (25℃)	500 (100℃)	10	3	130	
2CZ11	2CZ55A ～2CZ55X	25～3000	1	≤1.0	10 (25℃)	500 (100℃)	20	3	150	
	2CZ85A ～2CZ85X	25～3000	1	≤1.0	10 (25℃)	500 (100℃)	20	3	130	塑料封装
2CZ12	2CZ56A ～2CZ56X	25～3000	3	≤0.8	10 (25℃)	1000 (140℃)	65	3	140	
	2CZ57A ～2CZ57X	25～3000	5	≤0.8	10 (25℃)	1000 (140℃)	100	3	140	
测试条件			25℃	25℃	0.01s					

2. 几种常用的组合整流器（整流桥堆）

型号	最高反压 U_{RM}/V	额定整流电流 I_F/A	最大正向压降 U_F/V	浪涌电流 I_{FSM}/A	最高结温 $T_{Jm}/℃$	外形
QL25D	200	0.5	1.2	10	130	D55
XQL005C	200	0.5	1.2	3	125	D58
3QL25-5D	200	1	0.65		130	D165-2
QL-26D	200	1	0.65	20	130	D55-45
QLG-26D	200	1	1.2	20	130	D55-45
3QL27-5D	200	2	0.65		130	D165-2
QL27-D	200	2	1.2	40	130	
QL026C	200	2.6	1.3	200	125	D51-4
QL028D	200	3	1.2	60	130	D55
QSZ3A	200	3	0.8	200	175	
QL040C	200	4	1.3	200	125	D51-4
QL9D	200	5	1.2	80	130	D168
QL100C	200	10	1.2	200	125	D55-44

3. 2CW50～2CW62 硅稳压二极管

原型号	新型号	最大耗散功率 P_{ZM}/V	最大工作电流 I_{ZM}/mA	额定电压 U_Z/V	动态电阻		反向漏电流 $I_R/\mu A$	正向压降 U_F/V	电压温度系数 αv /($10^{-4}\cdot$℃$^{-1}$)	外形
					R_Z/Ω	I_Z/mA				
2CW9	2CW50	0.25	33	1～2.8	≤50	10	≤10	≤1	≤−9	
2CW10	2CW51	0.25	71	2.5～3.5	≤60	10	≤5	≤1	≤−9	
2CW11	2CW52	0.25	55	3.2～4.5	≤70	10	≤2	≤1	≤−8	
2CW12	2CW53	0.25	41	4～5.8	≤50	10	≤1	≤1	−6～4	
2CW13	2CW54	0.25	38	5.5～6.5	≤30	10	≤0.5	≤1	−3～5	
2CW14	2CW55	0.25	33	6.2～7.5	≤15	10	≤0.5	≤1	≤6	
2CW15	2CW56	0.25	27	7～8.8	≤15	10	≤0.5	≤1	≤7	
2CW16	2CW57	0.25	26	8.5～9.5	≤20	5	≤0.5	≤1	≤8	
2CW17	2CW58	0.25	23	9.2～10.5	≤25	5	≤0.5	≤1	≤8	
2CW18	2CW59	0.25	20	10～11.8	≤30	5	≤0.5	≤1	≤9	
2CW19	2CW60	0.25	19	11.5～12.5	≤40	5	≤0.5	≤1	≤9	
2CW19	2CW61	0.25	16	12.2～14	≤50	3	≤0.5	≤1	≤9.5	
2CW20	2CW62	0.25	14	13.5～17	≤60	3	≤0.5	≤1	≤9.5	
测试条件				$T_a=25$℃			$U_R=1$	$I_f=100mA$		

4. 2DW7～2DW8 硅稳压二极管

原型号	新型号	最大耗散功率 P_{ZM}/V	最大工作电流 I_{ZM}/mA	额定电压 U_Z/V	动态电阻		反向漏电流 $I_R/\mu A$	电压温度系数 αv /(10^{-4}/℃$^{-1}$)
					R_Z/Ω	I_Z/mA		
2DW7A	2DW7	0.2	30	5.8～6.0	≤25	10	≤1	≤∣50∣
2DW7B	2DW7	0.2	30	5.8～6.0	≤25	10	≤1	≤∣50∣
2DW7C	2DW7	0.2	30	6.0～6.5	≤25	10	≤1	≤∣50∣
2DW8A		0.2	30	5～6	≤25	10	≤1	≤∣8∣
2DW8B		0.2	30	5～6	≤25	10	≤1	≤∣8∣
2DW8C		0.2	30	5～6	≤25	10	≤1	≤∣8∣
测试条件				$I_Z=I_R$	$U_R=1V$		$I_Z=10mA$	

二、三极管

1. 3BX31 型 NPN 锗低频小功率三极管

	型号	3BX31	3BX31	3BX31	3BX31	测试条件
极限参数	P_{CM}/mW	125	125	125	125	$T_a=25℃$
	I_{CM}/mA	125	125	125	125	
	$T_{Jm}/℃$	75	75	75	75	
	$U_{(BR)CBO}/V$	-15	-20	-30	-40	$I_C=1mA$
	$U_{(BR)CEO}/V$	-6	-12	-18	-24	$I_C=2mA$
	$U_{(BR)EBO}/V$	-6	-10	-10	-10	$I_C=1mA$
直流参数	$I_{CBO}/\mu A$	$\leqslant25$	$\leqslant20$	$\leqslant12$	$\leqslant6$	$U_{CB}=6V$
	$I_{CEO}/\mu A$	$\leqslant1000$	$\leqslant800$	$\leqslant600$	$\leqslant400$	$U_{CE}=6V$
	$I_{EBO}/\mu A$	$\leqslant25$	$\leqslant20$	$\leqslant12$	$\leqslant6$	$U_{EB}=6V$
	$U_{BE(sat)}/V$	$\leqslant0.65$	$\leqslant0.65$	$\leqslant0.65$	$\leqslant0.65$	$U_{CE}=6V$，$I_C=100mA$
	$U_{CE(sat)}/V$	$\leqslant25$	$\leqslant25$	$\leqslant25$	$\leqslant25$	$U_{CE}=U_{BE}$，$U_{CB}=0$，$I_C=125mA$
	h_{FE}	$80\sim400$	$40\sim180$	$40\sim180$	$40\sim180$	$U_{CE}=6V$，$I_C=100mA$
交流参数	f_{hFE}/kHz	—	—	$\geqslant8$	$f_{hFE}\geqslant465$	$U_{CB}=1V$，$I_E=10mA$
h_{FE}色标分档		（黄）40～55（绿）55～80（蓝）80～120（紫）120～180（灰）180～270（白）270～400				
管脚						

2. 3AX31 型 PNP 锗低频小功率三极管

	原型号	3AX31				测试条件
	新型号	3AX51A	3AX51B	3AX51C	3AX51D	
极限参数	P_{CM}/mW	100	100	100	100	$T_a=25℃$
	I_{CM}/mA	100	100	100	100	
	$T_{Jm}/℃$	75	75	75	75	
	$U_{(BR)CBO}/V$	$\geqslant30$	$\geqslant30$	$\geqslant30$	$\geqslant30$	$I_C=1mA$
	$U_{(BR)CEO}/V$	$\geqslant12$	$\geqslant12$	$\geqslant18$	$\geqslant24$	$I_g=1mA$
直流参数	$I_{CBO}/\mu A$	$\leqslant25$	$\leqslant20$	$\leqslant12$	$\leqslant6$	$U_{CB}=-10V$
	$I_{CEO}/\mu A$	$\leqslant1000$	$\leqslant800$	$\leqslant600$	$\leqslant400$	$U_{CE}=-6V$
	$I_{EBO}/\mu A$	$\leqslant25$	$\leqslant20$	$\leqslant12$	$\leqslant6$	$U_{EB}=-6V$
	h_{FE}	$80\sim400$	$40\sim180$	$40\sim180$	$40\sim180$	$U_{CE}=-1V$，$I_C=50mA$
交流参数	f_{hfb}/kHz	$\geqslant500$	$\geqslant500$	$\geqslant500$	$\geqslant500$	$U_{CB}=-6V$，$I_C=50mA$
	F_n/dB	—	$\leqslant8$	—	—	$U_{CB}=-2V$，$I_E=0.5mA$ $f=1kHz$
	$F_{ie}/k\Omega$	$0.6\sim4.5$	$0.6\sim4.5$	$0.6\sim4.5$	$0.6\sim4.5$	
	h_{re}（$\times10^{-3}$）	$\leqslant2.2$	$\leqslant2.2$	$\leqslant2.2$	$\leqslant2.2$	$U_{CB}=-6V$，$I_E=1mA$ $f=1kHz$
	h_{oe}	$\leqslant80$	$\leqslant80$	$\leqslant80$	$\leqslant80$	
	f_{fe}	—	—	—	—	
h_{FE}色标分挡		（红）25～60（绿）50～100（蓝）90～150				
管脚						

3. 3DG100（3DG6）NPN 硅高频小功率管

原型号		3DG6				测试条件
新型号		3DG100A	3DG100B	3DG100C	3DG100D	
极限参数	P_{CM}/mW	100	100	100	100	
	I_{CM}/mA	20	20	20	20	
	$U_{(BR)CBO}/V$	$\geqslant30$	$\geqslant40$	$\geqslant30$	$\geqslant40$	$I_C=100\mu A$
	$U_{(BR)CEO}/V$	$\geqslant20$	$\geqslant30$	$\geqslant20$	$\geqslant30$	$I_C=100\mu A$
	$U_{(BR)EBO}/V$	$\geqslant4$	$\geqslant4$	$\geqslant4$	$\geqslant4$	$I_R=100\mu A$

附录四　常用集成运算放大器主要参数

参数　型号	电源电压 U_S /V	电源电流 I_S /mA	输入电阻 R_{IN}/GΩ	增益带积宽 GBW/MHz	输入失调电压 U_{0S}/mV	共模抑制比 CMRR/dB	转换速率 SR /(V·μs^{-1})	类型
LF353	±18	3.6	10^3	4	13	100	13	双电路，输入通用型
LF351	±18	1.8	10^3	4	13	100	13	通用，BI-FET 输入型
LF356	±18	5	10^3	5	13	100	12	BI-FET，宽频带型
LM318	±18	5	0.003	15	15	100	70	高精度，高速型
LM358	32	0.7			±9	70		双电路，单电源，通用型
TL082	±18	1.4	10^3		7.5	86	13	通用 JFET 输入型
NE5532	±22	8	0.0003	10	5	100	9	双电路，低噪声型
TL072	±18	1.4	10^3	3	5	86	13	低噪声 JFET 输入型
NE5534	±22	10	0.0001	10	5	100	13	低噪声型
CA3193	±18	2.3		1.2	0.275	110	0.25	高精度，BI-MOS 高速型
MC1458	±18	2.3	0.002		2.0	90	0.5	双电路，单电源，通用型
TL062	±18	0.2	10^3		5	86	3.5	低功耗 JFET 输入型
μA741	±18	1.7	0.002	0.3	7.5	90	0.5	通用型
CA3140	36	4	1500	4.5	5	90	9	高性能，BI-MOS 型
LM324	32	0.7			±9	70		四电路单电源型
TL084	±18	1.4	10^3	3	10	86	13	通用 JFET 输入型
TL074	±18	1.4	10^3	3	10	86	13	低噪声 JFET 输入型

附录五 常用 IC 封装形式

封装形式	型号	封装形式	型号
	BGA (Ball Grid Array)		QFP (Quad Flat Package)
	EBGA 680L		TQFP 100L
	LBGA 160L		SBGA
	PBGA 217L (Plastic Ball Grid Array)		SC – 70 5L
	SBGA 192L		SDIP
	TSBGA 680L		SIP (Single Inline Package)
	CLCC		SO (Small Outline Package)
	CNR (Communication and Networking Riser Specification Revision 1. 2)		SOJ 32L

封装形式	型 号	封装形式	型 号
	（CPGA Ceramic Pin Grid Array）		SOJ
	DIP（Dual Inline Package）		SOP EIAJ TYPE Ⅱ 14L
	DIP – tab（Dual Inline Package with Metal Heatsink）	STO – 220	SOT220
	FBGA		SSOP 16L
32 1	FDIP		SSOP
FTO – 220	FTO220	TO – 18	TO18
	Flat Pack	TO – 220	TO220
HSOP – 28	HSOP28		TO247
ITO – 220	ITO220		TO264

封装形式	型 号	封装形式	型 号
	ITO3p		TO3
	JLCC		TO5
	LCC		TO52
	LDCC		TO71
	LGA		TO72
	LQFP		TO78
	PCDIP		TO8
	PGA Plastic Pin Grid Array		TO92
	PLCC		TO93

续表

封装形式	型 号	封装形式	型 号
	PQFP		TO99
	PSDIP		TSOP Thin Small Outline Package
	LQFP 100L		TSSOP or TSOP Ⅱ Thin Shrink Outline Package
	METAL QUAD 100L		uBGA Micro Ball Grid Array
	PQFP 100L		uBGA Micro Ball Grid Array
	QFP Quad Flat Package		ZIP Zig – Zag Inline Package
	SOT143		BQFP132
	SOT223		C – Bend Lead

封装形式	型 号	封装形式	型 号
	SOT223		CERQUAD Ceramic Quad Flat Pack
	SOT23		Ceramic Case
	SOT23/SOT323		LAMINATE CSP 112L Chip Scale Package
	SOT25/SOT353		Gull Wing Leads
	SOT26/SOT363		LLP 8La
	SOT343		PCI 32bit 5V Peripheral Component Interconnect
	SOT523		PCI 64bit 3.3V Peripheral Component Interconnect
	SOT89		PCMCIA
	SOT89		PDIP

续表

封装形式	型　号	封装形式	型　号
	Socket 603 Foster		PLCC
	LAMINATE TCSP 20L Chip Scale Package		SIMM30 Single In – line Memory Module
	TO252		SIMM72 Single In – line Memory Module
	TO263/TO268		SIMM72 Single In – line Memory Module
	SO DIMM Small Outline Dual In – line Memory Module		SNAPTK
	SOCKET 423 For intel 423 pin PGA Pentium 4 CPU		SNAPTK
	SOCKET 462/SOCKET A For PGA AMD Athlon & Duron CPU		SNAPZP
	SOCKET 7 For intel Pentium & MMX Pentium CPU		SOH